MIDLIFE-CARE:
Wie wir die Lebensmitte meistern und die
Kraft unserer Hormone nutzen

蘇珊娜‧艾瑟-貝爾克 (Susanne Esche-Belke)
蘇珊‧姬爾熹娜-布朗斯 (Suzann Kirschner-Brouns) __著
黃鎮斌__譯

兩位親身經歷的資深女醫師
陪妳一起走過更年期

女人40⁺
魅力自信‧荷爾蒙

【作者聲明】

　　我們要明確指出，不能將閱讀本書用來代替看醫師。寧可和您的主治醫師多討論，也不要錯過任何一次，尤其是當您身體不適卻又無法確認病源或是出現新的症狀時，更應該如此。

　　書中所談到的想法和處理方法都是根據兩位作者的觀點和經驗而來，作者以她們具備的知識寫下本書，並竭盡所能，以最謹慎的態度將書中的內容進行嚴格的審查。

　　閱讀本書的每一位讀者都必須自行決定是否要按照書中所述的方法來實行，並自行為他們所做的決定負責。出版社和作者不承擔因為採用了本書所作的建議而可能出現的不利情況或傷害結果的任何責任。

目錄 CONTENTS

Chapter
3

Chapter
4

外部荷爾蒙操控

Chapter
5

自我照護

前言

生活中有些事情會有它的適當時機。

身為醫師、母親、妻子、女性工作夥伴、女朋友和荷爾蒙專家，我們認為這個時機來到了。

女性的中年人生擁有所有醫療上的特性、個人的挑戰和難以預料的機會，現在我們必須把這些攤開在陽光底下了。

我們要用這本書來貢獻我們的心力。沒有一個40歲以上的婦女必須抱著原有的病痛回家或是接受不適當的治療，因為根據普遍的看法，一個仍然有月經來潮的婦女就不算進入更年期。每一個已經進入更年期的婦女也都必然會出現一些病痛與症狀，她們必須感覺到她們可以獲得最佳的照顧。

現今，荷爾蒙失調的問題出現的時間比我們大家熟知的來得早，而且有這種問題的人不斷地在增加；然而這個事實一直被忽略。從這個意義上講，本書是討論如何預防在經期停止以前就出現荷爾蒙變化所帶來的更年期症狀的第一本書，此外我們也廣泛的討論了各種荷爾蒙變化之間的關係（甲狀腺、壓力、腸道、飲食、性荷爾蒙、環境荷爾蒙）。

我們應該很清楚地知道，我們是第一代可以從最新的科學、表觀遺傳學（Epigenetik）、壓力醫學（Stressmedizin）、微生物菌群（Mikrobiom）研究和營養醫學等領域上的知識受益的婦女，這些知識對我們的健康和福祉都有重要意義。

因此，我們在本書中為您匯總了當前各種研究所得到的最新知識、與數千名患者交流互動的診所實踐經驗、各種對話和訪談及讀者的來信中值得我們注意的內容，以及我們個人的親身經歷。此外，我們還闡明了女性在中年期生活中的態度、願望和需求：甚麼事值得我們堅持？如何放下我們心愛的

事物？今天身為女性的意義是甚麼？我們還想實現哪些目標和夢想？要如何來實現這些目標和夢想？

您應該（重新）活化您身體內部的醫生，以便讓您自己、您的女兒、女朋友和女同事們可以用健康、穩定的方式度過荷爾蒙變化的人生階段。

就是以這樣的考量，我們希望您的生活不會有疼痛，您可以感覺到自己是個精力充沛、壓力很輕、充實、平衡、生活美滿、振奮、性感和幸福快樂的人。

荷爾蒙漩渦

剛才一切都還好好的，
現在居然連您自己都不再認識自己了？
不幸的是，這種感覺我們知道得一清二楚！

荷爾蒙變化的歲月就像在搭雲霄飛車一樣。您既感到興奮，同時也不時感到頭腦暈眩。它爬上甩下，在此期間您可以安然度過這個或是那個驚人的翻轉。在這一刻裡全身緊張，在下一刻您又感到精神緊張而手足無措，接著下來您又會充滿期待著等候即將發生的事。心臟在急速跳動，汗水不斷地流下，接著甚至會喘不過氣來，不知不覺中您發現雙腳已經再度踏在平穩的地面上了。您感到自豪，因為您安然地完成了一趟翻滾的行程，同時您也感到些許的憂傷，因為這趟旅程結束了。但是生命就是這樣變幻無窮，正是如此所以讓人感到無比興奮，而且充滿了各種讓人生更加燦爛的經歷。丹麥哲學家索倫・齊克果（Søren Kierkegaard）說過一句哲言：「生命必須向前過生活，但向後回顧來理解它。」

這正是我們現在的處境。我們女性對自己的身體瞭解得很多，但總是事後諸葛，在事過境遷之後才清楚。我們感到很驚奇，因為身為女醫師，至少

從醫學的角度來看，應該要知道我們40多歲的時候會出現甚麼樣的「女性階段」。畢竟我們在念醫學院的時候，好歹也上過婦科的課程，而且也在婦產科實習過。所以不能否認，我們其實很熟悉婦女經期的荷爾蒙調控迴路。我們很確切地知道兩種重要的女性性荷爾蒙之一的雌激素（Östrogen）分泌在甚麼時候會下降，而甚麼時候另外的黃體酮（Progesteron，又稱黃體素、孕酮）分泌會上升。我們不需要別人再來告訴我們荷爾蒙的波動是如何影響身體，因為我們早已知之甚詳。

至少我們以前是這樣想的。但是請您相信我們，儘管我們和每個女孩以及婦女都在自己的身上感受到荷爾蒙的威力，但是我們還是錯得一蹋糊塗，簡直可以說是離譜。毫不誇張，我們可以說：無論是在月經期前幾天，還是在孩子出生後不久，我們都曾體驗過它們。哪一個女人在青春期沒有因為自己的乳房長大的這個「附隨現象」而感到驚奇和驕傲？但是在另一方面，大家也都曾經在月經來潮前幾天為了下腹的抽搐或者因為或輕微或嚴重的頭痛而受折磨？前者是荷爾蒙激增而起，後者則是荷爾蒙分泌下降所惹的禍。有80%的女性都會因為荷爾蒙分泌量的起伏而產生經前症候群（Prämenstruelles Syndrom, PMS），它會引起腹痛、積水、噁心、頭痛、情緒低落以及其他許多的症狀。就這方面而言，確實是像搭雲霄飛車一樣，總是起伏不定。

在懷孕期間荷爾蒙的波動令人感覺特別明顯，雌激素和黃體酮水平在幾個月內會自然維持得很高。它維護骨盆血液循環的暢通、促進子宮內膜的生長、刺激乳房和胎盤來給胎兒提供營養。在生產之後荷爾蒙水平又迅速下降。這種變化導致幾乎所有坐月子的母親在產後第二到第十天一種相當矛盾的沮喪。您實際上感到既快樂且幸福，但是儘管如此您還是可能在下一秒鐘想要痛哭一場。這種經驗我們也知道得很清楚。

醫學博士蘇珊‧姬爾熹娜-布朗斯（Suzann Kirschner-Brouns—SKB，以下簡稱「蘇姬布」）：「當我的丈夫，在嬰兒出生後第二天或第三天站在床前看著我時，我毫無預警地，像是平地起雷一般從我的身體深處湧現出讓我

發瘋般抽泣的情緒，正當我淚流滿面時，不只是他，連我自己都對此感到非常驚訝。在那個時候我才知道荷爾蒙下降不是平白無故地被稱為**哭泣的日子**（Heultage）或**嬰兒憂鬱**（Babyblue）。」

相較於以後會一直陪伴我們下半輩子的各種徵候相比，身為少女和年輕婦女對於女性荷爾蒙力量的認識，只不過是前餐而已。接著下來會發生的是，精神上和身體上的精疲力盡、極度的疲勞、毫無來由的悲傷、抑鬱煩惱、不適、頭痛以及階段性極度的狂喜或者像一個戀愛中的少年少女那樣深情款款。這些都只是在更年期階段長期不斷在改變著的激素水平所引起的一部分症狀而已。

等一下，更年期？在我40歲出頭或40歲中期的時候？這應該是在開玩笑吧？

才不是呢！因為最大的錯誤在於對時段的錯誤估計。**事實上荷爾蒙的起伏變化以及與此相對應的各種症狀是會在婦女們仍然有月經來潮的時候就已經出現了。**一項由澳洲昆士蘭大學的流行病學和生物統計學系主任以及澳大利亞對女性健康長時間研究（澳大利亞婦女健康縱向研究〔Australian Longitudinal Study of Women's Health, ALSWH〕）主任吉塔・密煦菈（Gita Mishra）教授在2017年發表在《生殖》（Reproduction）雜誌上的研究證實了更年期不是50歲才開始出現。分析來自歐洲、亞洲和澳大利亞51,000千多名婦女的資料顯示，如果女孩比較早（11歲以下）進入月經期，則她們在44歲之前因荷爾蒙波動而引發症狀的風險會增加80%，如果她們在12歲時來了第一次的月經（在德國，平均年齡為12.5歲），則其風險為12%（如果是13歲時則為9%）。沒有生育孩子的女性在40歲初期及中期時進入更年期的機率會增加一倍。

許多女性因荷爾蒙變化所引起的不適與病痛，太晚被辨認出來因此拖延了治療的時間。雖然在醫學上有過早停經（vorzeitige Wechseljahre，40歲之前）、更年期（Perimenopause，從荷爾蒙開始變動直到停經）以及停經後時

期（Postmenopause，51歲以上）之分類，但是在女人自己以及治療師和醫師的頭腦中，卻堅決認為更年期是50多歲以後才會開始的。他們認為到了這個年齡，您所出現的潮熱（Hitzewallungen）和那些與荷爾蒙水平變化沒有明顯相關的病痛，才會成為關注焦點。到了這個時候，這些症狀也才會順理成章地被嚴肅看待以及治療。在40歲前半段的歲月裡，荷爾蒙水平的變化好像並不存在。

不幸的是，甚至連身為醫療專業人員的我們以及治療我們的醫界同事們，腦子裡所想的也沒有太大的差異。因此到了40歲初期或中期我們總是像無頭蒼蠅那樣跑來跑去：為了新出現的背痛以及關節痛跑骨科診所；為了突然出現的暈眩及偏頭痛又急急忙忙地找神經科醫師；因為心跳驟然加快去找心臟科專家；還因為敏感的皮膚以及首次出現的過敏症我們才剛剛從皮膚科診所回來。當然也去找了婦產科醫師，因為我們流很多汗、有無數個睡不著的晚上、頭髮掉落、皮膚乾燥、性慾低落。沉甸甸的肥肉好像在一夜之間突然堆積在我們的肚子及臀部上，就連我們自己看了都感到難過，就像是在有些日子裡我們的同事、鄰居以及孩子們那樣，因為我們的長相而懶得瞧我們一眼，我們的先生就更不用說了：「妳是誰？妳要幹甚麼啊？請妳讓我好好清靜一下吧！」

當我們想不起一個人的名字或無法專心於任何事情時，我們聯想到了阿茲海默症（Alzheimer）。我們周遭的人以及我們自己越來越以為我們是疑病症患者（Hypochonder），我們一直懷疑自己有病，甚至還會懷疑自己是否發瘋了。好像上述這一切的挑戰性還不夠，我們還會產生沮喪的心情，這才更是令我們鬱卒甚至深感悲傷的地方。這些情況真的耗盡了我們全部的心力。

醫學博士蘇珊娜・艾瑟-貝爾克（Dr. Susanne Esche-Belke, SEB，以下簡稱「蘇艾貝」）：「如果有個專業的同事願意多花一點時間為我解釋有關各種荷爾蒙之間的關聯性並告訴我可以擺脫這種災難的方法，那麼我自己也會為此付出時間和心力。如此一來，我就會知道荷爾蒙的變化其實並不是在停

經時，也就是大約在51歲沒有月經來潮時才會出現，而是在更早以前就已經發生了。這樣我就會知道我的甲狀腺在緊急剎車，我身為母親和醫師的雙重負擔會削弱我的副腎上腺，而且我在晚上喝的那杯葡萄酒會增強我的雌激素的優勢地位。這樣我至少會有所警覺，在生命的這個階段裡少即是多。可惜現實裡不是所有的事情都少一點，反而正好相反，一切事情都太多了：血液中有過多雌激素和皮質醇，心理精神上的壓力太過緊繃，工作以及家庭對我的要求太高，總是太想要把所有的事情都做得十全十美。有太大的壓力也是自找的，這當然是因為我另外還有強烈的企圖心，儘管在臀部多積了半公斤或更多的贅肉時，我卻還想要讓自己保持亮麗的美貌和苗條的身段。唯獨睡眠，這些日子以來總是睡得太少了。」

像其他許多女人一樣，我們倆都打了寒顫，感到冷汗直流。我們好好的過著中年的日子，但是突然之間（也或許是緩緩進行？）我們身體上與心靈上的騷亂卻主宰了我們的日常生活，把我們搞得一塌糊塗且一發不可收拾。我們只知道一件事：我們想要取回我們的身體，我們想要能夠再次清晰地思考，我們想要再度控制我們的心情和情緒，我們希望擺脫身心上的痛苦，我們要繼續活得快樂，享受我們的生活。不然，也請再次讓所有的一切回復到像以前那樣！

當我們問婦科醫師，這些騷亂是不是有可能是荷爾蒙在做怪？她給我們的回答是：「非常不可能，再說您其實還太年輕。我們可以做個檢查，但是這也證明不了甚麼。就算證明了是荷爾蒙在作怪，我還是不建議您服用荷爾蒙的替代補品，因為這太危險了。您必須咬緊牙關度過這個階段，就是這個樣子，這是年紀增加的一部分。」

「那，這會持續多久呢？」

「敬愛的醫師同事，我們可不是隨便稱這段日子為『更年期』的！」

蘇姬布：「我仍然記得很清楚，那是一個春光明媚、天空蔚藍的日子，慕尼黑婦科醫師診所前面的庭院裡盛開著丁香花。我費了好大的功夫才從樓梯上下來到一樓前的街上，我的眼眶已經充滿了淚水。我的神經在崩潰邊緣。我家人還要兩個小時才會回家來。我不想做其他的事情。我爬上了床，用棉被蓋住頭，手機關到飛航模式。我希望小孩一切安好，這樣就不會有人打電話給我。我不想看到任何人，也不想聽任何人講話。雖然還有一篇明天必須寄給編輯部的文章還沒有寫完，但我不想管，再說吧，反正現在我不想去思考這件事。」

蘇艾貝：「儘管我已經有20多年的醫師經驗，也曾經在五個國家求學過，工作範疇從急診室到重症加護病房，除了許多高級培訓課程之外，我甚至還完成了一門專注心靈減壓法的訓練（Mindfulness-Based Stress Reduction, MBSR，也稱「正念療法」），但我在心理上還是毫無準備地跟蹌摔倒在荷爾蒙的騷亂之中。和我的專科醫師的養成教育比起來，這個騷亂更讓我感到心力交瘁，疲憊不堪。想當年我除了要做家事之外還要照顧我的三個小孩，不過當時我還是能夠『輕而易舉』地完成我的專業訓練。

回想起來，我當然想知道到底發生了甚麼事：我是怎麼走到這個階段的呢？不但那些我去尋求幫助的醫師同事們沒有發現我的問題，就連我自己也茫茫然毫無知覺！我全然地手足無措，一個好端端生活著的醫師和母親到底在突然之間出了甚麼狀況？事實是，我的精神和身體狀況使我無法再掌握我的日常生活了。」

蘇姬布：「在看過在慕尼黑婦科醫師之後，我還另外諮詢了兩個同事。他們之中沒有一個人可以把我目前的身體狀況和更年期做出連結。我在想，

應該是我搬了幾次家再加上離婚搞亂了我的生活，消耗了我太多的力量，以至於讓我經常感到精疲力盡。但是，它確實就是疲倦，對我來說這是以前未曾有過的，這是新的體驗。不只是肌肉的疲憊，而是每個細胞都乏力不振。整顆頭鬆弛得像是宿醉一樣，關節有時會痛得令人難以忍受，以至於我只能在藥丸的幫助下，難過不堪地度過日常的生活。當我牽著我的狗繞著湖邊散步，回家時在一條穿過森林的上坡路段，我需要花費比去程還要多出三倍的時間。我氣喘吁吁，雙腿不聽使喚，我必須坐在倒下來的樹幹上休息好幾次。之後好幾個星期我又再度覺得自己充滿了活力，就像一匹年輕的小馬一樣精力充沛。過不了多久我卻又躺在閣樓裡的床墊上，盯著蝙蝠築在屋梁上的巢穴，整天無所事事動也不想動。請注意，是好幾個星期，不是只有一兩天！工作、家庭和我的婚姻全都因此付諸東流，消失殆盡。」

我們自己對這段時間所知道的少得令人驚訝。從此以後，我們驚覺，我們的女病人、女讀者以及女朋友還有我們每天遇到的無數婦女們，有多麼不了解她們自己身體與自己的慾求和需要。正如我所說的，醫師們專業的協助通常來得不是時候，因為他們要不是認為到了某個年紀之後更年期的症狀與病痛才會出現，不然就是認為那些都是自然老化的過程而忽略。事實上就是這樣子：我們的力量消失了，頭髮也掉光了，更不用說肌肉老早就退化了。至於疼痛嘛，到了老年時誰沒有疼痛？歡迎您加入疼痛俱樂部！不幸的是，和其他的文化相反，在西方世界裡我們的母親很少把有關健康的知識傳遞給女兒，大家都避而不談這些「私事」。在家庭中甚至在朋友之間總是奉行著一個信條：「我自己以前也是親身經歷並且自己克服這一切，她也一定可以用某種方式做到。」

我們要打破這個信條，我們絕對要堅決反對這樣的說法。我們甚至想要大聲喊出來：「不！沒有任何一個女人得獨自『克服』它。」畢竟，我們不再生活在那個對人類身體運行機制還一無所知的時代。今天沒有一個人在拔牙齒的時候沒有事先做局部麻醉的。我們不再像上個世紀八○年代那樣，在給新生兒做手術時雖然有麻醉，但卻沒有給止痛藥了。因為在那

之前大家認為，新生兒的神經系統還沒有發展到可以感覺到疼痛的程度。現在我們也不再在婦女停經時例行性地摘除子宮（專科術語稱為子宮切除術〔Hysterektomie〕）。這種作法一直到了2000年就算是對良性的疾病也照樣這麼做。因為那時人們認為在生完孩子之後，子宮只不過是一個沒有用處的、會作怪的器官而已。既然切除了子宮，那乾脆就一起把卵巢也摘除掉吧！畢竟有哪一個50歲的女人還需要卵巢呢？根據貝爾特斯曼基金會（Bertelsmann Stiftung）在2012年進行的實質調查，在德國18到79歲之間的婦女每六個人中就有一個沒有子宮。順帶一提，男性婦科醫師被證實比女性婦科醫師更快地拿起手術刀要求病人切除。

今天我們知道卵巢對荷爾蒙的製造有多麼重要，即使在子宮切除之後也仍然如此。目前還有誰會對此感到驚訝呢？

對今天的我們來說，上述故事有如中古世紀的傳說，但是在醫學以及各種其他的社會、政治和文化領域裡還有無數類似的例子，這些都遠遠落後於當前的知識水準以及研究現況。除此之外也還帶有時代變遷裡性別角色的自我形象認知的因素。

因此，我們說「**不**」本來就是理所當然的。

今天，我們其實是生活在歷史上獨特的情勢當中。受到抗議民法第218條活動的啟發，接下來又受到「#我也是」（#Metoo-Debatte）的衝擊力影響，我們國家的婦女（終於！）有了對我們身體的自決權，有了真正的機會可以挺身捍衛我們自己和我們的慾求及需要。其結果是，40多歲的婦女不想讓她們認為重要的事情以及她們貢獻的一切消失在遺忘中。因為她們有無限的能力可以貢獻各式各樣的東西、知識、魅力，她們也可以提昇國民生產總值、撫養教育子女以及參與並奉獻心力給許多其他的社會和關懷活動。這一切並不會因為某些荷爾蒙的變化而突然停止。

這就是為甚麼這個主題現在會出現在一些受大眾推崇的出版品，例如《紐約客》（*The New Yorker*）裡。在2019年6月24日發行的期刊中，美國哈佛大學（Harvard Universität）畢業生兼作家莎拉・曼古索（Sarah Manguso）在一篇好幾頁的論文中闡述，以婦女所擔任的職務而言，在這個黃金年華的婦女們不論是在社會、社福和市場經濟上的力量有其不可忽略的重要性。

我們將在第三章中詳細討論當前有關於女性荷爾蒙這個主題的研究，並且探討我們今天對荷爾蒙替代品問題所持的不同態度。我們在此先點到此為止，言歸正傳：在醫學界上激起了重新思考的浪潮，這讓我們女性因此獲得了更多的關注。

讓我們重新思考的另一個原因是這個時機已經成熟了！美國女性的平均預期壽命在100年前是52.5歲，原因之一是產婦在分娩後期間的死亡率很高。這表示，在上個世紀初期婦女們可以活過更年期的人數和現在比起來少了很多。現在我們的預期壽命已經到了83歲，比起那個時候足足增加了30年，所以我們今天可以心存感激並且謙卑地看待我們非常可能可以多活的歲月。

讓我們再次對此事詳加思考：在人類歷史上我們正處在一個不可思議的新處境，身為40歲或50歲的女性我們還可以提出問題來問問自己，我們應該如何塑造並度過未來的歲月。我們有許多人渴望健康，實際上，沒有病痛也沒有慢性病就是在這個重要且漫長的人生階段裡的一項寶貴財富。至少針對荷爾蒙失調，目前有一些超級棒的治療方法，有效緩解這個人生階段裡因為荷爾蒙失調所引起的痛楚和不適。

我們有很好的社交機會和醫療選擇，可以讓我們健康、愉快、心滿意足並積極地利用這些歲月來完成我們的夢想和實現各種想法。我們可以透過各種方式，以滿滿的自信在這個荷爾蒙變化的生命階段中走出一片天。現今不再有婦女必須為了在漫長歲月中荷爾蒙的起伏波動，單打獨鬥地去「克服」它。我們已經有了開創性的表觀遺傳學、壓力醫學、營養醫學和生物同質的現代荷爾蒙替代品（bioidentischen Hormonen）。我們不必咬緊牙關過日子，

更重要的是我們不必再遭受無止境的苦難。我們沒有理由把頭埋進沙子裡來逃避現實。

我們堅信，女性可以比醫學界和社會迄今為止所承認的更積極正向地影響更年期的症狀。最重要的是，**在您30歲快結束以及40歲開始初期的時候就開始來探究這個話題，並預防性地超前部署去尋求協助。** 希望您們可以比我們更聰明！現在就開始吧！不要等到有了症狀而必須坐在樓閣裡看著蝙蝠或站在窗前注視著從樹上飄落的樹葉時才來處理這些事。如果您已經處於「正在發生」的狀況時就更要加緊腳步，因為即便事情已經發生了，但是您仍然有很多機會去獲取並運用許多對您的身體和心靈有價值且有益的知識。

您一定可以做得到，只要您不把您的身體看成是一個突然被遺棄的愛人，而是把它看成是一個只是暫時遭遇困難和麻煩的好朋友。耐心地用知識、理解、關注和仁慈來對待它，那麼您就能發現身體缺乏甚麼、需要甚麼，例如一個很好的治療方法、生物同質性荷爾蒙、礦物質、維生素和減輕壓力的措施。

還有一個觀點也非常重要：據說40到50歲之間是我們靈魂發展的時段。換句話說，這是發現自我的一個很重要的時刻。我是誰？我想成為誰？對我來說重要的是甚麼？我活在這個世界上到底有甚麼任務？有一些婦女陳述，她們現在才重新和過去那位令她們深深想念的人產生了連結。她們感覺到她們在這段期間裡好像有很多急迫的任務，如開始進入職場、設立一間公司、確保生計等，需要她們多年在外打拼，現在終於回來，又和以前的自己連結上了。她們接受了，或者說她們必須履行成年人的角色：母親、伴侶、成年女兒或同事。但是在這些角色的後面，「我自己」到底（還）又是誰呢？

因此，我們也談論自我關懷、打理自己、自我同情和自我實現。乍聽之下這是一件很自私的事情，但請相信我們，這些主題比您可能想像到的，和減輕壓力與促進健康的方法有著更多的關聯。

一直以來，婦女對荷爾蒙和她們的身體、精力、情緒、工作表現、健康或是她們（常常為此而苦惱著的、過多的）體重之間的關聯與其所造成的影響了解得還太少。但有一個事實是，有關於健康的背景知識可以非常有力地激發我們去採取行動。如果我們了解，為甚麼某種作法很有意義或是另一種只是浪費金錢而已，那麼我們就可以更持久且更輕鬆地去接受並進行治療或是去改變我們的生活方式，這樣一來維護或是恢復健康的措施就完全合乎邏輯了。

如果能夠將其中的一部分措施整合到日常生活中，那麼精力充沛、健康和幸福快樂的大好形勢就會展現在您的眼前，您再也不必忍受荷爾蒙雲霄飛車所伴隨而來的潮熱、偏頭痛、骨質疏鬆症和情緒波動的苦難日子了。

因此我們想要用這本書來澄清目前在社會上流通得非常廣泛的，有時候甚至是互相矛盾的有關荷爾蒙的訊息。對於要恢復荷爾蒙平衡的問題，在各個不同的領域，例如傳統學院醫學和自然醫學、心理學、傳統的中國醫學或是身心保健醫學（Body-Mind-Medizin）之間架設溝通連結的橋樑，以便兼顧所有的面向和不同的需求對我們來說當然非常重要。

傳統的學院醫學是基於可證明的「原因─結果─原理」的醫學。各種各樣的研究設計，例如研究參與者的隨機分佈在所謂的隨機雙盲實驗中，病人和醫師都不知道在甚麼地方使用了哪一種藥物的方法是客觀的 —— 我們也可以說這樣可以完全發揮防偽的作用 —— 並在科學界中享有相對應的極高聲譽。一種治療的方法如果沒有通過這樣複雜又費時耗財的研究程序是不可能得到製造發售許可的，而且健康保險公司也不會支付這個醫療費用。這種作法對於使用在強烈干擾身體或心理的藥物和高科技療法的要求上是好的也是正確的。我們身為自醫學院畢業而且做過這種隨機研究的醫療人員，絕對贊成這種做法。

但是在我們作為醫師以及醫學記者多年的工作中，我們知道即使在植基於證據醫學裡的研究情境也並不總是客觀的。經濟上的利益、遊說以及其他

種種，促成或操縱某些特定藥物或療法的開發或阻止。有許多藥物主要是以健康的年輕人而不是針對婦女和兒童來進行測試的，因此使用的劑量或其副作用相較於標準的建議而產生的偏差情況並不少見。此外，藥物在藥理學史上也經常發生，某個藥物在獲准製造上市後不久被捧上天，但是在接下來的應用上卻因為「無法預料」的副作用而受到限制或甚至被禁止使用。己烯雌酚（Diethylstilbestrol, DES）一直到1977年都被拿來用在成千上萬懷孕初期的婦女身上做為防止早產之用，後來被發現它不僅會傷害胎兒還會助長女性胎兒陰道癌的發生。此外我們也知道一些相反的例子：以前讓心臟病發作後的病人服用一種可降低心率的β受體阻斷劑（β-Blocker）是一個禁忌，相反的如果今天不讓病人服用這種藥物則是一種醫術上的過失。

另一種眾所周知的說法也是剛好相反的：沒有經過複雜困難的研究證明其效用的藥劑被認為是毫無價值的。例如，直到幾年以前如果有醫師聲稱像克羅恩病（Morbus Crohn，又名克隆氏症）和潰瘍性結腸炎（Colitis ulcerosa）等慢性腸炎（chronisch-entzündlichen Darmerkrankung, CED）的患者在病程中服用活性菌種，也就是所謂的益生菌（Probiotika）以及進食對細菌有益的發酵食品可以對病情產生積極的影響，會被專業領域的每一個人認為他是神祕的密教教徒（Esoteriker）。因為我們沒有透過隨機雙盲研究來證明這種治療機制，所以認為在成千上萬病人身上可以很明顯觀察到的、非常有益的疾病舒緩效果，在好的情況下只是一種安慰劑效果，在最壞情況下還會被貶視為是在胡說八道。一直到2001年，有人用一個新開發的技術解碼了人體中的所有基因時，才顛覆了整個科學界對這種療法的想法。那真是轟動一時的大事！科學家後來使用這種技術來辨識人類身體裡面所有的細菌基因。在2014年，時機來了：我們發現超過100兆種「好」細菌生活在我們的腸道中，它們不僅可以增強我們的免疫系統、抵抗炎症和癌症的發作，並保護我們不受到疾病的侵入，而且也影響我們的心理。數千年以來在全世界的所有文化中，腸道菌群對我們健康的重要性是眾所周知的，而我們也可以針對性地「餵食」這些活的細菌，可是這樣的知識卻在六年前才被證明！今天沒

有任何一位醫界的從業人員敢詆毀一個為患者開立益生菌的醫師，例如在做了抗生素治療後，用它來重建腸道菌群或減輕慢性腸炎的症狀。這裡只是舉例說明，我們應該有所保留並保持謙卑，不要只因為適當的或生化檢測的證明方法（還）沒有被發明出來，就對某種治療措施加以批判。

因此，我們為您提供來自不同學科最新的循證研究（evidenzbasierten Studie）結果和指南，以及來自醫學實踐中的範例，包括很有價值的醫學內幕。不過我們也會提到各種依經驗可以改善許多婦女症狀或具有預防作用的措施。您可以在本書結尾處找到有關於此的參考書目。

中年護理從現在開始！

中年，被定義為在40至55歲之間的生命階段。按照統計來看大多數女性的最後一次月經周期大概發生在51歲。根據定義，最後一次月經來潮之後的一年開始即為「停經」（即月經休息〔Menopause〕，這是一個不完全恰當的詞，比較正確的用語應該是月經終局〔MenoENDE〕）。在此之後，就算是完全沒有停經症狀煩惱的幸運婦女們，也往往會因為她們不再有月經的事實而感受到荷爾蒙變化的影響和後果。

女性的荷爾蒙變化不是在40歲的後端才開始，而是常常早在5到10幾年前就已經發生了。至少在年齡方面，也在德國婦產科與助產科學會（Deutsche Gesellschaft für Gynäkologie und Geburtshilfe, DGGG）2018年的新指南中被反映出來。以年齡的觀點來看，有證據基礎的建議為：「45歲以上婦女的更年期（Perimenopause）和停經後時期（Postmenopause）應該要根據臨床參數來做診斷。」並且進一步，「用確定濾泡刺激素（follikelstimulierendes Hormon, FSH）診斷停經前兆期和停經一年後的診斷，只應該用在40到45歲之間出現停經症狀（例如潮紅、月經週期變動）以及40歲以下有提早卵巢功能衰竭（Ovarialinsuffizienz）跡象的女性身上。」

許多婦女在40多歲時開始注意到她們的身體或精神狀態發生了變化。很諷刺的是這個時候偏偏是生命中的高峰期！她們建立了家庭，可能搬到另一個新的城市或新的房子裡，工作穩定下來，擴大了朋友圈，要照顧父母親，參加各種活動，會注意打點自己的外表容貌，而且還有很多其他事情要做。這也難怪婦

女們越來越感到疲憊，很快地就變得無精打采。對自己的丈夫也漸漸失去興趣，對曾經帶來喜悅的度假旅行也提不起勁，褲子變窄了，其他的事情也跟著情緒的變動而失序。不過生活卻無比豐富和充實！實際上您可以為自己感到驕傲。您現在可以暫停一下，然後充滿自信地敲敲自己的肩膀，這是一個很好的舉動，在許多情況下甚至是唯一明智之舉。如果不這樣做，您會越來越承受不了這麼多事物。

如果您沒有其他器官或心理精神上的疾病，這絕對不是因為缺乏意願或是因為組織才能的不足，也不是雄心不再或是女人作為母親或伴侶角色的失敗。這原因可能出在荷爾蒙水平正在尋求自主而導致明顯的病痛症狀，其所伴隨的刺激又令人無法捉摸。這個身體到底是誰呢？我們還能夠信任它嗎？

「我根本不知道我到底是怎麼了。我不再是我自己了。」也許您覺得這句話聽起來很熟悉，因為所有的肌肉又再一次感到疼痛，也或者您感到全身虛弱而使得早上無法起床，您也可能突然像是有人用針刺了氣球那樣洩了氣。即使這算不上是甚麼真正的安慰，但是**40至60歲的女性中有三分之二的人患有輕度到重度的更年期症狀**，只有三分之一的女性保持沒有症狀。情緒不穩定、想要哭泣、神經衰弱……這種突然的狀態有很多種描述的方式，就是一種讓人感覺到沒有任何一件事情和以前一樣的那個狀態。下方的症狀清單可以助您找出自己現在所處在的位置。因為這些病痛和症狀也可能由其他的荷爾蒙失調所引起，例如甲狀腺功能不足，或是由於慢性壓力所導致的腎上腺疲勞，所以我們也會檢視一下這些荷爾蒙。

蘇姬布：「幸運的是，我從未在工作中喪失自制力，但是在其他情況下卻發生過不止一次。我記得我在一家飯店吃晚餐時，突然之間大顆大顆的淚水從我的臉頰上流下來。我完全無法讓自己平靜，所以最後我站了起來，在其他客人同情的眼光注視下逃進了廁所。他們可能以為我和我的朋友吵架或發生了類似的事情，但完全不是這麼一回事。我的失態甚至是在一個令人開

心的場合所發生的：我熟識的人送了一枚古老的金幣給她的女友的兒子，作為他高中畢業考試及格的獎品，這個金幣是她們從伊朗逃難時所保存下來的東西。她們既不是我的熟人，也不是我的孩子，但這個場景卻讓我非常感動，以至於我要在20分鐘之後才能夠穩住自己的情緒重新回到桌邊。在其他的時刻裡，我兒子或我母親的一句貼心話或者某個工作同事的一個反應也會把我拉進和上述相同的情境中。我覺得表達情緒感情是完全正常的，流幾滴眼淚也不會讓我感覺到不好意思，但是當您在完全意外的狀況下被一句話或是一個手勢弄得手足無措，倒是一件不尋常的事情。」

以下的症狀可能會出現，並請您相信我們，我們自己也必須忍受不少這樣的事情。其中有少數我們自己並沒有親身體驗到，而是由許多病人、女性朋友在我們的職業以及私人領域中所做的專訪和在交談時告訴我們的第一手資料。

更年期會出現的症狀

身體症狀

- 潮熱
- 能量損失
- 乾眼（戴隱形眼鏡變得比較不舒服）
- 肌肉鬆弛和關節痛
- 頭痛/偏頭痛
- 經前症候群變得更為強烈
- 難以集中精力，健忘
- 神經緊張
- 脫髮
- 體重增加
- 睡眠障礙

- 性慾降低
- 陰道乾燥
- 性交疼痛
- 過敏和哮喘增強

精神 / 心理症狀

- 情緒波動（好像是用水做的，敏感愛哭，很容易受到刺激）
- 憂鬱和沮喪的情緒（內心空虛，悲傷難過，情緒低落，毫無興致）
- 恐懼
- 不再渴望做愛
- 燃燒到精疲力盡
- 霧腦（Brain fog）（腦中空白一片，大腦空無一物的感覺，感到頭昏眼花，霧茫茫）
- 不再有「幹勁 / 好奇心 / 雄心 / 目標」或/及沒有精力去實現目標
- 抗壓力降低
- 工作效率下降（無法再承受那麼多重擔）
- 內在的憤怒（有可能是永久性肌肉緊張，夜間磨牙）
- 人際關係問題

　　世界上並沒有劇本描述上述症狀。每個女人都是單獨的個體，所以症狀也是個別性的。某些婦女只會發生諸如潮熱和陰道乾燥等單純屬於身體上的症狀，但有些婦女則可能遭受情緒的波動與腦霧的折磨。還有很多婦女則會有每天不同變換著的症狀，有時候也會發生症狀組合現象。例如精神集中力衰退，如果因此而無法及時把事情做完或做到令人滿意時，心理壓力就會加大，其結果當然就會讓人神經緊繃。或者在晚上醒過來時，發現早已汗流浹背，濕透了衣衫。有些夜晚不只要換一次衣服，有時候甚至每兩個小時就要換一次衣服或床單。如果有睡眠障礙時，上述的情形一點也不值得大驚小

怪。睡眠不足或睡眠品質差又會反過來增加免疫系統的壓力，而這又會導致感染頻率的增加。

很快地您就必須應付來自四面八方的敵人。這時我們怎麼能搞清楚我們自己的情況呢？特別是當一夕之間平凡的日常事物變得像是龐然大物時，感覺在面對這些瑣事時就像是站在艾格峰北壁（Eiger-Nordwand，譯者註：阿爾卑斯山一處最寬4公里、高1800公尺的垂直峭壁，是阿爾卑斯山最長、最難攀登的登山路線）前面一樣。您無辜地站在那兒眨著眼睛，面對著難以置信且令人絕望的障礙，然而目前這樣的障礙在昨天看起來只不過是一張毫不起眼的購物清單、一支無害的手機或只是一盆需要澆水的盆栽而已。可是現在甚麼都不行了，至少不像以前那麼輕鬆、快樂或令人滿意。「不要再裝無辜了，振作起來吧」，您半是驚訝半是對自己生氣地想著這句話，甚至您也越來越常在生活周遭中聽到這句話。

如果您無法從醫師那裡得幫助，如果週末的健身或度假無法帶給您持久的放鬆，如果您每天早上6：30就已經晨跑完畢，卻因為兒子或女兒在給您一個無禮的回答之後猛然關上浴室的門，使得您心情糟得像是家裡剛死了一隻可愛的寵物……到了這個時候您的思緒就會不斷翻滾地想著：「我是不是得了一種沒有任何醫師可以診斷出來的罕見疾病？」「我不再能有效率地工作了，是因為我變得無法自律了嗎？」「我已經被掏空了嗎？」「我現在是發瘋了嗎？」

沒有，不是這樣，請您放心。您一點都沒有發瘋，這所有一切都是「正常」的。我們在此強調，這個地方用「正常」一詞只是用在因果關係的邏輯上，這也就是說，缺乏女性荷爾蒙會使人變得懶洋洋的，而如果女性荷爾蒙過多就會造成躁動不安而變得神經質。我們在此提醒，「正常」並不表示您必須接受它，不論它是好的還是壞的。

在這裡我們不是想用「50歲就是新的30歲」這樣的口號來欺騙我們的生物時鐘。我們刻意不去隨俗搭著這種年輕人狂熱的順風車，因為這樣不僅會

導致唐吉訶德式對抗風車的不智，而且還要承受沒有盡頭的壓力。因為生命就是不斷的改變，而變老也是一件好事，生命中滿滿的樂趣和喜悅造就了眼睛周圍第一道微笑的皺紋，臀部上增加的幾磅重量看起來也更有魅力。如果您願意，頭上的白髮也可以染黑。小小善意的作弊無可厚非，但是誰在50歲的時候還拼著老命要讓自己看起來像30歲，或是還認為必須崇尚以外部（心中偷偷地認為是年輕）的美貌作為基礎的扭曲的婦女形象？

相反的，我們想要支持所有處於這個生命階段的婦女們，儘管您們的荷爾蒙發生了變化，但是您們的身體、心理以及心靈都能健健康康，並且和諧順利地度過這幾年的歲月。在這裡我們要強調的是**健康、活力、平衡、美麗與平和**，對於所有女性來說，這個目標應該都可以被認為是「**正常的**」！

實際案例：

是更年期，而非抑鬱沮喪

　　獲得博士學位的科學家，38歲的安娜（Anna），已婚，沒有孩子，因為出現了以下症狀來到我的診所：在她辛苦工作時總是提不起勁、缺乏動力、睡眠障礙、盜汗、月經周期不規則、性慾減退、注意力無法集中再加上焦慮恐懼以及抑鬱沮喪。目前她在工作和夫妻關係上都受到很大的影響，因此安娜接受精神病治療並服用了抗抑鬱藥物，儘管如此她的日子還是不好過。

　　我認為這可能和過早停經（Wechseljahre）有關。精神科醫師認為我的懷疑是胡說八道，因為安娜「還那麼年輕」，而且還需要一些時間才能證明我所提出的對她更年期的懷疑。最後安娜還是同意接受荷爾蒙狀態的檢查。

　　實驗室檢查出來的數據證實了我的懷疑：幾乎檢測不到黃體酮，而雌激素水平則遠低於標準值。

　　我們開始做跨科別的整體治療。婦科醫師給安娜開出了少量的生物同質性荷爾蒙（bioidentische Hormone，一種雌激素乳膏和黃體酮膠囊）和DHEA（性荷爾蒙主要的前階段原料，即所謂的「青春之泉荷爾蒙」），同時我還給了安娜額外的維他命D，並要她減少飲食中的糖含量。在和心理治療師諮商之後，抗抑鬱藥的劑量慢慢地被減少到零。心理治療師繼續以談話治療處理安娜的恐懼和抑鬱沮喪的症狀。

　　安娜的病情慢慢地穩定下來了。晚上定期服用黃體酮也明顯地改善了睡眠障礙和注意力不集中的狀況。她的焦慮緊張感消退了，她變得更加滿意並取得了身心整體的平衡。

　　在過了半年之後，她的體重明顯地減輕了，夫妻關係也回到了正軌，她接受了一個主管的職務，並對此感到非常高興。

如果您的醫師告訴您：「您仍然有規則的月經來潮，所以不必檢查您的血液數值，抽血檢驗是完全沒有意義的，您一切都正常，甚麼毛病都沒有。」請您不要直接相信。婦女身上的症狀是實實在在的，不可以掉以輕心，一定要認真地對待。正如我們在開始時就提到的，德國婦產科與助產科學會在其荷爾蒙測定指南中建議，**在適當的情況下，就算年齡小於45歲，有症狀就要驗血。**

　　蘇艾貝：「身為一名家醫科醫師，我在過去的幾十年中治療了許多因為身體和情緒上不穩定而觸發問題的患者，這期間我意識到了很多婦女都在更年期的歲月中，在毫不知情的情況下掉進了情緒性的疲憊狀態。或者她們無法得到協助，因為她們在傳統實驗室檢測出來的驗血報告數據，都被認為是『沒有問題的』，也就是說都在正常的範圍內。因此您認真地檢視一下是值得的，因為可能某位檢查數據落在正常範圍內的患者她是好端端的，但是另一位有同樣檢驗結果的患者卻非如此。就某些實驗室數據而言，被認為仍然是健康標準的範圍往往很寬廣。可能有一個病患有隱藏性的甲狀腺機能低下，但是她的促甲狀腺激素（Thyreoidea-stimulierendes Hormon, TSH）的數值仍然落在傳統值的上限範圍之內，而她卻抑鬱沮喪地躺在床上起不來。相反的可能另外一個病患有著相同的數值，不過她卻生龍活虎。根據我的經驗，在許多情況下，病患的難過程度和實驗室的檢驗數據是不相符合的。因此，在治療時很重要的是不能只考慮一張表上的數據，還要特別注意病患的臨床狀況。」

　　在這方面，醫師或治療師與患者之間的關係至關重要。婦女們總是希望在兩者之間能夠有個基於同理心和互相尊重的關係。因為看診安排的時間緊湊，同時也因為醫師們越來越專業化，所以幾乎沒有機會進行詳細且跨科別會診來和患者一起討論個別身體狀況。今天執業的醫師必須在很短的時間內診視很多病患。「談話的醫學」，指的是在一個輕鬆的氛圍中進行對話，並

且有足夠的時間讓病人得以自發地述說自己病情的診療方式，但這種診療方式卻因為醫療保險的預算太少而無法實現。

我們在此絕對不是想要質疑醫師同業的專業和許多熱心專注的治療師。他們都做出很了不起的貢獻，並且也把他們的工作做得很好！我們只是很希望能有更多人採用更廣泛的方法，亦即將基於證據方法的學院醫學，包括傳統的實驗室醫學以及自然療法和心理學方面的知識與身心保健醫學結合在一起。透過這種方式也可以將這個人生階段的情感和精神方面的觀點更好地考慮進去。

在專業人員方面，對這些病狀輕描淡寫或是敷衍過去而使得許多病患們（我們醫師也是病患）在看了醫師之後沮喪且無助地回家去的情況並不少見。這正是我們希望您們以後可以避免的情況。您們不應該無奈地接受必須單獨面對問題的困境。您們應該知道，您的身體目前正在發生甚麼事情、您們缺少了甚麼以及您們需要甚麼。

自己是女人，知識是力量

要達到此目的，那麼獲取資訊和知識是非常必要的。很幸運的是，如果我們生活在一個開放、自由的國家時，我們婦女今天就有這個機會。為了紀念德國婦女投票權百週年紀念日（Hundert Jahre Frauenwahlrecht），在2019年時出現了很多的文獻，都在談論有關婦女在改變社會中所扮演的角色。今天我們的婦女可以自由決定自己的教育，選擇自己的工作場所和生活方式。我們理所當然地追求自己的夢想，基本上不再必須為了自己的權力奮鬥，例如攻讀醫科（如同我們的國家在1900年以前的情形）、到銀行開立一個自己的帳戶（像直到1962年以前）或是被允許在足球隊裡踢足球。而且按照法律，我們擁有自己身體的自主權。儘管我們在婦女平權的浪頭上還有許多事情可以改進，例如同工同酬、同樣的資格同樣的主管職位、在男女夥伴關係中對子女教養方式的關懷、特定為女性使用的藥物等，不過總體來說，我們

還是非常慶幸我們生活在2020年。

僵硬的社會規範仍然存在，但已經越來越少。一個年紀較大、身材較為豐滿的女人不會再被稱為「肥婆」（Matrone），對於在健身房的更衣室裡講一些例如「更年期就是到了換老婆的時候了……」這類愚蠢的風涼話或是笑話的老年白種男人，也不再有人會覺得他很風趣或附和他了。儘管這些刻板印象的例子不值一提，但這表示我們在這方面已經向前邁開了一大步。

我們可以選擇，是否要在職場上發展並創造我們的事業，是否要在特定的時間點染髮或保留自然的灰髮，是否要穿上高跟鞋在眾人面前展示或是要穿舒適的平底鞋到處溜躂，裙襬是要高於或是低於我們的膝蓋。我們可以決定要嘗試各種不同的姿勢或方式來享受性生活，或是單純躲進被窩用一本書或是觀看Netflix上的連續劇享受溫馨的夜晚。我們可以自己決定，享受性生活然後數個禮拜單身獨處。我們可以放下我們這輩子所取得的成就，也可以抱著成就滿意地過活，或者再重新出發打造生命的第二春。現在在看這本書的人如果認為一切都必須更高、更快、更遠而因此感到有壓力時，我們必須說：「您沒有一定非怎麼做不可」。對您自己好一點。所有的事情都是被允許的，海闊天空，天下有太多可能的事情，但是沒有一個女人必須向自己證明任何事。

因此，如果我們不能「掌控」自己的荷爾蒙也不是一件羞恥丟臉的事情。這和弱點無關，沒有一個女人在談論到她身心狀態時必須感到羞恥，也沒有一個女人應該因為她真實存在的症狀而被從醫師的診所請回或被貼上神經質、過度緊張的標籤。

一直有很多婦女，包括許多多年來過著自主生活的婦女，向我們描述她們的經歷。她們講述了她們深深感到被羞辱的情境，她們感到非常無助，好像被當成一個未經世事的小女孩那樣地被對待，因為她們沒有被醫學看重。拾起您的信心來和您的身心狀態對話，因為有很多的治療可能性！請您永遠記住：**有很多女性朋友過得和您一樣！**

蘇艾貝：「去年一整年裡，我和病患們的談話讓我對自己的職業和生命有了完全不同的看法。我對病患們對我的開放真誠以及信任致上無限的謝意。我發現很多同事在治療35歲及以上的患者時，總是把荷爾蒙從治療中完全排除。很多患者告訴我，為她們治療的醫師不願意檢測她們的荷爾蒙水平。這些醫師所持的理由是，在實驗室裡檢查到的數據會一直不斷地變化；健保不支付這項費用或者說因為她們仍有月經，所以不會有荷爾蒙失調的問題。但是在我臨床經驗中發現，有很多症狀都必須考量荷爾蒙這個病因，並加到治療策略中。因為有非常多的婦女雖然只有30多歲，卻因為醫師沒有診斷出她的甲狀腺亢進的問題而必須忍受好幾年的痛苦。這個問題常常在婦女們因為無法懷孕生小孩而到特定的醫學中心檢查時才被發現。」

荷爾蒙如何控制身體和心理

只要每一公升血液裡有百萬分之一甚至一兆分之一公克的荷爾蒙，就足以產生反應。當心裡激動或者突然之間遇到壓力狀況時，腎上腺素（Adrenalin）以及正腎上腺素（去甲基腎上腺素，Noradrenalin）就會神不知鬼不覺地立刻讓您情緒高漲。至於甲狀腺素的荷爾蒙則要幾天之後才會產生效應。

1895年史上第一個被分離出來的荷爾蒙就是腎上腺素。從此之後我們身上大約150種不同的荷爾蒙就被開始研究了。按照估計我們身上大約有超過一千種不同的荷爾蒙，主要在我們身體裡的六大腺體：下視丘（Hypothalamus）、腦下垂體（Hypophyse）、甲狀腺（Schilddrüse）、胰腺（Bauchspeicheldrüse）、副腎（Nebennieren）以及男性和女性性腺（生殖腺）（Geschlechtsdrüsen）/（Keimdrüsen）裡面製造。另外少為人知的是在腸道裡，經由血液它們被輸送到目標細胞中，像鑰匙一樣隱藏在適當的鎖匙孔，亦即受體裡，然後產生相對應的效應。

在最上面的是兩個在腦部的下視丘以及腦下垂體。它們分泌荷爾蒙來調節其他的荷爾蒙，例如促甲狀腺激素（Thyreotropin Releasing Hormone, TSH）控制甲狀腺分泌荷爾蒙，濾泡刺激素（Follikelstimulierndes Hormone, FSH）控制卵巢以及睪丸的荷爾蒙製造。除此之外還有很少量的荷爾蒙也會在其他的身體組織例如脂肪、血液和腸子裡製造。

有一些荷爾蒙則是反方向作用，例如胰島素（Insulin）和胰高血糖素（升糖素，Glukagon）。它

們的效果是相反的：前者降低血糖，後者則升高血糖，因此可以讓血糖保持最佳平衡。其他的荷爾蒙的作用好像骨牌那樣：下視丘分泌的甲狀腺促素釋素（Thyreotropin Releasing Hormone, TRH，又稱甲釋素）刺激腦下垂體分泌促甲狀腺激素（Thyreoidea-stimulierendes Hormon, TSH），然後藉由此再讓甲狀腺分泌甲狀腺荷爾蒙。雌激素和黃體酮兩者則互相合作，在懷孕的情況下這兩種荷爾蒙可以讓子宮黏膜增長。

供應和需求或者說短缺和補給確定荷爾蒙的循環。個別荷爾蒙只要極少的量就可以造成很大的影響，因為荷爾蒙調節循環非常的複雜，所以這個系統對緩解壓力和睡眠不足以及其他領域來說是非常脆弱敏感的。每個曾經經歷過飛行過時差的人都可以因此大吐苦水。他們清楚地知道，如果睡眠荷爾蒙褪黑激素（Melatonin）亂了腳步之後會有甚麼感覺。

最重要的荷爾蒙以及其循環的過程我們會在第二章裡詳加檢視，另外還會談到所有有關皮膚和毛髮荷爾蒙雌二醇（Östradiol=Estradiol）的資訊，以及它到底可以創造出哪些驚人的奇蹟。我們會描述有關兩性結合荷爾蒙催產素（Oxytocin, OT）、皮質醇（Cortisol）以及哪些荷爾蒙可以刺激我們採取行動，還有哪個荷爾蒙的職責是在管理我們的飢餓或是抑制我們的食慾。

荷爾蒙決定女性氣質

雌激素和**黃體酮**是兩種女性荷爾蒙。它們讓女性乳房在青春期長大，使臀部變得渾圓，控制月經週期並讓懷孕變得可能。它們也可確保皮膚光滑柔嫩以及頭髮結實，現在青春少女們亮麗長髮的時尚可以很恰當地證明這一點，感謝雌激素讓她們的頭髮健康有光澤。但是並沒有存在著一個單獨的荷爾蒙叫做雌激素。事實上雌激素是由30多個女性的性荷爾蒙所組成的一個群組。（作者註：因為我們一般都講雌激素，而不是稱它為雌激素「們」，所以我們在本書中大部分也從俗稱其為雌激素）。雌激素調控女性的月經週期，提升子宮內血液的流通，促進液體在組織中的儲存，影響骨骼密度並正

向地影響血脂。此外，黃體酮也調節月經和懷孕，它保護子宮內黏膜並具有穩定情緒的作用。

烏爾姆大學醫院（Uniklink Ulm）的小兒內分泌和糖尿病（Padiatrischen Endokrinologie und Diabetologie）科主任馬丁・瓦比奇（Martin Wabitsch）是一位公認的專家，透過他的研究得出結論，荷爾蒙是影響我們行為和個性的關鍵。

從這個意義上來說，女性荷爾蒙不僅可以塑造我們的身體，還塑造我們的性格。即使在「#我也是」的時代我們可以意識到，女性是透過女性荷爾蒙（在此特別是雌激素）很自然地具有關愛照顧本性的特質。這是幾千年來天賦照顧新生嬰兒生存的本能，否則這些嬰兒都會餓死。儘管如此，我們還是很高興有越來越多的男人參與了嬰幼兒日常及實際的護理。

雌激素也會讓您感到快樂及情緒上的平衡。然而，我們的女性性格並不僅僅受到性荷爾蒙的影響──男性擁有較多的睪固酮（Testosteron），女性則有較多的雌激素──也會受到我們身體內部其他各種因素的影響。例如天生分泌較多皮質醇的人，可能就會比較容易感受到壓力，或可能更具侵略性。如果有人分泌較多的催產素，那麼這個人很可能會更願意與他人保持聯繫並在情感與情緒上更能夠保持平衡。睪固酮水平比較高的婦女，通常會在職場上更具競爭力和專業性，而且也會比較強勢。

荷爾蒙雲霄飛車啟動時，經常會令人驚訝地發現到，她們在家庭裡、社群中或者是在辦公室裡表現出對她們的照顧本能感到不耐煩。不久之前我們在一家咖啡店了不經意地聽到隔壁桌的婦人說：「我實在感到很煩而且很厭倦，我要料理所有的事情，每件事情都要由我負責。」

如果您也有同樣的感覺，那可能是因為您的「照料者荷爾蒙」（Versorgerhormon）雌激素分泌已經開始衰減了。您不必為此感到良心不安，大自然是相當聰明的，它認為是時候了，它要您不要再將精力能量付出給其他人，

而是要保留給自己使用。負責這個「新」的意志的推手，是您體內的女性睪固酮，它的分泌還沒有結束呢！

　　甚麼才會讓您過得好呢？（您會發現，這個問題我們會在本書中經常提出）。您想成為一個怎樣的人？您想要如何給自己定位？您到底要體驗甚麼呢？您還想要在未來的美好歲月裡感受些甚麼呢？

Chapter
2

荷爾蒙雲霄飛車

成千上萬的無形小幫手在我們的身體裡創造奇蹟，
那就是我們的荷爾蒙。
它們以最佳的形式運作，是女性氣質的青春之泉。

在我們介紹女性荷爾蒙的煉金術以及探討荷爾蒙到底是甚麼的問題之前，讓我們先介紹一下荷爾蒙的本質，看看它到底是甚麼樣子。現在讓我們發揮一下想像力：

想像有一位公主，也許是您最喜歡的童話故事中的那位主角。公主長得非常漂亮，有著又長又亮的頭髮和煥發的光滑皮膚。她活潑快樂又善良、感情細膩、心平氣和、親切待人，對所有的事物都充滿著愛心，而且總是精神奕奕。她的舉止大方雍容華貴，總是能夠臨危不亂從容地克服所有危險的挑戰。我們可以這樣說，她煥發的氣質來自心靈的深處。

有哪個小女孩不想當這樣的公主？當我們還小的時候，總是對這樣夢幻般的仙子有著無限的景仰。不過如果我們完全誠實的話，可能也會暗自驚奇而且想知道：世上怎麼可能有那麼完美的人呢？這簡直像天方夜譚吧！

這個公主無法獨自做到這一點，必須有很多看不見的小幫手祕密工作幫她達到這樣完美的境地。這些小幫手鐵定不可能只是七個小矮人而已，一定還要有更多才辦得到：千百個人、成千上萬的無形生靈、仙女、女孩、精靈和魔法動物。

他們在公主的話還沒有出口前，就可以從她的嘴唇讀出她的每一個願望，替她梳理頭髮、盥洗以及用珍貴的油保養皮膚，給她吃喝，陪她嬉戲，在魔法花園裡閒逛，他們把馬架好在金色馬車前面，當馬車飛馳穿過一座魔法森林，然後在金碧輝煌的城堡前面停下來之後，公主美麗的面龐上帶著微笑，踩著輕巧的步子跳上了階梯。

是的，必須是這樣的……

而這其實正是我們現實生活中的樣子。成千上萬的無形小幫手在我們的身體裡創造奇蹟，那就是我們的荷爾蒙。它們以最佳的形式，也就是以足夠和均衡的份量運作，它們是我們女性氣質（以及男子氣概）的青春之泉。儘管德國癌症研究中心（Deutsche Krebsforschungszentrum, DKFZ）有不同的看法並且警告說，在上了年紀之後，荷爾蒙只能夠做為「皺紋助推器」，不過事實上，荷爾蒙使如鮮花盛開般的少女蓬勃發育成為年輕女人，因為有了它們，少女們才有光滑的面部皮膚，大腿上才不會出現橙皮紋（Cellulite），才有豐厚結實的頭髮和豐滿堅挺的胸部，才能夠身心均衡地發展出快樂的性格。這不是性別歧視，而是純粹的生物學。

荷爾蒙提振精神（也讓我們激動焦躁）

荷爾蒙以多種複雜的方式刺激我們的身體。它們確定我們每天生活的節奏，穩定免疫系統，保持大腦健康靈活，強化骨骼，促進消化和血液循環，調節食慾和體溫。它們調控肌肉和骨骼的生長，女性的月經周期，各種感覺，我們的情緒⋯⋯，多得難以細數。

就像生活中的許多事物一樣，荷爾蒙很重要的一點也是均衡。如果某種特定的荷爾蒙太少或太多，過不了多久其後果就會出現：甲狀腺荷爾蒙缺乏會引起體重增加以及疲勞和便秘；相反的，如果甲狀腺荷爾蒙分泌過度，就會導致躁動不安或心臟狂跳。

內分泌學（Endokrinologie）是研究荷爾蒙的學問，在醫學中是一個歷史不久的研究分支。恩斯特・史塔林（Ernest Starling）是第一位了解荷爾蒙分泌腺體重要性的科學家。在解剖學領域已證實了它們的存在，雖然我們可以把甲狀腺和腎上腺握在手中，但是卻沒有人真正知道它對我們有甚麼好處。很幸運的是，今天情況已有所不同了，但是我們仍然有很多事情必須去好好地探索。

荷爾蒙的生產地點主要分布在六個大的內分泌腺：下視丘、腦下垂體、甲狀腺、胰腺、腎上腺和性腺（生殖腺）。它們將荷爾蒙釋放到血液中，然後利用血液被運輸到身體各處，例如從大腦裡面的腦下垂體到在腹部的卵巢，或從在頸部的甲狀腺向下進入到腸子裡。當它們到達目標器官或細胞時，它們會附著在受體上並發揮相應的效果：當我們感到壓力時，腎上腺素和去甲基腎上腺素會刺激我們，讓我們生氣，

褪黑激素使我們困倦想睡，飢餓素釋放肽使我們感到飢餓。

除了將它們生產的荷爾蒙透過血液，也就是由「內部」散佈到全身的內分泌腺之外，另外還有外部的腺體，例如在口腔或腸道中的唾液腺會將它們的腺液荷爾蒙分送到需要它的地方去。

大多數荷爾蒙都是合作團隊的成員，這些成員之間互相影響，關係非常複雜。這種複雜的關係有時候會造成診斷荷爾蒙相關疾病的困難。當有人「搞砸了事情」後，可能會把其他人一起拖下水，因為它們認為苦難要同當，壞了事人人都有責。

荷爾蒙是很小的微粒，卻具有如此巨大的作用，所以內分泌學是一項令人著迷而又多樣化的學科。這個領域裡所遵守的不僅只是因果原理而已。在大多數情況下，它允許我們甚至必須用一點「歪步」去思考。因為只有當您在腦袋裡想著不同荷爾蒙和它們的循環及其作用時，我們才會明白，症狀通常不能只歸類到一個原因上。

所以這就是為甚麼我們在這個章節裡除了介紹女性荷爾蒙之外，還要介紹其他重要的荷爾蒙的原因。因為**在我們身體裡幾乎沒有一個系統比荷爾蒙循環系統更能夠揭示「所有的事情都和其他的事情息息相關」的真實性**。

讓我們從「女士優先」這個大家耳熟能詳的口號來說起。

女性性荷爾蒙

讓我們回到公主的場景：您是否有豐滿光澤的頭髮、光滑的皮膚？當您想要做愛時，您的陰道是否濕潤，血液供應是否充足？您根本上有興趣做愛嗎？您的心臟是否規律地跳動，沒有高血壓的跡象？雖然在連假前的忙碌高壓期間沒有時間做體操，但您的肌肉和關節頂多在半程馬拉松或在滑雪的第一天之後感到一些酸痛？您還有月經來潮，有時候可能會有輕微的經前症候群（Prämenstruelles Syndrom, PMS），但大多時候您精力充沛、身心處於均衡狀態而且也很討人喜愛？您想要一個孩子，而且輕易就懷孕了，懷孕期間一切都很順利，而且嬰兒也發育得非常良好？如果是這樣，我們必須心存嫉妒地承認：您的雌激素和黃體酮水平似乎已達到最佳的平衡狀態。

不過儘管如此，如果您還是把這本書好好地拿在手上閱讀時，是非常明智的。因為如果您還想繼續保持這麼好過，及時知道所有關於荷爾蒙的訊息是非常值得的。

如果情況相反，您內心的公主已經有了難過的症狀或者變得不耐煩，因為有一個或其他的小精靈幫手暫時告別或永不回頭地離她而去了，那麼就更沒有其他的東西會比荷爾蒙的相關知識來得更重要了。

女人味從大腦開始

我們要煩惱在甚麼場合該如何穿才能最美、最得體。我們徹夜未眠，不斷地琢磨思考我們在婚禮那天要如何給我們最鍾愛的人大大的驚喜，或者是甚麼時

候才是要求加薪的最佳時刻。

我們夢想著在銀行帳戶上令人雀躍的額外收入，這樣就可以去白色的加勒比海海灘度假或是購買客廳裡的新沙發。我們的腦袋裡還轉了無數個想法，我們寧願不要有這些想法，因為它們可能和我們的生存有關，也可能太過瑣碎並且令人尷尬，不用說還有成千上萬的想法，有些甚至我們根本就不知道它們的存在。

但是我們的大腦可以做的遠比思考和做夢還要多，它是我們荷爾蒙迴路最重要的開關中心的所在地：下視丘和腦下垂體。

如果我們從鼻梁到頭部後部的方向畫一條水平直線，再從頭部的中心向頸子的方向畫一條垂直直線，那麼這兩條線的交叉處正是下視丘方的所在位置。下視丘釋放出荷爾蒙並刺激其他腺體分泌出各自的荷爾蒙到血液裡，以這種方式來調控我們的體溫、心率和血壓等。

腦下垂體也稱為腦垂體（Hirnanhangdrüse），它像櫻桃核仁一般大小，顧名思義，它是掛在大腦底下，更確切地說是在下視丘底下。它調控甲狀腺、腎上腺和卵巢，並藉此調控女性每個月的月經週期。為此，它產生濾泡刺激素（FSH），可使卵發育成熟並提高雌激素的生產量以及供排卵用之黃體成長激素（luteinisierende Hormon, LH）。

下視丘和腦下垂體是強而有力的器官，因為它們支配大多數其他的荷爾蒙內分泌腺。如果在血液中達到所希望的荷爾蒙濃度（會透過某種像恆溫器或傳感器的方式來測量），在大腦中就會出現負面的反饋。大腦就會向其他周邊的荷爾蒙內分泌腺發出信號：「休息一下，直到另行通知為止。」以供給和需求關係或短缺和補給來確定荷爾蒙循環週期。

月經週期

　　每個新生女嬰來到這個世界時，都帶著100萬個以上的卵細胞，這些是每個女人一輩子所擁有的卵細胞數量。儘管聽起來很多，但我們還是必須好好照顧它們，省省地用。從第一次月經來潮開始，這個卵子養殖場裡「只」剩下30到40萬個卵細胞可供使用。在女人的一生中大約有500個卵細胞會成長成熟。這也同時表示：一個25歲婦女身上的卵細胞一樣是25歲，一個40歲婦女的卵細胞也相對應地是40歲。

　　每個月會有一個或多個卵細胞成長成熟，至於會有幾個卵細胞成熟則無法預知。成熟的卵細胞可能會受精。至於一個女人在一生中到甚麼年齡還可以懷孕則是取決於她出生時所擁有的卵細胞數量，以及在每個月經週期中成熟的卵細胞數目而定。

　　卵細胞的成熟過程是發生在卵巢中被稱為濾泡（Follikel）的結構裡，它看起來像一個小小的袋子。雌性卵細胞和產生雌激素的細胞就在這個袋子裡。濾泡生長得越多，被釋放出來的雌激素也就越多。在月經周期前階段的14天，他們確保卵細胞以及子宮內膜的生長，以便受精卵可以舒適安全地附著在子宮壁上。

　　它在月經周期之後的第14天會「跳出來」。此時濾泡會破裂，卵從裡面跳出來，從那裡通過輸卵管進入子宮。濾泡會留在卵巢裡並且會在月經週期的第二階段，也就是所謂的黃體期（Lutealphase）裡轉化成黃體（Gelbkörper）。這個腺體現在會產生黃體素（Gelbkörperhormon），也就是黃體酮（Progesteron，或稱孕酮），它可以確保子宮內膜長得更厚實，並供應充足的血液。

　　如果卵細胞沒有受精，黃體會萎縮，黃體酮和雌激素的濃度會下降。因為血液供應增加而變厚的子宮內膜會因為不再被需要而剝落並排出體外，月經就會來潮。

階段1
更年期從黃體酮
水平下降開始

排卵

黃體酮
水平

+
黃
體
酮

−

14　　　　28
週期

階段2
接下來雌激素
也會下降

雌激素
水平

+
雌
激
素

−

14　　　　28

階段3
停經後時期，基礎
雌激素也會下降

+
雌
激
素

−

14　　　　28

正常值 ⋯⋯⋯　　過低值 ──

更年期荷爾蒙變化的三階段

蘇艾貝：「荷爾蒙的威力大到可以決定一種生物是雄性或是雌性。冷靜來看，荷爾蒙透過調控生殖來確保人類的存續。我想要稍微帶一點熱情地說：荷爾蒙是生命奇蹟的根源。我一直都很難相信我們的性荷爾蒙可以讓兩個細胞融合在一起，使它變成一個全新的、獨特的生命。在我身為母親和醫學工作者這麼多年之後，仍不斷對這個奇蹟充滿著謙卑和熱誠的讚嘆。」

荷爾蒙是女性氣質的源泉

雌激素和黃體酮是如假包換的女性荷爾蒙。從生化的角度來看，它們屬於類固醇荷爾蒙（Steroidhormon）。是的，就是所謂的膽固醇，您對它一定已經很熟悉了，它就是大家所講的血脂，它提供這些荷爾蒙構造的骨幹。因為它們很容易溶解在脂肪裡，所以可以直接穿過細胞膜而進到細胞裡，一直達到細胞核。因此，它們可以非常快速地起作用。

女性荷爾蒙不僅會塑造我們的體型，還會影響我們的性格。雌激素可以讓我們保持著開心喜悅的好心情和情緒上的平衡，黃體酮賦予我們強大的心理素質。這些對婦女們都非常重要。

這些聽起來像是陳腔濫調，但是從科學角度來講都是有道理的。在這裡，我們再次引用烏爾姆大學醫院馬丁‧瓦比奇（Martin Wabitsch）所說的話：「荷爾蒙是我們的行為和個性的鑰匙。」

雌激素 —— 女人味的來源

雌激素扮演著首席女主角的地位。當它們處於平衡狀態時，會引誘您並承諾給您充實豐富的生命。它們會讓女性綻放美麗，使您充滿活力、健康開朗、關懷、互相幫助、互相溝通並讓您融入四周的人群和環境。當它們脫軌出問題時，會拉扯您的神經，並且會以不是我們所希望的方式刺激您的細胞

生長。

　　雌激素會製造出一組共有30多種的信使物質（Botenstoff）。它們除了會在卵巢，也會在脂肪組織以及少量地在雄性睪丸中產生，同時也會在我們的腦部，在一個對我們的學習和記憶任務起著至關重要作用的區域裡被製造出來。慕尼黑馬克斯・普朗克精神病研究所（Münchner Max-Planck- Institut für Psychiatrie）的科學家於2001年提出了生化科學上的證據，說明雌激素有著類似神經保護性抗氧化劑（neuroprotektive Antioxidantien）的功效。它們以捕捉具有侵略性和破壞性的分子和蛋白質的方式來保護神經細胞及其連結（突觸，Synapsen）。這樣，它們就可以立刻就地保衛我們的大腦。或許這就是為甚麼當我們摯愛的人問我們：「親愛的寶貝，妳知道我把車鑰匙放到哪裡去了嗎？」時，我們總是可以立刻給出答案的原因。

　　我們身體本身擁有三種雌激素：**雌二醇**（Östradiol）、**雌酮**（Östron）和**雌三醇**（Östriol）。它們會讓濾泡發育成熟，啟動排卵並確保卵子通過輸卵管被運送到子宮。它們刺激子宮內膜、陰道細胞的增長及女性乳房的發育和促進子宮頸的粘液分泌。這個所謂的子宮頸粘液（Zervixschleim）就像天然屏障一樣可以阻礙並防止來自外部入侵的細菌。雌激素也會促進我們的陰毛成長。

　　雌激素的作用絕不是只限制在影響女性的性器官。它們系統性地作用於刺激血液循環，增強免疫力，刺激蛋白質的生產來增加血液中的三酸甘油酯（Triglyzeriden）和膽固醇（Cholesterin）以及讓水分可以貯存在組織中。如果雌激素的水平過高會增加血栓形成的傾向，不幸的是它也和某些癌症、情緒低落和多生贅肉的風險有關。此外，它們還可能會損害肝臟。

　　因此，如同生活中的一切事物都有好壞兩面，雌激素也有明亮面和黑暗面，一種是保護作用，另外一種卻會引起疾病。很不幸的是，所有的雌激素經常被混在一起而且基本上被妖魔化了，說它是在更年期期間雌激素變化的框架上導致乳腺癌的原因，但是這種講法真的是太草率了（詳見第三章）。

有關於雌激素保護功能的知識主要來自對更年期症狀的研究，因為大家都是事後諸葛：「總要在我們失去了某項東西之後，才會注意並瞭解到，我們是多麼的需要它啊……」

就此觀點來說，我們希望非常明確地提醒大家來關心並且注意雌激素在保護方面的功效。雌激素可以影響多個方面，其中之一是影響骨質疏鬆症（Osteoporose）。80％在更年期的婦女都會突然驚覺到這個問題。

因為骨骼形成和骨骼退化之間的比率關係受到干擾時，骨骼就會變得多孔而且更為脆弱。典型的現象是大腿骨的骨折，比較不為人所知的是骨骼脆弱折斷，例如臀部、脊椎和下手臂。骨骼評估研究有關骨質疏鬆症流行病學的報告（Bone Evaluation Study zur Epidemiologie der Osteoporose）指出，在德國50歲以上的婦女每四個人之中就有一個，以及110萬男人是罹患骨質疏鬆症的高危險族群。根據德語的科學骨科學協會總會（Dachverbands der Deutschsprachigen Wissenschaftlichen Osteologischen Gesellschaften e.V.）的指導綱領聲稱，在2017年起，四年之間有一半的骨質疏鬆症的病患曾經有過骨折經驗。

雌激素可以使疲倦的骨頭振作起來，但是它們還可以做得更多：預防動脈粥狀硬化（Arteriosklerose）、心血管疾病和阿茲海默症（Alzheimer，失智症）。65歲女性被診斷出阿茲海默失智症（Alzheimer Demenz）的發病人數是同齡男人的兩倍。新的研究報告指出患上這種疾病的人其腦部的海馬迴（Hippocampus）受到的影響尤其嚴重，因為更年期期間婦女的雌激素在海馬迴這個區域裡的分泌有明顯減少的現象。

雌激素還可以降低某些癌症的風險。2016年的國際荷爾蒙替代指南綱領（Die Internationale Leitlinie zur Hormonsubstituti）指出，透過雌激素可預防結腸癌。在使用9至14年的荷爾蒙補充劑之後可使患病風險降低一半。其背景的原因為，雌激素受體可以讓細胞停止生長並且抑制發炎，或者像醫學術語所說的，它們具有抗增殖和抗炎的效果。即使是已經患有結腸癌（以及攝

護腺癌〔Prostatakrebs〕）的患者，也可以從這個機制中獲益。德國癌症協會（Die Deutsche Krebsgesellschaft e.V.）在他們目前對預防癌症最新的建議裡聲稱，透過皮膚滲入的，亦即通過皮膚塗敷的雌激素也可以減少更年期間發生乳腺癌的風險。

現在讓我們來看看最重要的天然雌激素群組裡個別的雌激素，因為這種區別在以後的荷爾蒙替代療法中有很大的重要性。雌激素並不都一樣是真的雌激素！

雌二醇（E2，17-β-雌二醇）

雌二醇（Östradiol〔Estradiol〕）是一種天然雌激素，它在卵巢以及孕婦的胎盤中形成。在男人身上則是由睪丸和副腎上腺產生。它是最有效的，因此也是最重要的雌激素。它的原始材料和所有性荷爾蒙一樣是膽固醇，所以也是從腹部、臀部和大腿上的體內脂肪生產而來，因此比較豐滿的婦女會有較高的女性雌二醇水平的傾向。

雌二醇觸發排卵機制並準備子宮內膜，以便受精卵可以在此處著床。

它是預防骨質疏鬆症必不可少的成分，可確保強壯的骨骼，防止皺紋及油性皮膚，並強化髮質，所以它在媒體中也被推崇是皮膚和頭髮荷爾蒙。它使血管具有彈性並防止動脈粥狀硬化和高血壓。在停經之後，在雌二醇的自體生產方面會把重心移到生產雌酮，也就是說，會減少雌二醇的生產，同時增加雌酮的生產。

雌酮和雌三醇

雌酮（Östron〔Estron〕）和雌三醇（Östriol〔Estriol〕）是雌激素群中分出來的天然荷爾蒙，它們可以在人體內不斷地相互轉化。雌酮在更年期前的作用只扮演較小的角色，生產量也較少。在更年期後它會保護骨骼，但因

為它會刺激細胞分裂，所以也可能促進癌症的發生。

它在卵巢和皮下脂肪組織中各自生產50％，有極少量會在腎上腺產生。在皮下脂肪組織中，它是由雄烯二酮（Androstendion）生成的。體重過重的女性在更年期期間皮下脂肪組織發育得很快速，表示她的雌酮水平過高。經常喝酒、脂肪肝和遺傳性的芳香化酶（Aromatase）過度活躍（芳香化酶19〔CYP19〕突變）而使得雄烯二酮轉化成雌酮，都會導致雌酮水平升高。

黃體酮──神經安定劑

黃體酮是女性性荷爾蒙中第二重要的荷爾蒙。一方面，它補充了雌激素的作用，另一方面，它也是雌激素的擷抗劑。就像陰和陽，兩者彼此相伴共行：黃體酮平衡雌激素，而如果沒有雌激素，黃體酮就不能充分發揮其作用。

它們兩個攜手共同調控女性月復一月的月經週期。它們使懷孕變得可能，讓胚胎孕育。如果這兩種荷爾蒙可以合作無間，則對我們的幸福有著莫大的助益。

黃體酮是由人體中的基本物質膽固醇在濾泡細胞（Follikelzelle）裡所產生的。在排卵後，黃體酮水平會大幅升高。子宮內膜上的所有結構（細胞、血管、腺體等）都藉由黃體酮的作用重新建造並為受精卵的著床做好準備，確保胚胎得到良好的照顧。之後，在懷孕期間黃體酮會被大量的生產（高達正常值的300倍），特別是會在胎盤中形成。如果沒有懷孕，黃體酮水平就會下降，預備好的子宮內膜就會隨著月經排出體外。

黃體酮不僅在子宮內起作用，在人體內幾乎所有的組織，在大腦以及周邊神經裡都有它一顯身手的機會。它對免疫系統、能量的產生、熱量和水分均衡的管理、骨骼和脂肪的代謝都是非常重要的。它降低了各種類型癌症的風險並增強了甲狀腺荷爾蒙的作用。

在黃體酮的影響下，體溫在月經週期的後半段排卵前後幾天的日子裡會

增高0.5度。透過測量此體溫的升高,女性可以知道她們何時排卵。基於這個原理可以實施自然的避孕,針對這種避孕方法,現今市面上也已經有經過良好科學檢驗的應用程式在出售。

黃體酮與雌激素兩者一起可預防骨質疏鬆症,它促進了新骨質的建構。它在中樞神經系統的成熟過程中扮演著不可或缺的吃重角色,不過這項功能卻一直被低估了。在特定的腦細胞裡黃體酮的濃度要比在血液裡高出20倍。波鴻魯爾大學解剖學研究所細胞生物學專業部門(Abteilung fur Cytologie am anatomischen Institut der Ruhruniversitat Bochum)的研究小組目前正在研究一個問題:包括黃體酮在內的一些藥物是否可以讓中風患者的神經細胞再生。

特別是在大腦和脊髓中形成的別孕烷醇酮(Allopregnanolon)具有保護中央和外圍神經系統的功能,這就是為甚麼我們在黃體酮水平高的時候可以更加集中精神和思考的原因。因為黃體酮也是神經傳遞物質(γ-氨基丁酸受體, gamma-Aminobutyric acid〔GABA〕)的對接受體,所以它具有類似鎮靜劑地西泮(Diazepam)的作用。這就是為甚麼黃體酮可以讓我們減少焦慮恐懼,使我們的內心更加平靜、情緒更加平衡以及有更好的睡眠。從這個意義上來說,黃體酮也具有減輕壓力的作用。

具有全方位功能的黃體酮可增強免疫系統,具有抗炎作用、利尿功能並且可以淨化體液並將其排出體外,從而強化我們的結締組織。它可以增加性慾,特別是在排卵期前後——再次證明這是自然界非常聰明有用、可以說是神來之筆的一著棋,因為我們本來就是想要懷孕呀!

但是,我們女性對這個十項全能的選手並沒有獨占性的支配主權,黃體酮也為男人效勞,提供服務。

催產素 ── 一切看起來都變美好了

第一印象很重要，它幾乎決定一切。我們通常會在第一時間知道我們喜歡某個人或是覺得某個人一點都不親切友善，甚至令人無法忍受。或許我們在看到某人時馬上會有情不自禁、胸口小鹿亂撞的感覺，對於這種情形我們體內的催產素（Oxytocin）是推卸不了責任的。

就算我們不把這個在腦下垂體所形成的催產素列為性荷爾蒙，但是在我們看來，它也是屬於這種荷爾蒙的其中一部分。它也被稱為「擁抱荷爾蒙」，它增進夫妻關係之間的忠誠度，而且也在我們性高潮上插了一腳。

它正是導致分娩陣痛以及觸發母乳分泌的荷爾蒙。透過母親給嬰兒哺乳時較高的催產素水平，使得母親身上的壓力荷爾蒙皮質醇分泌下降。在這種情形下催產素起了減輕焦慮、恐懼和壓力的作用。因為母親內心的平靜也會影響到小孩，所以母乳餵養的時刻對一個剛剛生了小孩的媽媽來說，通常是一段祥和而快樂的幸福時光。

如果我們讓自然界裡天生一夫一妻制的草原老鼠（Prariemaus）服用具有相反效果的催產素拮抗劑（Oxytocin-Antagonist），牠們就會和其他伴侶發生性關係。儘管我們認為在用老鼠做實驗所得到的結論不能套用到人的身上，因為畢竟人並不是老鼠，而是兩種不同的動物（在研究中這被稱為「老鼠撒謊」），但是在這個事件上我們還是認為，催產素會導引並控制著兩性之間互相吸引的依戀行為。或者換句話說，伴侶或自己忠誠的機會隨著催產素水平的提高而增加。

肌膚的接觸和性行為促進催產素的釋放，因此它有「擁抱荷爾蒙」的別名。在人際交往上，催產素可以促進彼此之間的信任感和情感，特別是當我們對站在我們面前的人觸摸手臂、把手放在對方的肩膀上或是在打招呼時親吻臉頰更是如此。這樣子的觸摸至少要維持二十秒鐘以上，如果只有短短三秒的接觸是不夠的。

除了夫妻關係之外，在其他人際交往互動時也會產生這樣的效果，尤其是對女性而言更是如此。一個中國的研究小組在研究同一性別的成年人時發現，男人們在催產素的影響下，對於交往對象的反應比較挑剔。參與研究的女性們在從鼻孔噴進了催產素霧劑之後會對其他人產生正向的感覺，但是在男人方面卻非如此。

睪固酮 ── 女性也有一點男性氣慨

女人不僅擁有女性的性荷爾蒙，也有男性的性荷爾蒙，即男性荷爾蒙（Androgene）。最為人們所知的男性荷爾蒙是睪固酮，其他的男性荷爾蒙被稱為雄烯二酮（Androstendion）和脫氫表雄酮（Dehydroepiandrosteron, DHEA）。

睪固酮是在卵巢和腎上腺皮質（Nebennierenrinde）中產生的，它直接作用於女性的身體上，但也可以轉化為雌激素。

雖然50歲左右婦女們的卵巢裡已沒有卵子為了受精而發育成長，但還是會繼續產生少量的男性和女性的荷爾蒙，我們把這個稱為是基本生產。

睪固酮提供必要的執行力，我們也可以說這是必要的「緊咬牙關」的能耐，這對我們的活力以及女性性慾有所影響。這是精力和性衝動的驅動力，在這個階段，許多女性還是會有性愛慾望。這時常會導致夥伴關係間和丈夫的無助感。睪固酮會使我們的皮膚變厚一點。

DHEA是在體內最常見的荷爾蒙。它除了可以作為性荷爾蒙的激素原（Prohormon）之外，也是壓力荷爾蒙皮質醇的拮抗劑。對心血管系統、大腦以及作為我們細胞、粒線體（Mitochondrien）中發電廠的支持者等許多正面的影響都要歸功於它的作用，因為它本來就是抗衰老荷爾蒙。DHEA還可以分解脂肪組織並增強肌肉、調節體重、改善免疫系統，而且還會把自己武裝起來以應對壓力。

DHEA的濃度在20到30歲之間的人體中出現最高峰，此後，水平不斷下降。這可能是隨著年齡的增長或老化過程的本身而使得我們對壓力敏感度和疾病感染好發性增加的原因。一方面當我們的身體繼續維持釋出相同數量皮質醇（可惜）的同時，它的抗拮對手卻已經進入了退休狀態。為此我們就得和這個本來就是罪魁禍首的皮質醇相比為鄰，受到它更多影響了，但是，要小心您的偏見喔——事情總是有兩個面向的。

壓力荷爾蒙

我們的壓力行為也會受荷爾蒙控制。當我們受到驚嚇或對另一個威脅事件起了反應時會觸發我們的壓力行為，這時我們的心跳會急遽加速或是膝蓋發抖。曾經遇到真正會威脅生命的情況並且安全度過的人，就知道我們的身體報警系統絕對不會浪費任何一秒在思考上。我們會在一瞬之間就突然地被驚醒，立刻直覺地轉動方向盤以便避開在高速公路上的障礙，而不是在腦子裡思考：「我要撞上護欄還是不要？」這種心中的盤算和權衡對於達到您想要的目的毫無幫助，因此我們在這種情況下會做出自動性駕駛反應。

不過就算我們在這個過程中關閉了腦子裡的思維，但我們的思考動作也會再次重新啟動。壓力系統透過「下視丘—腦下垂體—腎上腺皮質」所串連起來的連結軸就會在這個時候起作用。下視丘會釋出促腎上腺皮質激素釋放激素（Corticotropin-releasing-Hormone, CRH）以及抗利尿激素（Vasopressin），這種荷爾蒙會在腦下垂體裡促使促腎上腺皮質激素（adrenocorticotropem Hormon, ACTH）的釋放。這個促腎上腺皮質激素又可以活化腎上腺製造並釋放出壓力荷爾蒙腎上腺素（Adrenalin）和去甲基腎上腺素（Noradrenalin，正腎上腺素）。

這個名字並沒有說得很清楚，兩個腎上腺分別位於左腎臟和右腎臟的頂部。如果您將手叉在腰上，拇指向前，其他的手指支撐在腰部後面，那麼小手指在背部上所在的地方就是腎上腺。當您感到壓力很大時可以在這裡感覺到腎上腺的跳動。

腎上腺素和去甲基腎上腺素可以活化神經系統中負責注意力的部分，也就是所謂的交感神經系統。這個分布很廣的神經系統可以確保我們體內的器官如心臟、肺和肌肉獲得不可或缺的能量供給，其結果是，心臟加速跳動、血壓飆升、肌肉緊張、準備衝刺。腸道活動以及所有其他對於保持我們生存非必需的活動及功能都會被暫時停止。如果我們必須馬上逃跑，那身體為甚麼還要繼續進行消化工作呢？

現在最重要的事情是逃跑或是戰鬥。這個千年以來已經根深蒂固的行為模式，對男人而言，當他們處在壓力之下的反應尤其如此，例外可以反證所有的規則。我們女人的想法卻大不相同，在考慮戰鬥或逃跑（fight or flight）之前，我們的選擇是順從與結交（tend and befriend）。我們認為，和別人聯合起來一起保護並解救我們的後代其實是比較明智的，雖然這樣做並不一定會比較輕鬆。

皮質醇——奧運會的聖火

皮質醇是在腎上腺皮質中製造出來的，也有一部分是由黃體酮所形成。它確保我們每個人身體上的功能，如果不是目前生存所必需的活動，如消化、性慾或免疫系統（稍後我們會再來談論有關感冒病毒的問題）等都會被減縮。同時，皮質醇可以確保我們的身體在較小的火焰之下仍然保持足夠的警惕。這樣做需要消耗能量，所以皮質醇會增加胰島素的釋放，以動員細胞中的糖和三酸甘油酯（即脂肪）來生產我們身體所必需的能量。保持警惕並不是一件壞事，這就是為甚麼醫師們總是建議，我們的身體必須有一定量的壓力，以便讓我們可以集中精神並保持對疾病的抵抗力。

但是……

您大概已經猜到了，如果處在持續、長期的壓力狀態下，我們的腎上腺皮質就會增加皮質醇的產量，導致所有的器官永久處在戒備的狀態。這有一點像我們在車上把油門盡可能踩到底，或者把晚上也當作白天來使用。長遠

來看，這會導致血壓升高、心跳快速，以及永久性的緊張，終至肌肉變得緊繃、免疫系統減弱、便秘、性慾降低，並且降低雌激素、黃體酮和DHEA的釋放，同時會增加腎上腺衰竭以及骨質疏鬆症的風險。

會發生後者情況的原因是皮質醇和黃體酮在骨骼細胞上有著相同的受體，所以這兩者有互相競爭的關係。黃體酮協助建立骨骼，而高皮質醇含量意味著需要更多的受體。但皮質醇分子卻在受體上驅趕努力建構骨骼的性荷爾蒙黃體酮，黃體酮分量減少了，這樣一來骨骼就會變得更加脆弱。

對於許多人來說，慢性壓力還有另一個不良的副作用：使您發胖。在壓力下特別是我們的大腦需要更多的能量，即使在沒有壓力的情況下，單單大腦就要消耗掉我們每天所吃進去的一半的碳水化合物，這大約相當於14湯匙的糖。在壓力大的時候，您的神經可能需要12倍的營養。如果您沒有隨身準備巧克力糖，那我們的身體就會把本來要提供給肌肉、器官和細胞使用的糖分消耗掉，所以這部分的糖分必須獲得補充。身體要求補充能量，這時我們的注意力會降低，會感到頭昏腦脹或手開始顫抖。飢餓就是壓力，警報系統釋放更多的警告，皮質醇水平上升，讓我們急速下樓跑麵包店……

壓力使一些人變得枯瘦。會變瘦是因為這些人的大腦從肌肉和脂肪組織竊取了能量。因壓力增加而變胖的人，是因為他們身體裡面的這種機制無法真正地起作用。他們真的可以說是被逼著吃東西來養活他們的大腦。這種人減肥最好的辦法是當他們和同事發生爭執時，立刻到公司大樓外面跑三圈再回來上班。但是有誰會這樣做呢？就是嘛！所以身體肥胖的人會將沒有透過新陳代謝消耗掉的多餘的能量轉化成脂肪，而眾所周知，通常這個脂肪特別喜歡儲存在腹部的區塊。

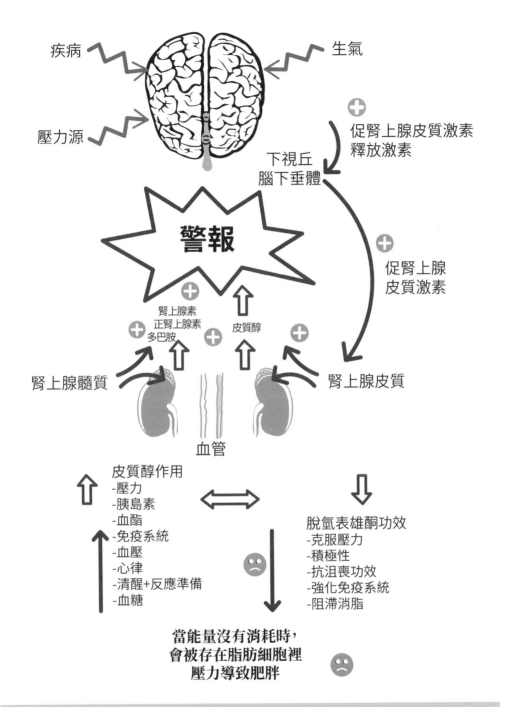

疾病

生氣

壓力源

下視丘
腦下垂體

促腎上腺皮質激素
釋放激素

警報

促腎上腺
皮質激素

腎上腺素
正腎上腺素
多巴胺

皮質醇

腎上腺髓質

腎上腺皮質

血管

皮質醇作用
-壓力
-胰島素
-血酯
-免疫系統
-血壓
-心律
-清醒+反應準備
-血糖

脫氫表雄酮功效
-克服壓力
-積極性
-抗沮喪功效
-強化免疫系統
-阻滯消脂

當能量沒有消耗時，
會被存在脂肪細胞裡
壓力導致肥胖

壓力軸

胰島素——魔術之鑰

胰島素來自胰腺。我們可以把它想像成一把萬能鑰匙，如果沒有它，那麼從食物中攝取的糖就不能進入我們的細胞裡。糖會在細胞裡變成新陳代謝過程中所需能源的主要供應來源。因此，胰島素會在細胞裡打開小「門」，然後把糖（葡萄糖）走私進去。但是，如果細胞中已經有足夠的糖了，那麼又該怎麼辦呢？

現在我們把這個問題稱為「過多糖的社會」（Die überzuckerte Gesellschaft），我們吃得太多，特別是糖果或加糖的食品，以及喝了熱量太高的汽水、葡萄酒和其他酒精飲料，很不幸的，水果冰沙也一樣。各種水果都含有果糖，因此現成的冰沙可能含有比一杯可樂還要多的糖。

大量的糖分對胰腺是一項重大挑戰。它必須釋出大量的胰島素才能把這些糖從血液中帶到細胞裡。可是我們的細胞也不是笨蛋，細胞會冷眼旁觀一會兒。耶誕節和生日加在一起，我們不會高興太久，到了某個時候我們根本不想再看到糖果和甜品。「再來一塊黑森林蛋糕或乳酪蛋糕？」「不要了，謝謝！」「不用了，我受不了了。」細胞為了要保護自己就把它們的小門關起來了，並且還裝聾作啞，來個充耳不聞。這種情況我們稱為胰島素阻抗（Insulinresistenz）。

因此，現在所有的糖都留在血液中，胰島素也無能為力了。胰腺偵測到高血糖，然後繼續不斷地釋出胰島素，因為它只知道這個行動方案——血液中糖

分過多，必須繼續不斷生產更多的胰島素。當然，這種情況不會持續很長時間，最終它會變得精疲力盡，管不了那麼多時，它就只好辭職不幹了。這樣一來，我們的胰島素就會太少甚至沒有了，讓我們患了糖尿病。根據德國糖尿病救援會（Deutscher Diabeteshilfe）的統計，截至2018年為止，德國總共有670萬人患有第二型糖尿病，其中200萬人對他們的疾病還一無所知。第二型糖尿病的主要危險因素為不健康的飲食、肥胖和缺乏運動。

很大一部分的糖也被以肝糖（Glykogen）的形式儲存在肝臟裡作為儲備糖，或立即作為脂肪儲存起來。在這個過程中也有胰島素的參與，它具有抗脂解作用（antilipolytisch）。只要血液中還存有胰島素，任何一個脂肪細胞都不會被分解掉。

最後，讓我們再從另一個角度來看「慢性壓力和肥胖」的情況。壓力荷爾蒙皮質醇會導致血糖水平升高。如果壓力沒有停止，則會發生和不停地攝入食物或糖分相同的情況：產生胰島素阻抗效應。胰腺偵測到高血糖水平，然後就提高胰島素生產的速度，胰腺耗盡了全部的力氣於是停工，少了胰島素，糖尿病就出現了。

一項研究可以證明，長期受到巨大壓力並且用糖果甜食來「減輕壓力」的兒童，在長大成人之後也會以甜食來解除壓力。這種對身體的獎勵制度其實是學習來的。減輕壓力（我們以後還會再討論到）也可以穩定體重。

順便說一下，胰島素並不負責我們的飢餓感，另外一種荷爾蒙才是。

飢餓素 —— 增強食慾

飢餓素（Ghrelin）是在1999年才被發現的一種荷爾蒙。這個名字讓人想起同樣名字的好萊塢電影《小精靈》裡的小怪物（Gremlins）。即使飢餓素會您感到飢餓以及變胖，但它不像電影裡的小精靈只會到處搞破壞而已。看樣子它也能減輕恐懼感和預防抑鬱症；也許就是如此所以巧克力可以安慰它

而讓它放鬆。

飢餓素會在胃壁、胎盤、腎臟和胰腺裡形成，不過卻會直接在大腦中起作用。在大腦裡面它會導致生長荷爾蒙的釋放，但這也會影響我們的飲食習慣、情緒和睡眠。它發生作用的過程和方式非常複雜，而且還有很大的部分還沒有被充分研究。我們可以拭目以待，看看飢餓素的研究還會帶給我們甚麼驚喜。

瘦素──飽足感荷爾蒙

瘦素（Leptin）是一種飽足感荷爾蒙，它是由脂肪組織所製造的。瘦素被釋放到血液中並到達大腦的飽足感中心。瘦素還刺激脂肪細胞讓它提供能量，讓它縮小。

如果飽足中心不再對瘦素有反應，稱為瘦素阻抗。根據糖尿病資訊服務（Diabetesinformationsdienst des Helmholzinstituts）（2018）的說明，瘦素阻抗是導致肥胖的主要原因，但是，最近發現運動可以幫助緩解瘦素阻抗。

甲狀腺荷爾蒙

　　我們的身體就像一個巨大的建築工地，各個單位都在忙碌地工作。身體從我們的食物中獲取碳水化合物、脂肪和蛋白質的基本組成部分，將它們組合並建造和重塑身體裡的細胞和組織並且啟動一切功能的運作。細胞所產生的廢物會被清除，組件會被回收利用，藉此我們的身體可以獲得能量並保持身體機能的運行。這一切都隱藏在新陳代謝這個名詞的後面。

　　甲狀腺荷爾蒙影響新陳代謝最重要的因素，也是掌控其運作的舵手。甲狀腺荷爾蒙由甲狀腺（Glandula thyroidea）製造分泌，甲狀腺是一個長在氣管上方和喉部下方呈蝴蝶狀的器官。和性荷爾蒙一樣，甲狀腺荷爾蒙也由大腦控管而有一定的周期循環。下視丘和腦下垂體在這裡也有話語權。

　　下視丘發送它的信使物質甲狀腺促素釋素（Thyreotropin-releasing hormone, TRH）給腦下垂體，然後再由腦下垂體釋出促甲狀腺激素（Thyroid-stimulating hormone, TSH）給甲狀腺。當甲狀腺細胞接受到促甲狀腺激素時就會促使甲狀腺荷爾蒙T1至T4的分泌。這些甲狀腺荷爾蒙都含有碘，其編號只是代表它們所帶的碘原子的數量。因此，甲狀腺的主要功能之一是儲存來自食物中的碘。

　　此外，降鈣素（Calcitonin）也是在甲狀腺中製造，它是降低血液中鈣元素水平的荷爾蒙。

　　我們按部就班來討論：相對來說，T1和T2的功效還沒有被研究得很清楚，但是它是用來治療甲狀腺機能低下症的很好的選項藥物。有關這部分我們會在

第三章討論。

在甲狀腺裡直接生產的T3活躍荷爾蒙大概只占10%。在甲狀腺裡還含有90%以上的T4（酪胺酸，Tyroxin），它是以非活躍狀態儲存在甲狀腺荷爾蒙裡，在有需要的時候T4可以轉化成為活躍狀態的T3以供使用。不過這個轉化的過程並不是在甲狀腺裡發生，而是在腸子和肝臟裡。

如果有足夠的T3和T4在血液中循環時，則腦下垂體就會停止分泌促甲狀腺激素（TSH）。我們的身體對此也有安排一個反向的反饋機制以防止身體生產過剩。

T3和T4作用於人體內的每個細胞，而且是全天候不停地在運作。如果它在血液裡的水平處於正常範圍，我們就會感覺到精力充沛且手腳有力，體重穩定，如果您想在暑假時穿上比基尼泳裝，那麼您可以在暑假即將來臨前多做一點運動，加上健康的飲食，這樣就可以在很短的時間內成功減肥。

我們的頭髮茂密柔順有光澤。我們對溫度的感受和天氣以及季節相符合，沒有不舒服的感覺，我們的雙手暖暖的。腸子非常努力地在做它該做的事而不是只知道咕嚕亂叫。可以盡情無礙地享受愛情生活，一點都不留遺憾——至少是以您自己的慾望來看是如此。我們現在擁有一切必要的動力，得以享受美好人生。

但是相反的，如果甲狀腺荷爾蒙失衡，那麼我們就會睡眠失調，體內的水分會滯留在腿部，導致嚴重的疲倦，出現消化問題，無精打采提不起勁。產生抑鬱的情緒。甲狀腺失調的疾病很常是無法達成生兒育女願望的原因。

副甲狀腺（Nebenschilddrüse）有四個，它們是位於甲狀腺後面的喉嚨上面，有如花生大小的腺體，這腺體會產生降鈣素的拮抗劑副甲狀腺荷爾蒙，主掌骨骼的新陳代謝並維持鈣元素的平衡。

因為甲狀腺荷爾蒙會在身體內部許多地方發揮作用並與其他荷爾蒙相互交叉影響，所以如果出現甲狀腺功能不足（Schilddrüsenmangel）時，產生的症狀也會是種類繁多且很複雜，導致甲狀腺功能異常時經常無法被確認出來。如果我們把事情擺在現實上來看，就會特別引人注目：根據海德堡大學（Universität Heidelberg）的甲狀腺中心所公布的資料，目前單單患有橋本氏甲狀腺炎（Hashimoto-Thyreoiditis）的德國人就有將近800萬人。特別是處於荷爾蒙變化階段的女性非常容易得到甲狀腺疾病，因為這種疾病會和其他的腺體疾病重疊。在第三章裡我們將深入探討甲狀腺。

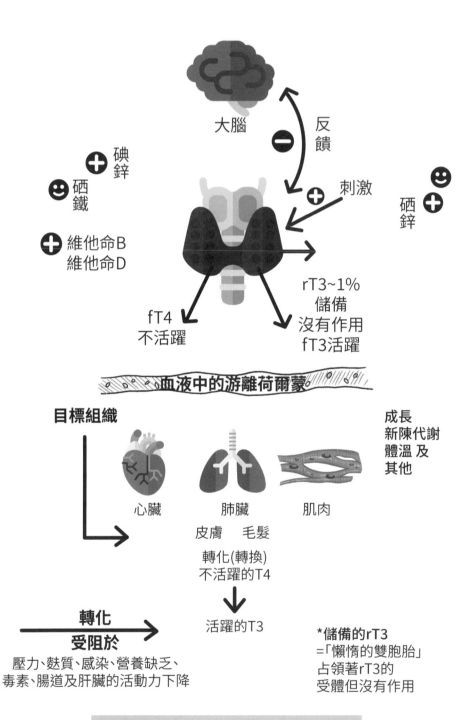

大腦

反饋

$-$

刺激

$+$

碘
鋅
$+$

硒
鐵
☺

維他命B
維他命D
$+$

硒
鋅
☺ $+$

rT3~1%
儲備
沒有作用
fT3活躍

fT4
不活躍

血液中的游離荷爾蒙

目標組織

成長
新陳代謝
體溫 及
其他

心臟

肺臟

肌肉

皮膚　毛髮

轉化(轉換)
不活躍的T4

↓

活躍的T3

**轉化
受阻於**

壓力、麩質、感染、營養缺乏、
毒素、腸道及肝臟的活動力下降

*儲備的rT3
=「懶惰的雙胞胎」
占領著rT3的
受體但沒有作用

甲狀腺荷爾蒙(荷爾蒙必須被活化)

通常，荷爾蒙在腺體內產生並經由血液被輸送到身體上更偏遠的地方，然後在那裡發揮它的功能。它們很少是直接在現場由唾液或分泌物提供。

神經傳遞物質（Neurotransmitter）是神經信使物質。它們啟動一個閃電般快速的刺激傳導或是刺激封鎖機制來讓神經細胞彼此互相交流。儘管它們通常被稱為「幸福荷爾蒙」（Glückshormone），但狹義上來看，它們並不是荷爾蒙。

不過神經傳遞物質卻是某些荷爾蒙的前身（Vorstufe），它們可以直接作用於荷爾蒙腺體。但我們並不是僅僅因為這個事實就把它們收錄在本書之中，而是因為它們真的會使我們感到快樂和幸福。心中的幸福感其實真的是巨大得很了不起的一種動機！

腦內啡 —— 天然止痛藥

腦內啡（Endorphine）是人體自身的嗎啡，亦即帶有類似毒品功效的信使物質。它們在大腦和脊髓中形成，也在白血球中形成。他們靠在鴉片樣肽受體上（Opioidrezeptor）並具有止痛作用。β-腦內啡是該族群中效果最為強大的物質。

例如在發生意外時的震驚狀態下，我們的身體會釋放大量的腦內啡。這就是為甚麼在緊急情況下受重傷的人首先不會意識到自己的痛苦，甚至還可能會去幫助同一事故的其他受害者的原因。過了一段時間之後，他們才會感覺到自己受傷的嚴重程度並因此而崩潰。

在壓力下我們的身體也會釋放腦內啡。它們和毒品附著在同一個受體上，因此壓力會導致快樂感也就不足為奇了。這可能是為甚麼會出現工作狂的原因之一，或許也是很多人無法擺脫他們習慣於壓力的精神狀態的原因。他們沉迷於壓力給他們的重擔——至少在第一時間是如此。

多巴胺和5-羥色胺 —— 冒險家們

當我們把某件事情做得特別好的時候，多巴胺（Dopamin）和血清素（Serotonin，又稱5-羥色胺，簡稱為5-HT）這兩種神經傳遞物質會被釋放出來，稱為「獎勵效應」，此時我們多半會自動地變得很開心。

血清素是短時間的衝刺者，它負責提供短時間的幸福感，相反的，多巴胺是馬拉松長跑運動員。如果我們在很長一段時間內都有很強的動力，並且有足夠的精力，那就是因為有多巴胺在後面推動著。多巴胺會在大腦裡的神經細胞和腎上腺的髓質中形成。一些可以在市面上購得的藥物（例如可卡因）會延長多巴胺的功效。因此，吸食毒品的功能是在於它可以操縱大腦中的獎勵系統，這就是上癮效果的最重要誘因之一。腎上腺髓質中產生的多巴胺是製成壓力荷爾蒙去甲腎上腺素的前身。

多巴胺缺乏症存在於帕金森氏症（Morbus Parkinson）中，在典型的情況下，病人的運動會變得緩慢並且會出現肌肉僵硬和震顫的現象。

血清素會在大腦的神經細胞、血小板（Thrombozyten）、凝血細胞（Blutplättchen）以及一些特殊的腸道細胞如腸嗜鉻細胞（Enterochromaffine Zelle）裡製造。血清素是多才多藝的全功能者：它會影響體溫和血壓，控制食慾，提升情緒和動力，促進睡眠，抗抑鬱，鬆弛精神和肌肉，並促進腸道中營養物質的吸收。

身體製造血清素時需要用到身體內部無法自我生產的胺基酸色胺酸（Aminosäure Tryptophan），也就是說，我們必須透過食物來攝取它。

慢性壓力會導致血清素代謝紊亂並引起過度敏感性的激動，甚至會出現攻擊行為、產生恐懼、失眠和食慾不振等後果。

如果兩種物質都在大腦中起作用，那麼多巴胺和血清素也必須在那裡生產。這事沒有其他的可能性。來自腸道的血清素或是來自腎上腺髓質的多巴胺不能克服越過血腦障壁（Blut-Hirn-Schranke），這是一種在血管以及圍繞在大腦和脊髓的液體之間的保護屏障，用以保護中樞神經系統免受有毒物質的侵害。

褪黑激素——睡個好覺

睡眠荷爾蒙褪黑激素也是由血清素（5-羥色胺）形成的，生產地點在腦下垂體、在眼睛的視網膜和腸子裡。當每天早晨第一縷陽光射入我們的眼睛時，褪黑激素的生產會停止，當天黑時，生產過程就開始了。褪黑激素就是這樣在操控著我們的晝夜節律。

褪黑激素會附著在腦血管以及免疫細胞上，喚起我們沉沉的睡意，並在那裡傳遞指令：「現在是上床睡覺的時候了，現在休息吧，不可以再吃東西，也不可以再玩遊戲了。」

但它們也發出信號：「血壓和體溫向下降低，把工具箱從棚子裡拿出來。」在晚上，免疫系統開始進行細胞修復的工作。

在大腦中，學習的動作會祕密地繼續進行，可以說記憶也將在睡眠中繼續進行自我訓練，所以我們要有夠長時間和深沉的睡眠，因為睡眠是如此的神聖且重要。

隨著年齡的增加，要培育褪黑激素並不是一件容易的事，因為褪黑激素在我們大約30歲過半之後就會開始減退，所以更年期期間的睡眠問題很可能是褪黑激素在攪局。

在本章裡，我們並沒有把所有的荷爾蒙和神經傳遞物質都提出來討論。正如我所說的，目前有150種我們已知的荷爾蒙以及可能有數千種我們還不知道的。我們在這裡介紹了最重要的荷爾蒙及其機制的調控迴路，依照這些知識，我們已經可以非常了解更年期間絕大部分的症狀了。

我們無法對所有因為荷爾蒙生產的低落所引起的問題提出解答，不過已經很多、很多了。關於您可以使用哪些藥劑、措施以及技巧來支持身體和心理，則要請您閱讀下一個章節，這是本書的核心部分。繼續往下面閱讀一定會越來越有趣，也會令您越來越興奮。

Chapter
3

平衡荷爾蒙這樣做

荷爾蒙對我們身體心理的作用和影響，
是既廣泛且多樣的。
這也就是為何許多大不同的症狀，
都和荷爾蒙失調有關。

　　現在，您已經了解荷爾蒙了，我們將提出一份詳細的調查問卷。透過這份問卷您可以確定您當前的身體和/或心理狀況是否有可能是因為荷爾蒙失調所導致的。

　　我們有意識地提出很多問題，因為荷爾蒙對我們身體的生理變化過程和心理的作用及影響是非常廣泛且多樣性的。這就是為甚麼會有很多大不相同的症狀都可能和荷爾蒙失調有關聯。

　　一次又一次不斷地出現、讓我們已經熟悉的生理障礙，例如潮熱等，都和荷爾蒙分泌的轉變息息相關。不幸的是，有一些其他的不適症狀往往沒有被嚴肅看待，它們不是被誤判就是被忽略了，甚至就算是在睡夢中出現盜汗現象的潮熱都有可能會有其他的原因。

把您的健康狀況告訴為您診斷的醫師或治療師，並請他們查明原因是很重要的。

請您利用這些問題，靜下心來好好想一想並且誠實地察覺您目前的健康狀況。問卷的結果將會是一個非常個人化的健康狀況評估清單，您可以依此在閱讀本章節時替自己的身心現況做個總結。因為本章將具體討論每種個別症狀的原因，並且會指出哪些療法或措施可以緩解病痛。我們對荷爾蒙平衡和您身體狀況的詳細清單不僅可以作為和您的醫師討論的基礎，還可以幫助您活化自己內在的醫師。我們將在第四章再詳細介紹內在的醫師，告訴您要怎麼樣對您的自我關懷以及按照自我的意思來設計個人應該要走的途徑。正如大家一直在說的：「我們不是平白無故地說這是更年『期』──這是延續數年的一個階段。」

個人身心健康問卷

（問題後面的括弧，代表該症狀背後可能失序的荷爾蒙）

1. 您是否有潮熱困擾，晚上也會？（雌激素不足，黃體酮）
2. 如果您還有月經來潮：您是否有經前症候群（PMS）的困擾？如果有，症狀是否變嚴重了？（雌激素占優勢，黃體酮）
3. 如果您還有月經來潮：您是否有大量、疼痛或長時間出血的痛苦？（雌激素占優勢，黃體酮）
4. 如果您還有月經來潮：是否變得更不規律了？（雌激素，黃體酮）
5. 您是否患有偏頭痛或與月經週期有關連性的頭痛？（雌激素，黃體酮）
6. 您是否越來越常在早晨覺得沒有睡好，感覺過度疲勞？（皮質醇）
7. 您是否感覺精力減少，能量完全喪失（「感覺好像電池沒電了」）還是缺乏動力？（雌激素不足，皮質醇）
8. 您有關節痛，或整個肌肉骨骼系統疼痛（「我所有的骨頭都在

痛」），尤其是在早晨起床之後？（雌激素，甲狀腺荷爾蒙不足）

9. 您是否患有肌肉緊張？（雌激素不足，甲狀腺荷爾蒙不足，維生素D）

10. 您的肌肉力量降低了嗎？（甲狀腺荷爾蒙不足，雌激素不足）

11. 您覺得自己體力不足而無法完成運動計劃，或是在做完正常運動後感覺過度疲憊？（皮質醇，雌激素不足）

12. 您最近是否感到心悸或心律不整？（雌激素，皮質醇，胰島素）

13. 您感覺到心臟急速跳動嗎？（雌激素，甲狀腺荷爾蒙不足）

14. 您是否患有循環系統疾病（虛弱，膝蓋無力，突然站立時頭暈）？（雌激素不足，維生素D，甲狀腺荷爾蒙不足，胰島素）

15. 您是否有脫髮情形，或頭髮乾燥、脆弱易斷，或是黯淡無光或變得稀疏？（甲狀腺荷爾蒙不足，雌激素）

16. 您的眉毛外面三分之一掉光了或是明顯變薄了許多？（甲狀腺荷爾蒙不足）

17. 您的乳房按壓時會疼痛或很敏感嗎？（雌激素占優勢，黃體酮）

18. 您的乳房是否變得不再那麼豐滿堅挺？（雌激素不足）

19. 您從某個時候開始胸罩的罩杯大了一號嗎？（雌激素占優勢，睪固酮不足）

20. 您的性慾是否顯著降低？（睪固酮不足，雌激素不足，雌激素占優勢，甲狀腺荷爾蒙不足）

21. 您的陰道變乾或變得敏感了嗎？在性生活中引起疼痛嗎？（雌激素不足）

22. 您的面部毛髮或是手臂上的毛髮量有增加嗎？（睪固酮不足）

23. 您是否有睡眠問題（入睡或保持睡眠狀態）？（皮質醇，黃體酮，雌激素）

24. 您是否經常在凌晨一點至四點之間醒來？（雌激素，黃體酮）

25. 您有腹脹或便秘的問題嗎？（甲狀腺荷爾蒙不足，雌激素占優勢，黃體酮）

26. 最近有新的東西讓您過敏或對某些東西無法忍受嗎？（雌激素占優勢，黃體酮）

27. 如果您患有哮喘，您的症狀是否變得更嚴重了？（雌激素占優勢）

28. 您在集中精神上有困難嗎？您有感覺腦袋裡頭彷彿在茫茫霧中一樣（「腦霧」），或是即使您沒有喝酒也感到宿醉嗎？（甲狀腺荷爾蒙不足，雌激素）

29. 您是否發生過想不出某個字詞或健忘的情形？（雌激素）

30. 您對噪音變得更敏感了嗎？（雌激素，黃體酮，皮質醇）

31. 您對酒精的耐受度比以前差嗎？（雌激素）

32. 您的臉部有病態性的浮腫現象嗎？（雌激素占優勢）

33. 您有察覺到積水現象增加了嗎？例如在您的兩隻小腿上，尤其是在月經來潮之前（如果您還有月經來潮）？（雌激素，黃體酮）

34. 在過去的12個月中，您的體重增加了5公斤以上嗎？特別是在臀部、大腿和肚子上？（甲狀腺荷爾蒙不足，雌激素，黃體酮，皮質醇，睪固酮不足）

35. 您無法減肥或減輕體重的速度太慢，儘管您有注意飲食和／或定期做運動？（甲狀腺荷爾蒙不足，雌激素，黃體酮，睪固酮不足）

36. 脖子上有出現脂肪組織囤積的現象嗎？（皮質醇）

37. 您被診斷出患有骨質疏鬆症嗎？（雌激素不足）

38. 您是否被診斷出患有子宮內膜異位症（Endometriose）或多囊性卵巢症候群（PCO-Syndrom）？（睪固酮不足，雌激素占優勢，胰島素）

39. 您經常情緒不穩定、煩躁嗎？您更容易被激怒、受驚、激動、失去理智，或者受到干擾嗎？（黃體酮，雌激素占優勢，雌激素不足）

40. 您會感到很想哭泣嗎？您心理上變得敏感脆弱嗎？（「您到底是怎麼了？有心事嗎？」）（雌激素）

41. 您感到沮喪嗎？您曾發生憂鬱症或服用由醫師開立的抗憂鬱症藥物嗎？（雌激素占優勢，雌激素不足，黃體酮，皮質醇）

42. 您是否感到焦慮恐慌或張皇失措？痛苦無助地陷入不會有結果的深思

長考，所以在晚上睡不著？（黃體酮，皮質醇，甲狀腺荷爾蒙不足，雌激素）

43. 您覺得很難實施或執行您的想法和計畫嗎？或很難面對新問題？（睪固酮不足）

44. 您感到越來越匆忙而疲於奔命嗎？（皮質醇，雌激素，黃體酮）

45. 一天中沒有足夠的時間可以讓您進行所有的活動嗎？（皮質醇，黃體酮，雌激素）

46. 您在一個星期裡有幾天的時間覺得被盯得很緊而感到疲於應付所有的事情嗎？（皮質醇，甲狀腺荷爾蒙不足，雌激素）

47. 您不再能夠像以前那樣應付壓力了嗎？您感覺整天都被壓力環境或狀況包圍而使得您在接下來的時間裡後感到虛弱和疲倦？（甲狀腺荷爾蒙不足，皮質醇，雌激素，黃體酮）？

48. 您基本上常常會感到空虛且有如油盡燈枯般全身虛脫嗎？（皮質醇，甲狀腺荷爾蒙不足，雌激素不足，黃體酮，維生素D）

49. 您是否觀察到自己變得越來越孤立於社交圈？不再外出、不再拜訪朋友或不想要那些在您身邊的人們，因為您需要安靜休息？（雌激素，黃體酮，甲狀腺荷爾蒙不足）

50. 您是否被診斷出患有職業過勞症（Burnout）或害怕倦怠症？您擔心自己目前被困在裡面了嗎？（皮質醇，甲狀腺荷爾蒙不足）

51. 您是否有時候會感覺自己的反應不是很恰當？也就是說，您對觸發您做出反應的人、事或物常常反應得過於激烈？（雌激素，黃體酮，皮質醇，甲狀腺荷爾蒙不足）

52. 您是否覺得自己不再像以前一樣那麼無憂無慮不挑剔？（甲狀腺荷爾蒙不足，雌激素，黃體酮）

53. 您失去了對生活的熱情嗎？（甲狀腺荷爾蒙不足，雌激素，黃體酮）

54. 您是否手腳冰冷？您穿著襪子睡覺？（甲狀腺荷爾蒙不足，維生素D，皮質醇）

55. 您的膽固醇水平過高嗎？（甲狀腺荷爾蒙不足）

56. 您有酒糟鼻（Rosacea）或紅斑性狼瘡（在臉上出現現紅色小靜脈〔Couperose〕）？（雌激素占優勢）

57. 您最近有出現膽囊問題嗎？（雌激素占優勢）

58. 您是否有被診斷出子宮有良性肌瘤？（雌激素，黃體酮）

59. 您的乳房或卵巢裡是否有囊腫（Zyste）？（雌激素，黃體酮）

60. 您是否被診斷出甲狀腺機能低下？（甲狀腺荷爾蒙不足，雌激素占優勢）

61. 您是否被診斷出患有自體免疫性疾病（Autoimmunerkrankung）？（甲狀腺荷爾蒙不足，雌激素占優勢）

62. 您最近是否被診斷出有高血壓？（雌激素占優勢）

63. 您的小皺紋是否突然變成深層皺紋了？（「甚麼時候發生的？」）？（雌激素不足）

64. 您是否感覺到您的腳部抖動而且虛弱無力，尤其是在您沒有規律飲食時？（胰島素）

65. 您是否每天固定喝兩杯以上的咖啡或每星期超過四杯0.2公升的酒精飲料（葡萄酒、啤酒）？（皮質醇，雌激素）

66. 您是否對糖果、碳水化合物和/或咖啡上癮？（胰島素）

67. 您在工作中會接觸到有毒物質嗎？（雌激素）

68. 您是否每天、每週數次連續規律性地食用以傳統方式（非有機）養殖的肉類？（雌激素）

69. 您是否每天、每週數次連續規律性地食用加工食品例如速食、即食方便食品（Fertiggericht）、罐頭或冷凍餐食？（雌激素）

70. 您是否使用含雙酚A（Bisphenol A，簡稱BPA，又稱酚甲烷）的塑膠包裝的化妝品或食品？（雌激素）

透過荷爾蒙來平衡荷爾蒙

荷爾蒙是我們的經理、私人教練、安慰者、鼓勵者、龐大的美容團隊以及在許多方面的幫手。它們通知我們的細胞有關身體內部下一個重要的步驟並確保它們之間彼此的溝通。這個過程中它或許有點粗俗無禮：「嘿，動身了，繼續往前進；走這邊，不，是走那邊；走開，不要擋路。」也或許它們會互相尊重禮貌地交談：「您可以告訴安娜說這裡沒有碳水化合物了嗎？菲利普，可以麻煩您把糖分送到細胞裡面去嗎？」

我們不知道它們用甚麼口氣溝通。

但是我們知道，如果我們身體裡面沒有荷爾蒙，就會感到渾身不對勁。我們晚上無法入睡，早上也無法醒過來。我們無法將我們吃進去的食物轉化為能量。我們不會想要吃東西，因為我們根本不會感到飢餓。雖然我們很容易認為食物是上天送給我們的禮物，然事實並非如此。因為如果沒有飢餓素來要求補充添加更多的碳水化合物、脂肪以及蛋白質，我們就無法繼續存活下去。

荷爾蒙基本上是我們的守護天使。它們提供我們在攻擊或逃生時的持久體力。它們帶給我們幸福感，讓我們墜入愛河，激發我們對伴侶的渴望，從而確保人類的生存，直到它們脫離正軌，不再正常運作為止。

各種荷爾蒙之間的協調合作常常被拿來和交響樂團裡各種樂器的交互彈奏做比較。我們把這個場景放在眼前看，如果在交響樂團裡突然有一個人決定不按

照總譜上預定分派給他的部分演奏，而是按照自己想的譜來演出，會是甚麼情況。如果在更年期開始的時候突然出現了過多的雌激素，這就有如有一位橫笛樂手突然吹出他自己多加上去的音符或是他想到的另一個旋律那樣。一開始可能只有坐在她旁邊的單簧管豎笛樂手感到奇怪，她對著這個隨興離譜演出的橫笛手搖了搖頭，突然之間「剝」一聲，豎笛手也按錯鍵了。小提琴手現在想，在後面的人到底在搞甚麼鬼啊？哎喲，她這一分神的結果使得她原本應該拉出高音C（Do）的音，結果卻出現了升高半音的C（＃Do），或是D（Re）甚至可能是升高半音的D（＃Re）。一個接一個，整個樂團樂手的步調都亂了。

就這樣，一個離開正軌運行的荷爾蒙同時也搞亂了其他的荷爾蒙。那可能是大事一件，因為這會對我們的身體和精神狀態產生很大的影響。如果這不出大亂子，才真的是怪事呢！

現在，我們可以單純無奈地搖搖頭說：「某人／我身上的荷爾蒙發瘋了。」也可以改變和小幫手之間的關係並接受挑戰──這種作法明顯是更好的方式。讓我們看看可以如何再次激發它們，也許給它們加薪會有所幫助，也許辦一次公司郊遊，或者送一個裝著滿滿香甜水果的禮物籃或一本好書。

現在問問自己：我可以怎麼做來支持自己的身體？我的靈魂需要甚麼東西（在第四章裡對此有更多的說明）？即使您的女性荷爾蒙放您鴿子，讓您失望了，不過我們在本章會告訴您，該怎麼做才能重組您的團隊讓它重回正軌。也許團隊需要增援，也許要多一些其他的食品或減少一些壓力。他山之石可以攻錯，看看鄰居也或許會有所助益：來自與卵巢完全不同腺體的荷爾蒙失衡，有時會破壞整個結構，例如來自腸道或腎上腺的荷爾蒙，尤其是甲狀腺荷爾蒙更是如此。

蘇艾貝：「在我的醫療生涯中，我嘗試從不同的角度來看一個症狀並深入地去了解問題所在。造成病痛的根源是甚麼？我認為在看病診斷時將荷爾蒙的循環一併列入考慮是絕對必要的。在一般的情形下，當病人關節疼痛或心臟出問題時，她們通常會先去找家庭醫師或內科醫師。

在那裡，很少有患者會被詢問到有關她們荷爾蒙狀態的問題，例如她們是否已經進入了更年期或是否還有月經來潮，有沒有潮熱或睡眠的困擾，是否比以前更容易氣喘或用嘴呼吸，是否心跳加快等，其實這種廣泛且全面的考量是非常重要的。」

更年期：我們的第二個青春期？

40多歲婦女身上荷爾蒙運作的轉變常被拿來和青春期的來潮做比較。在某種角度來看是正確的。但如果我們進一步觀察，會發現這種比較有其不妥當之處。因為在青春期階段是荷爾蒙站出來發言，但是在更年期，荷爾蒙卻在說再見並準備離開。這兩種情況剛好相反。所以這兩者所產生的結果以及它們在我們身體上和靈魂上所留下來的效應並不能真正拿來相比較。除了這兩者都代表著我們女人必須經歷且極富挑戰性的生命階段之外，其他部分不能相提並論。

蘇姬布：「當我注意到自己的身體在變化時，我才42歲。當時我兒子剛從幼稚園進入小學，我對新的時光感到很高興。因為現在他把作業帶回家來做，有一種已經長大的感覺。以前我們在他編織著街道圖案的地毯上一起用汽車玩具玩遊戲，在萊茵河的岸邊他踩著滑步車，我騎著大型的滑板車，或是我們以前在無數的遊戲場地上所度過的時光，現在已經被我們在桌子上『一起』做學校功課所取代，儘管如此，我們當然還是很常在一起遊戲

的。但在其他時候，我不必再為了在那天下午還沒有寫完的報告或文章而忙到深夜。我終於又像是有下班的時間了。但同時我的神經卻無法再完全支撐我了，它們變得衰弱。在晚上如果我喝了一杯葡萄酒，不再像從前那樣受得了。此外還有慢性的背部疼痛在接下來的五年裡變成我忠實的同伴。如果有可能，我本來還想生養第二個小孩，但是現在我感覺我必須對這個想法告別了。這讓我非常傷心難過。」

青春期和更年期兩者的共同特徵都是在一開始時會受到荷爾蒙水平波動的影響，這是正確的。當女孩在12歲左右的第一次月經，初潮（Menarche）發生時荷爾蒙水平仍然上下大幅波動。直到20歲左右月經週期的持續時間和頻率才開始大致上有了規律。在20至30歲之間，雌激素和黃體酮達到最高水平並且提供了力量和能量，以便讓我們對生活充滿好奇、警覺，讓女孩性感而且有無限活力擁抱生命。許多徹夜未眠的夜晚最多也只會在下眼眶下留下痕跡，瘋狂的跳舞也只會造成肌肉酸痛，或者只會因相處一整晚的帥哥原來已經名主有花而有短暫的愛情煩惱。漸漸進入30歲時，不僅對男人的口味以及派對聚會的頻率改變了，身體的負擔也加重了許多。除了蒼白的臉色之外，干擾的因素還可能造成荷爾蒙的波動和月經週期的失調。導致心理和身體雙重的壓力，飛行的時差或/和不健康的飲食帶來的影響，比您承認的還要嚴重很多。我們真的還有很多事情要，或許是在工作上，事業和/或第一個新生的後代，剛出生的小狗狗，搬家，有親戚需要照顧。生活變得更緊湊、更繁忙、更快速。我們身體裡面的小偵探們也感覺到了因而對我們說：「哈囉！有人聽到我們講話嗎？」

很可能沒有，因為身為主人的我們現在過著非常忙碌的生活。在我們以為是搞錯之前，我們的排卵周期已經變得更加地不規律了。這就是為甚麼30多歲以後的婦女經常難以受孕的原因之一。

更年期初始

在德國，目前大約有1,500萬名35歲以上、55歲以下的女性，處於荷爾蒙轉變的「最佳年紀」。其中三分之二，也就是約有1,000萬名婦女會感受到這種荷爾蒙轉變的影響。如果我們現在挖苦您們說，您們現正好屬於處在「美好」社群中的一份子時，真的是很不夠意思。不過您們看看：我們真的是人多勢眾喔！

多數女性大約從35歲開始就會出現所謂的無排卵性（anovulatorisch）月經。這表示在某些月份裡不會出現排卵。如果您不注意，您也許完全不會感覺到；也或許月經出血量會減少。儘管如此，它的結果是：沒有卵子在裡面成長的濾泡只生產較少或甚至根本不生產黃體酮，所以就出現了這兩種性荷爾蒙的失衡現象。這時雌激素就有如單獨一人站在一條寬廣的長廊上。

在更年期的早期時段裡，所有在這個時候出現的不適症狀幾乎總是可以追溯到黃體酮不足或雌激素占優勢的問題上。一直要到最後一次月經過後，12個月內不再有月經出現時，也就是在停經期，以及在卵巢裡完全停止生產荷爾蒙之後，才會出現因為雌激素不足導致的相關症狀，不過可能要等一段時候才會到這個時間點。在此之前，血液中的荷爾蒙數據值可能還會相對應地浮動。所有的事情都有可能發生：高水平的雌激素，可能會暫時較低或保持恆定的低。根據不同開始的時間，這種情況可能會持續10到12年。我們的婦產科的同事告訴您的是正確的。

黃體酮不足或雌激素占優勢

多數女性認為（不幸的是，許多醫療人員也認為）更年期的症狀始終都是雌激素問題。不過事實上，第一個和我們說再見的荷爾蒙是黃體酮。這種荷爾蒙不足的典型症狀，例如睡眠受到干擾、失眠，抗壓力下降或廣泛性的恐懼，彷彿是有塊灰色的面紗籠罩在生活上一樣。黃體酮水平的下降也會剝奪一個人歡樂幸福的生活和輕鬆愉快的態度。在這個時段裡所出現的抑鬱情緒都可以歸因於黃體酮水平的下降。在荷爾蒙替代療法的範疇內，黃體酮多年來一直都只是被用來作為保護子宮內膜之用。這是正確的，但是還有它在許多其他重要方面上，對於我們在心理和神經系統的影響，卻輕易地被忽視及低估了。

實際案例：
黃體酮不足症

　　41歲的瑪麗（Marie）是一位在職業學校授課的老師，前陣子開始，一切事情對她來說都變得太多且煩人，她以前很喜歡和朋友們在晚間聚會一下，但是現在這件事情也讓她受不了。這段時間以來，她不斷地在拜託她的丈夫和孩子們安靜一些。無數的小東西、小事情都會讓她感到煩躁而且易怒。無名之火經常伴隨著她。她以前不是這個樣子，她也不喜歡自己現在的樣子。她以前總是開朗外向，喜歡家庭和朋友們，且一直都是善解人意。但是現在她最想要的就是一個人獨處，不想受別人干擾。只想一個人呆著，甚麼事都不做。「把門關上，拔掉所有的電線插頭，這樣就沒有人會來按門鈴，也不必接電話。」她已經將這種行為模式奉為準則。

　　剛開始時，她以為這只是因為自己的身心疲憊，再加上時而發生的睡眠障礙所引起的現象，應該在一小段時間之後就會過去了。不過接下來卻又出現許多令她擔憂的想法和恐懼。一方面瑪麗累了，另一方面消極的念頭、持續的煩躁和潛在的不滿使得她無法安寧。瑪麗變得越來越悲傷難過，因為她熱愛她的家庭，尤其是近年來，在職業方面也有很正向的發展。所以實際上一切都應該很圓滿才對。瑪麗形容，這就好像是在一種莫名其妙的狀況下，迷失了自己而且找不到出路。

　　在瑪麗的這個案例中，重要的是要排除正在開始發展的抑鬱症，不要讓它發作。她的抑鬱症可能是來自於睡眠障礙和恐懼症。經過專科醫師檢查後，我們可以把這些因素排除。血液檢查也沒有顯示出任何的異常，包括甲狀腺值也是在正常範圍內。然而，實驗室給出的一個數據值卻明顯過低：黃體酮。儘管瑪麗仍然定期有月經來潮，不過卻已經來到了無排卵週期，她已經沒有排卵了，而這會引起黃體酮的不足。透過在晚上規律性地服用黃體酮膠囊以及改變飲食習慣之後，她感覺到她的症狀有了明顯好轉。黃體酮具有促進睡眠、緩解焦慮並且增強抗壓能力的效用。在此之後，瑪麗再度開始騎馬，當瑪麗還是年輕女孩時，這項運動給她帶來很多快樂。重新騎馬幫助她找回「以前的」瑪麗。她現在也清楚地了解到，她現在正是處在更年期的生命階段裡，而且也知道可能會出現的「圈套和陷阱」，這種認知和瞭解讓瑪麗感到很放心。她現在知道了，以後要如何更注意自己的身體狀況以及把自己照顧得更好。

在更年期的第一階段——正如我所說的，在感覺上這個階段好像會無限延續直到永遠——會第一次出現以下症狀或者這些症狀變得更嚴重：

- 經前症候群（PMS）
- 正常月經以外的子宮出血（Zwischenblutungen）
- 月經出血量較大，出血期間較長
- 子宮內膜增生
- 子宮內長出良性腫瘤、肌瘤
- 劇烈的情緒波動、頭痛、偏頭痛
- 疲勞
- 腹脹
- 呼吸急促，尤其是在壓力、體力負荷大時
- 體重增加
- 體內積水
- 易怒（有攻擊性，脾氣暴躁）
- 抗壓性低落
- 睡眠障礙
- 情緒低落
- 不同類型的癌症（乳腺癌、卵巢癌）
- 自體免疫性疾病（橋本甲狀腺炎）的風險增加

失衡的其他後果可能是雌激素水平過高，而有哮喘的病人在月經來潮的前幾天會更常發作或是哮喘症狀變得更嚴重，我們稱這種情況為月經前哮喘（Perimenstruelles Asthma）。有三分之一的懷孕病患以及更年期婦女的哮喘症狀會因為雌激素而惡化。如果您是一個女性哮喘病患者，而且同時還在服用避孕藥或其他荷爾蒙，請告訴您的過敏科醫師或治療醫師。

這種情形必要時須配合藥物（過敏或哮喘藥物）來服用荷爾蒙，或者是反過來用過敏或哮喘藥物來配合荷爾蒙。如果您是一個服用荷爾蒙的女性哮

喘病患，那麼就非常需要請醫師為您檢查一下荷爾蒙水平。

另外一個也很嚴肅的主題，就是由雌激素占優勢所引發或是變得更嚴重的頭痛和偏頭痛，所以，偏頭痛的患者一般更常有荷爾蒙波動的困擾，病症的發作可能會發生得更頻繁。您可以現在開始嘗試使用黃體酮來治療；如果所有的荷爾蒙不足都得到了平衡，在很多情況下都會有幫助。另外我們也推薦有頭痛困擾的人規律服用鎂，您可以放心地每天早晨和晚上各服用300毫克，這有減緩血管肌肉痙攣的效果。如果您的大便開始變軟時，則可以將劑量減少到每天一次300毫克。

如果您是一個在辦公室裡工作的人，或是您需要長時間坐在電腦前工作，那要非常注意您的眼睛。長時間注視著電腦螢幕對您的眼睛來說是一項劇烈且吃力的運動，這也可能會助長您的頭痛症狀。在工作一段時間之後可以做個眼睛保健操，此外如果需要，您可以在閱讀時使用一種特殊的電腦保健眼鏡，以減輕眼睛的壓力。

如果您因為荷爾蒙替代療法而使得頭痛或偏頭痛變得更嚴重時，上述的方法也是我們貼心的提示和建議。

對於黃體酮不足或雌激素占優勢而言，除卵巢產量下降外，也還有其他因素：更年期的時段中甲狀腺功能不全，大約有30%的女性都有這種問題，也可能和黃體酮不足有關。同樣的內分泌干擾物（endokrine Disruptoren），例如塑膠中的塑化劑（Weichmacher）（請見第五章）以及壓力，也會促成雌激素占優勢或黃體酮不足症。為了要生產壓力荷爾蒙皮質醇需要挪用一種同樣也可以製造黃體酮的前階段基礎原物料，如此一來黃體酮的釋出量就會減少，因而出現黃體酮不足的現象。最重要的前階段基礎原物料是一種被稱為「所有類固醇荷爾蒙之母」的孕烯醇酮（Pregnenolon）（請見圖解）。孕烯醇酮可以增強記憶功能，具有抗壓性，有讓情緒爽朗的作用並且可以促進睡眠。壓力是所謂的孕烯醇酮竊盜者。

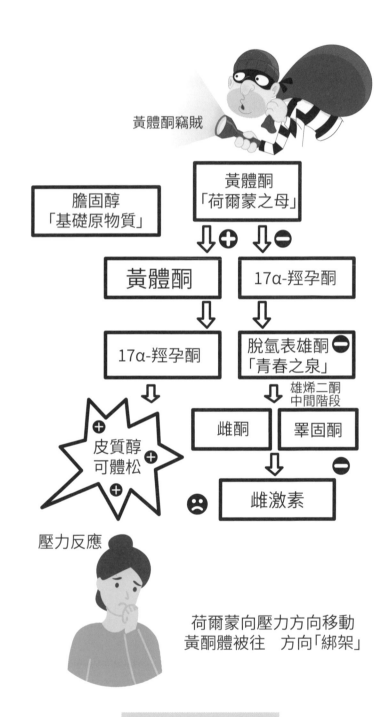

壓力搶劫了雌激素

肌瘤

有半數的婦女終其一生中會在子宮裡長出良性的腫瘤：肌瘤。這些良性的腫瘤極少會演化為癌症。它可以多年長時間處於相對小的狀態而不會造成任何問題，但會隨著停經經期前的開始而發作。它們可能會因為雌激素過多的分泌而明顯地增加尺寸，並且引起不適的症狀。這就是為甚麼它們通常只在40歲以上的女性身上才被診斷出來。在更年期之後它們通常又會再變小，所以在感覺上好像（幾乎）從來就沒有發生過任何事情一樣。

取決於它在子宮壁內部的位置，它們會導致比較長時間或者是比較嚴重的，並且經常也會感覺到痛楚的月經出血，也有可能會引起出現在經期之間不規則的出血、疼痛和/或下腹部和骨盆區域不舒適的壓力。有時候您也可能會需要比較常上廁所，這是因為依照肌瘤所長的位置和它的大小可能會壓迫到膀胱的關係。腹部可能會變大，但是體重並不會因此而增加。肌瘤也可能會引起背痛。

如果是大量出血或是較常在經期之間出現不規則的出血時，可能會因為失血而造成鐵的缺乏。您會感覺身體虛弱，精神不濟，無精打采，精神無法集中。

重要提醒：出血量增加，月經期之間不規則的出血以及在停經之後出血，絕對要請專科醫師釐清原因，以便排除是否發生了其他的疾病！

案例：肌瘤

　　薩布麗娜（Sabrina）現年41歲，是一名耳鼻喉科醫師，經年累月地受到月經來潮時的疼痛以及長時間的大量流血之苦。到了這個年紀她已經感到精疲力盡痛苦不堪。她在醫院裡做檢查時發現了一個很大的肌瘤。主治的婦科醫師建議薩布麗娜動手術切除子宮，在手術過後醫師開了荷爾蒙製劑給她服用。手術過後幾個星期，她來我的診所找我，向我訴苦說她的情緒波動得很厲害，常常會感覺到以前從未有過的悲傷難過狀態以及全面性的焦慮與恐懼。一向自信十足的薩布麗娜以往總是能夠成功俐落地克服在職場上所面臨到的所有大大小小的挑戰，但她現在卻感到怯懦且整天都非常消沉悲傷和難過。

　　我們對手術的意義作了一次長時間的討論。她一直都把工作放在最重要的位置，她開設了一個很大的診所，花很多時間和她的朋友以及森巴舞團體成員共度美好時光，即使她沒有自己的家庭，但她對生活感到非常滿意。其實她從沒有真正想過要有自己的孩子，而在子宮切除後，對她來說已經非常清楚了，她已經沒有重新來過的機會，不得不和養兒育女這個話題說再見。因此，我們花了很長的時間討論和侵入性手術以及對靈性切口上所刻畫出的創傷，連同與此互相關聯的心靈傷痛與恐懼等有關的問題。我也問過薩布麗娜她所服用的荷爾蒙補充劑的名字。

　　令我非常驚訝（以及驚恐）的是，我發現醫師只開了雌激素補充劑方給她，而沒有黃體酮。這實在是有點像是在私塾裡教出來的老學究學生所開的處方。在接受子宮切除術之後，就算已經沒有子宮黏膜需要由黃體酮來保護，但是黃體酮在這個節骨眼上絕對不會只是一項多餘的藥物。現今子宮切除術後的婦女必須還要服用一種與自然相同的黃體酮（naturidentisches Progesteron），它具有抗抑鬱、緩解焦慮和誘發睡眠的功效。我完全確定，除了來自醫療干預和鐵不足症所因起的情緒以及心理上的壓力之外，荷爾蒙的失衡（在她的情況下是黃體酮不足），也必須被視為是在薩布麗娜身上引發各種症狀的原因。

我們在第一章已經提過，對更年期的婦女而言，子宮切除長期以來都是一個標準的手術。在2012年，在德國18至79歲之間的婦女每六個就有一個已經沒有子宮了。在這個手術過程中，卵巢也會同時被切除，通常大部分所持的理由是為了要防止可能的腫瘤出現。

這種手術在醫學的術語上被稱為子宮切除術（Hysterektomie）。它是從希臘文的hysteria（子宮）所引申出來的，而這個字之所以被選中，是因為它被認為已經得到了證明，如果婦女沒有了子宮之後就不會再有歇斯底里情緒（hysterisch）了。在20世紀之初歇斯底里（Hysterie）是典型的女性症狀，如果婦女出現了心理精神狀態障礙以及行為怪異，就會被診斷為精神疾病。成千上萬的女性會因為這個原因而被送進入精神病院。幾年以前《南德日報》（Süddeutsche Zeitung）在討論這個問題時，報紙的標題就是「瘋狂是女人的本性」。事實上當然不是這樣。這樣的診斷首先要歸罪於醫師對女性身體知識的不足：當女性在超過了一定年齡之後，身體機能「不能正常運作」時就要子宮負起全部的責任。「反正您們已經不能再懷孕生小孩了，現在可以甩掉這個多餘的器官，您們應該感到很高興才對啊！」這還是在去年當一個女病患出院要回家時，醫院的人向她道別說所說的祝福呢！

但是子宮絕對不是多餘的器官。切除子宮，尤其是卵巢也切除，對荷爾蒙的生產具有深層且遠大的影響。但就算不把卵巢切掉，它們的營養供應也會因為在小骨盆（Kleines Becken）裡的血管以及神經受到束縛慢慢地消失殆盡。病人正進入更年期，骨質疏鬆症和心血管疾病以及腦中風的風險會增高。子宮所生產的，對心臟和血管有效用的組織荷爾蒙在突然之間消失了。對子宮肌肉的收縮很重要的類荷爾蒙物質的消失也會導致心靈上的感受敏感度變得不平衡，進而出現焦慮症和抑鬱症。進一步導致的後果是小骨盆上感知能力的障礙、尿失禁、性慾降低和性高潮強度減弱。有誰會在乎呢？

但是，這樣子自然會出現另一個問題，那就是，有甚麼措施可以取代肌瘤手術呢？

• 藥物

可以治療肌瘤的藥物，現在已經有促性腺荷爾蒙釋放荷爾蒙（Gonadotropin-releasing-hormone, GnRH）的結構類似物（Analoga）以及選擇性黃體酮受體調節劑（Progesteron-rezeptormodulator Ulipristalacetat, UPA）醋酸戊酯獲准上市。這兩種藥物都可以在幾天到幾週內達到止血的效果，如果長期使用能使肌瘤組織縮小。不過服用這種藥物也要有嚴格的時間限制，且必須定期做肝功能指數的檢查。

• 聚焦超音波（海扶刀）

有一種很新穎的治療肌瘤方法是特殊的超音波療法。它僅用於治療直徑小於8公分的小型肌瘤。使用聚焦的高能超音波治療可以融化肌瘤組織。其成功的機會應可達到80%。不過目前在德國只有幾個少數醫療機構有提供這種療法。

• 改變飲食以及減輕體重

如果體重減少5%，例如從65公斤減到62公斤，對肌瘤生長就有積極的影響，原因在於，被減掉的脂肪組織無法再生產雌激素。為了要減少發炎的風險，改變飲食習慣是很值得的。您可以避免攝取乳製品和肉類食物，那些在香腸和肉類中所含有的花生四烯酸（Arachidonsäure），會促進發炎，加劇月經期出血的痛楚。動物產品含有的荷爾蒙也會促進肌瘤的生長。

• 補充品

鎂可以鬆弛肌肉還可以緩解疼痛。在嚴重不舒服時，您可以每小時口服100毫克的鎂，每天最多600毫克。如果發現大便變軟，請減少劑量。

至於鐵，若因大量或頻繁出血而引起貧血，就應該定期檢查鐵水平，可

以的話必須補充鐵。

　　當然，如果有非常劇烈的疼痛、流血或排尿困難時，子宮切除可以減輕女性的痛苦而且是必要的。無論如何，我們希望每一位女性在接受這個重大的手術時，都可以獲得有關手術的好處、影響以及風險等的詳細說明。我們在此呼籲，不要在還沒有弄清楚事情狀況，尚未做好心理準備以前，就糊里糊塗地決定接受手術。就算是您的母親及您的祖母都做了子宮切除手術，您也不能就此判定自己也有必要做。只有十分之一的女性是因為診斷出癌症才把子宮切除。如果沒有確定的診斷，我們誠懇地希望您**寧可和您的婦產科醫師多討論幾次並且好好地考慮有關切除這個重要器官的前因後果，也不要未經深思熟慮就接受這項手術。**

到現在為止，我們已經談論了很多關於黃體酮不足症以及雌激素過多的問題，您可能很想知道：我的潮熱到底甚麼時候會來參一腳呢？

它們在雌激素分泌量下降時就會出現了。大部分會在40歲過了一半/或是過完，50歲開始之後的幾年內會出現，但是也時常會提早很多來到。雌激素不足可能會引起長期且後果嚴重的症狀，例如心血管疾病風險增加、骨質疏鬆和某些癌症。

我們先來談一談潮熱。它們通常是第一個症狀，而且可能在停經之後一直出現到5年，有時也會多達10年之久。

潮熱

這個典型症狀會在90%的女性更年期的時候出現。潮熱會因個別的婦女而異，情況也會非常不一樣。它們通常不會引起汗味，狀況持續幾秒鐘或幾分鐘，有時候只是偶而出現，有時可能每天出現多達20次。它可能會出現在胸部、頸部和整個臉部。除了會產生熱的感覺或是出汗之外，皮膚可能會嚴重變紅，並伴有心臟快速跳動以及頭暈等現象。這當然會嚇到您，尤其是第一次發生這種事情的時候。通常，您一開始根本不知道到底發生了甚麼事。

蘇艾貝：「我的許多病人甚至都沒有感覺到自己有過潮熱，特別是如果這種症狀出現比預期來得早時，因為這和大家的認知不符。所以有一個身材苗條的運動型病人問我，在汗腺注射肉毒桿菌素（Botulinumtoxin, BTX）要花多少錢。她從報章雜誌裡讀到，這種治療方法可以防止大量出汗。但我發現，她流汗的地方並不是一般人會經常出汗而要使用肉毒桿菌毒素來防止的腋下。潮熱通常分佈在胸部以及臉部，這位病人不需要肉毒桿菌素，她當時39歲，正處於壓力非常大的狀態，而且也已經進入更年期了。

　　我自己的親身經歷也差不多。有段時間，我在晚上經常因為感到過度溫暖而醒來。身為醫師，夜汗讓我立刻想到是因為病毒感染或是有嚴重的慢性病。後來我意識到這是另一回事，因為在一個初夏的長途駕駛中，我以為我不小心開啟了座椅的加熱器。潮熱發生的時候，會在背部中間的部位出現強烈的溫暖感覺。當時是上午十點，那輛出租汽車甚至沒有座椅暖氣加熱器！過了幾個星期之後，我的身體就像經常發生在更年期那樣又開始生產荷爾蒙了。流汗的現象消失得完全和它出現時一樣快。直到下一回合的荷爾蒙不足出現時，潮熱的情況一直不見蹤跡。」

　　潮熱原因是持續的荷爾蒙不足，這個現象所導致的一個狀況是大腦裡面的中央溫度調節功能出現了障礙。我們可以想像，就如同家裡暖氣設備上的恆溫器發神經病那樣，它莫名其妙地把客廳的溫度不論是白天還是在晚上都加熱到最大。

　　跟著溫暖而來的是寒冷，所以一些婦女會在晚上醒過來。她們全身濕透地躺在床上，冷得發抖甚至不斷地打著寒顫，因為被過度流汗所弄溼的皮膚已經冷卻下來了，甚至會有一些婦女在晚上必需要更換好幾次睡衣。有些婦女則只有在白天流汗，在晚上卻不會。而且她們白天流的汗非常多，多到會在襯衫上留下汗漬。這種情節經常出現在電影裡面，似乎很有趣，但事實上當然不是如此。尤其是如果她們的職業是必須站在群眾的面前，例如是一位

女老師要站在一群15、16歲正當處在青春期的學生前面時就會很令人尷尬。其他還有一些話題，描述潮熱會伴隨一些絲毫不是典型的症狀，例如在頭部或是在胸腔裡會有壓力感、焦躁不安、噁心、心悸或是呼吸急促等，就更不是這麼一回事了。

在某種情況下，潮熱可能會是您長期的伴侶，令人厭煩而極度想要甩開。如果您可以控制自己，不去享受咖啡、紅茶、酒精飲料以及重口味且難消化的熱飲及熱食，那您就已經解脫了一大半了。清淡少量的食物會是值得的，同樣的，減輕壓力、在涼爽低溫的臥室睡覺以及穿清爽透氣的衣服也是好事一椿。

有一個老祖先所流傳下來能夠對付流汗的古老良方是鼠尾草茶（Salbeitee）。它的精油可以抑制汗液的產生，您可以每天喝上幾杯。泥浴（Moorbäder）和冷熱交替的足浴、冷熱交替的淋浴或是只有手臂和下肢的淋浴也可以帶來緩解。針灸對很多婦女也有幫助。

使用傳統的抗憂鬱藥物也對60%的婦女有幫助。這個藥劑我們不想推薦給大家做為單獨治療潮熱之用。有95%接受荷爾蒙替代治療（傳統的荷爾蒙替代治療法或是同生物性的荷爾蒙替代治療法）的婦女潮熱的問題都能夠因此迎刃而解。

除了潮熱之外，雌激素不足還會導致很多其他症狀，所以常常會有見樹不見林、掛一漏萬的遺憾和問題：

- 煩躁（常有想哭的感覺，心理上變得敏感脆弱）
- 不安
- 情緒波動
- 睡眠障礙
- 健忘
- 想不到某個字詞

- 皮膚和黏膜乾燥
- 眼睛乾澀（如果您無法再忍受隱形眼鏡，這可能表示是雌激素不足）
- 皮膚變薄
- 脫髮
- 皺紋增加
- 尿道感染
- 尿急
- 壓力性尿失禁
- 陰道環境改變
- 陰道的供血液量減少
- 陰道感染
- 壓力性尿失禁，頻尿
- 面部毛髮增加
- 乳房組織下垂或萎縮
- 無法實現生孩子的願望
- 情緒低落
- 食慾增加
- 體重增加
- 骨質疏鬆
- 動脈粥狀狀硬化
- 心血管疾病
- 各種不同類型的癌症（包括結腸癌）

實際案例：
伴侶／丈夫的角色

蘇艾貝：「為了寫這本書，我找了我的病人蓓雅特（Beate）的先生來面談，因為我認為探究病人伴侶的看法也是非常重要的。荷爾蒙波動在人際關係上會有甚麼影響？她們的先生們又是如何來應付這種事情？彼得（Peter）在這方面確實給我留下了深刻的印象。他說的第一件事情是，他感覺到他的妻子在停經期迷失了，他好像失去她一樣。我覺得這是一個很堅強、誠實和感人的說法。

當他妻子的荷爾蒙開始改變時，彼得並沒有真正地注意到。當蓓雅特提出越來越多無釐頭的問題或是在日常生活情境理越來越失序時，他起初以為是她勞累過度或是在辦公室裡有了壓力，使得她無法應付自如。到了後來她常常哭喪著臉，在晚上怎樣都無法請得動她到房子外面去走動。她不是感到疲倦就是顯得很煩躁，做愛這件事情就更不用提了，根本就沒有機會可以親近她。後來彼得深信蓓雅特患上了抑鬱症。他的舅子就是在前幾年因為嚴重的抑鬱症而住院好幾個星期治療，所以彼得才會這麼想。

他公開地關切蓓雅特並直接地告訴她，他很為她擔憂。後來他們兩個人一塊兒來到了我的診所。在一個專業同事的協助下，我可以排除蓓雅特是患了憂鬱症的疑慮，與此相反的，我認為她的症狀和荷爾蒙變化有關。我鼓勵蓓雅特在下一次去看她的婦科醫師做預防檢查時，將所有的問題都說出來。這位婦科醫師給她開了生物同質性荷爾蒙的藥劑來穩定她的狀況。彼得的做法讓我們感到很佩服，他可以在他們婚姻關係最困難的階段和他太太共同尋找解決的方法。

我認為使用抗抑鬱藥劑來治療的很多情況並不是因為心理事件或因為突然疲憊衰竭所引起的，而是因為荷爾蒙之間相互作用的改變才出現的。在我看來，把荷爾蒙循環的問題併入病症診斷中考慮，始終都是非常有必要的。」

既然我們提到了男人，那就順便來談一談：我們懷疑在更年期的許多症狀是因為體內荷爾蒙不平衡所引起，在我們婦女的身上，可能是因為缺乏睪固酮所造成的。這裡的主要重點在於脫氫表雄酮（Dehydroepiandrosteron, DHEA）。如果對荷爾蒙不足有合理的懷疑，而也有疲倦、睡眠障礙、機能下降，因為紅血球產量的減少所引起的貧血、皮膚變薄、性慾減退、身體和陰毛減少、骨質疏鬆、潮熱、沮喪傾向（躁動不安、恐懼、緊張、煩躁）等各種症狀時，就可以在做過DHEA水平的檢驗之後補充荷爾蒙。

停經

「停經」（Menopause）這個詞實際上描述的是它的終點，而不是一個暫停，很遺憾，我們要說得如此戲劇化——即使是拉丁文本身，pausa一詞就有兩個意思：中斷和結束。順便說一句，「Menopause」這個詞是一種事後諸葛的講法，它「只」是用事後追溯的方式來描述一個有關於荷爾蒙實際上已經發生了，而且已經持續了一年時間的變化所紀錄的事實。這也就是說，在最後一次的正常月經停止之後的12個月內，如果沒有再出現經血時，我們回過頭來追憶這一段沒有經血的時段。

對停經的「診斷」是從事後回顧來認定的：如果12個月沒有再出現月經週期的出血時，那麼上一次的月經出血就稱為是停經。從這時候開始就只會生產小量的荷爾蒙而已；脂肪組織和腎上腺會承接卵巢的一小部分任務。從停經之後我們才真正不需要採取避孕措施，而且雌激素以及黃體酮才會永久減少。

這就是為甚麼大多數人（包括醫師）在此之前都不特別注意一些不適症狀的原因。而卻有許多婦女在更年期之後還浪費長達15年的時間而不自知。所以，我們再一次誠懇地呼籲：請記住，40歲過後的前幾年如果您的身體和精神有不舒服的狀況出現時，可能和荷爾蒙變化有關！

患有厭食症（Magersucht〔Anorexie〕）的年輕女性、女性競技運動員、有腦下垂體和下視丘荷爾蒙中心障礙，或是非常少數有遺傳問題的女性，會出現雌激素不足症。在女性哺育嬰兒期間也會因為受到荷

爾蒙控制循環的調節而使得雌激素的生產受到限縮。為了要保護身體免於過早再度懷孕，所以大自然早就已經想到了這種限縮雌激素生產的機制了。但是，大自然的情緒總是反覆無常，所以我們不建議拿母乳餵養嬰兒的方法來作為避孕的措施。

蘇艾貝：「在我兒子出生後一年半之內，因為我採用了受到多方讚揚的、透過母乳餵養來避孕的方法，所以上天又賜給了我兩個可愛的雙胞胎女兒。」

睪固酮是許多婦女們到了高齡的晚年時期仍然不會減少產量的唯一荷爾蒙，因為無法再透過其他性荷爾蒙來平衡它，所以稱為睪固酮或是雄性荷爾蒙過量。這種現象也可以在患有多囊性卵巢症候群（Polyzystisches Ovarialsyndrom〔Polycystic ovary syndrome, PCOS〕，一種因為卵巢腫大而增加男性荷爾蒙生產的病症）的年輕女性身上觀察到；這類女性想要懷上孩子的願望會變得困難。

粉刺（Akne）、嚴重的體重增加（Adipositas，肥胖症）、罹患第二型糖尿病的風險增加、動脈粥狀硬化、高血壓的風險以及脂質代謝異常可能都和過量的睪固酮有關。除此之外，在人體身上不需要有毛髮的部位，如下巴、臉頰、身體等都會鑽出越來越多的毛髮。好像煩人的事情還不夠多的樣子，別的地方長了毛髮，偏偏在頭上的頭髮卻越掉越來得厲害。在情緒上的影響則是內在的躁動不安或攻擊性。

在討論荷爾蒙療法之前，我們想給您一個建議：您可以和您的母親或其他的女性家人談談她們自己在荷爾蒙變化期間的親身經歷。母親進入更年期的年齡會影響到女兒的這個生理轉變的時機。病人和朋友們描述在她們家裡一段非常動盪的時期。如果母親和成年女兒之間在過去的幾年中發生過不愉快，事後再透過荷爾蒙眼鏡看它，回顧一下整個事情的經過會是值得的。

您曾經在母親身上發現到哪些生理與心靈上的變化呢？在那種情況下您的母親曾經獲得過身邊哪些人的哪些支持？曾經和女性朋友或是醫師或其他家人做過公開的交流和討論嗎？您的母親曾經有意識或是無意識地傳達甚麼樣的態度給您呢？您的父親又是如何對待這些問題呢？

　　這些問題以及對它們的想法會很大程度地影響您自己將會如何處理這個主題。在第四章我們會再回到這個主題上。

使用荷爾蒙治療

荷爾蒙在醫學上經常被用來作為挽救生命的藥劑。例如，可體松是非活性形式的皮質醇，它可以在急診醫學中做為急性過敏性休克或哮喘發作時的緊急救命藥物，而胰島素對於許多糖尿病患者是不可或缺的藥物。

儘管如此，這個話題還是非常令人振奮。很多人都是在食品醜聞中（肉品中含有荷爾蒙）、為了提高身體的運動機能而使用的興奮劑、或是在健美時用來作為肌肉增長劑時才第一次聽說過荷爾蒙，也就是說是透過醜聞或濫用所帶來的嚴重副作用才和荷爾蒙產生連結，但是我們也不要一竿子打翻一船人，好好地把事情檢視一遍絕對是值得的。

身受各種更年期症狀之苦的女性們可以選擇荷爾蒙替代療法。為了要了解我們在這一章裡談論甚麼問題（包括荷爾蒙替代療法的利弊，特別是和罹患癌症的風險增加有關的討論）我們必須知道，有兩種的治療可能性：人工合成的荷爾蒙以及生物同質性荷爾蒙。有一段很長的時間醫師都是開立人工合成的荷爾蒙處方藥，現今則有趨向於生物同質性荷爾蒙的趨勢。現在讓我們來看看這兩種荷爾蒙有甚麼不同。

人工合成的荷爾蒙

上個世紀的六〇年代開始，我們使用懷孕母馬的尿液中所萃取的雌激素來使用在荷爾蒙替代療法上（Hormone replacement therapy, HRT）。這是在實驗室中被拿來和其他人造物質一起加工的同一級別的不

同荷爾蒙。

這些和荷爾蒙類似的物質在結構上和人體自身的荷爾蒙並不相同，這些藥物的作用更強烈，效果也維持得更久。在市場上一般流通的合成荷爾蒙劑量在血液中最多可以使雌激素濃度增高到六倍。（和停經前期〔Prämenopause〕婦女體內自然的雌激素水平相比）。

合成的雌激素具有和人體自身的荷爾蒙不同的化學結構而且會被代謝或重新組建成為其他的物質。我們身體裡的自體雌激素在經過新陳代謝後所產生的廢料還完成了重要任務，但是合成的雌激素卻對我們的身體產生不同的效應。兩者相較，合成的雌激素所產生的中間產物常常是干擾因素，因為我們的身體內部沒有真正可用的工具，亦即酶系統，可以進一步回收利用或處置這些中間產物。此外我們身體內部對人體自身荷爾蒙生產的反饋作用也會受到抑制，在我們大腦裡的腦下垂體和卵巢之間的通訊斷了，因為人體裡有足夠的雌激素。

您可以這樣想像，當您服用了合成的荷爾蒙之後其體內的情況：一個陌生人複製了一把您房子的鑰匙。他用這把鑰匙打開了您房子的大門，然後進到屋子裡去。因為他不想被任何人干擾，所以他把鑰匙插在大門的鎖匙孔上。這種作法非常卑鄙，因為如此一來，您就無法進到自己家裡了。在這段時間裡，陌生人在裡面忙上忙下，非常努力工作。他把桌上的碗盤飯菜垃圾清理乾淨，開啟洗衣機……他讓您可以不必做這些工作而省下精力。但是因為這位陌生人對您家不甚了解，所以他就把您的要熨燙的衣服到處亂擺；他把洗碗機裡的碗盤隨處亂放；他把吸塵器丟在客廳中央；他在整理房間時，還把兩個您心愛的花瓶摔破了；他也無法和您做任何溝通，因為他把您的電話號碼消除掉了，而您只能無助地站在大門外，無法插手。

人工合成的荷爾蒙通常具有更強效的作用，因為它們被當作藥片來服用，所以它們必須透過腸子並且由肝臟來將它代謝掉。因此我們的肝臟受到了不小的挑戰，而且膽囊也必須將引擎加速，努力工作。因為雌激素由膽固

醇（即脂肪）所組成，所以它需要更多的膽汁酸液來分解這些脂肪。

雌激素分解後的副產品會使得肝臟裡產生更多的凝血因子，增加血液凝塊（Blutgerinnseln）和血栓生成（Thrombose）以及栓塞（Embolien）形成的風險。此外還會有膽囊結石和血脂增加，以及癌症的風險。

人工合成的類黃體酮一般被稱為孕激素（Gestagene）。我們接下來談論孕激素時，指的都是人工合成的、用來代替人體自身生產的黃體酮的替代品。因為以前單獨使用人工合成的雌激素來做治療，可是這種療法卻導致子宮癌顯著增加，所以在這種情況下孕激素才在實驗室裡被研發出來。它的有效成分名稱叫做屈螺酮（Drospirenon）、左炔諾黃體酮（Levonorgestrel）或是醋酸甲羥黃體酮（Medroxyprogesteronacetat, MPA），它們可以做為雌激素的拮抗劑以防止子宮內膜過度成長變厚，但是，人工合成的孕激素通常卻只能滿足人體自身所生產的孕激素效用的很小的一部分。

在我們進一步談論更年期各種荷爾蒙藥劑（Hormonpräparat）之前，我們想從人工合成的荷爾蒙藥劑開始，也就是大家都知道的：「避孕藥」。

避孕藥是一種合成的、強力干預女性荷爾蒙循環系統的荷爾蒙藥劑，但大多數女性都沒有意識到。它把自己變成為濾泡刺激素──雌激素的負面反饋機制。我們甚至可以說，它在陰暗之處，透過其高含量的雌激素和孕激素含量（或是只有孕激素）來執行這項反饋機制：

「嗨，腦下垂體，血液中已有足夠的荷爾蒙，表示我們已經懷孕了，請減少濾泡刺激素（FSH）的生產。」

所以腦下垂體可以請假休息了，或至少不須再釋放濾泡刺激素（FSH）和黃體成長激素（LH）來讓卵細胞成長。因為有了這項機制和訊息，所以就不會排卵，因此帶來絕佳的避孕效果。腦部和卵巢完全放棄了他們在這方面的交流。而這卻正好發生在女人生命中，整個荷爾蒙循環創造力最完美地協調的那個階段。

從近年來的許多研究中我們得知，我們身體內對人體自身的孕激素的受體不僅存在於子宮內，也存在人體的諸多器官和組織中，包括大腦在內。但是在人工合成的孕激素上就不是如此。人體自身的孕激素所影響的是新陳代謝以及甲狀腺荷爾蒙的作用。相對於孕激素，人體自身的黃體酮也會正向地影響我們的情緒。身體自己的荷爾蒙在其他方面會起作用，例如緩解恐懼焦慮、抗抑鬱、促進睡眠並使我們更具抗壓性。在人體內最大量的孕激素是在生育力最強的幾年內，在排卵之後在黃體（Gelbkörper）裡面產生的。但是，如果避孕藥阻止了排卵，那麼人體自身黃體酮的作用就消失了。

透過避孕藥可以不必擔心懷孕而快樂地享受性生活，這對年輕女性雖然非常重要，但是身體自然的感覺卻會在許多年裡迷失或受到干擾，包括性行為在內。許多婦女在服用避孕藥期間經歷了性慾減退，常常在停止服用它之後才發現性生活真正的快樂是甚麼。那就是一種感覺，這種感覺根本就不需要透過像燭光、溫柔的言語或其他浪漫情調的刺激，自然地會從身體深處湧現出來。

服用避孕藥會導致性慾降低及性愛樂趣減少，原因之一是人工合成的荷爾蒙會改變我們的嗅覺：我們無法靈敏地聞到性伴侶的氣味，而我們自己的體味也會改變。

我們絕不是希望透過這些討論來質疑避孕藥的意義，有一些研究顯示，有很高比例的婦女之所以要服用避孕藥有比避孕更重要的原因。也有許多女孩早在13歲或14歲之時就已經開始服用避孕藥了。除了避孕藥所代表的革命性的自由之外，我們還必須知道一件很重要的事，那就是避孕藥深深地切入並干擾我們自然的荷爾蒙運作並可能產生副作用，例如增加高血壓、肝功能數值提高、導致血栓、肺栓塞、體重增加、積水、頭痛、陰道感染、非經期出血（Schmierblutungen）、情緒波動、情緒低落，甚至嚴重的抑鬱症、焦慮症和驚恐發作等風險。

不少婦女連續服用避孕藥長達10、15或20年之久，一直到她們想要懷孕

為止。她們的月經週期長時間被中斷了，所以身體需要一些時間才能重新找回原來的節奏。在某些情況下，卵巢和大腦之間的交互作用因為多年服用避孕藥的關係而被徹底破壞，因而體內荷爾蒙的自然平衡狀態根本無法重新恢復，這些婦女們想要生兒育女的願望也就難以實現了。如果她們仍然想要懷孕，就必須去看不孕門診，藉由醫師的妙手將卵巢從長睡之中喚醒。

蘇艾貝：「我們年輕時，當醫師開避孕藥給我們，我們並沒有詢問藥劑的成分，因為我們認為或是假設，一切都是正確無誤的。

今天我想知道，為甚麼一直到我真正瞭解避孕藥是甚麼以及對女性身體造成的影響，會需要花這麼長時間。它是一種人工合成物質，會嚴重侵擾女性身體運作並阻斷荷爾蒙循環，而且它的影響會持續不斷地進行！當時我們大概知道它最主要的副作用：增加血栓形成的風險，尤其是在吸菸族群中更是如此。我隱約記得醫師向我解釋，避孕藥在體內造成一種假象的懷孕，並藉由這樣的過程導致避孕的效果。那時這樣的解釋對我而言已經足夠了，也讓我很滿意。

然而如果只是因為如粉刺、痤瘡的症狀或是為了減少月經出血時的疼痛，而開立避孕藥給年輕的婦女，則是令人難以理解而且是不負責任的。特別是從14歲起，沒有伴侶的年輕女孩竟然可以輕而易舉地就拿到避孕藥，更是令人匪夷所思。在我的診所裡，經常看到有女學生們突然得了嚴重的偏頭痛，變得沮喪、慵懶無力而且無精打采或體重明顯地增加，遭受很多痛苦，至於嚴重的血栓形成風險，特別又是屬於吸菸族群的就更不用說了。」

根據技術人員保險公司（Techniker Krankenkasse）的數據，12到15歲的受訪者中有11％服用避孕藥，而16至20歲中更高達60％服用。年輕女孩經常因為沒有定期的月經來潮或者皮膚出現問題，就拿到避孕藥的處方箋。多囊性卵巢症候群（Polyzystisches Ovarsyndrom, PCOS）可能是導致這些情況的

原因。如果有這種病症就會出現新陳代謝的紊亂，絕大部分還會伴隨胰島素阻抗、肥胖問題以及甲狀腺荷爾蒙分泌的改變。因為多囊性卵巢症候群除了避孕藥之外，還可以透過其他的藥物得到很好的治療效果，此外節制飲食也是值得考慮的方法。

針對粉刺痤瘡有其他的治療措施，例如外部密集強化的美容治療或短期服用抗生素；避免食用牛奶製品以及肉類也可以獲得很好的改善；整治腸道菌群讓它們恢復活力同樣是個好辦法。

目前有一股避孕藥疲勞的潮流。一方面婦女們對於總是要考慮避孕的事情不再有興趣，另一方面，她們也不想拼命吞食人工合成的荷爾蒙。她們有感於人工合成荷爾蒙的副作用，並且實際體驗到自己身上不舒服的感覺：浮腫、不對勁、陌生。許多婦女在生了一個孩子之後會採用安裝含孕激素宮內節育器（Hormonspiral）的方法避孕。有關於年輕女性的避孕，我們想要在此談談無荷爾蒙的解決方案：除了避孕套之外，還有像小吊環（Piercin）那樣穿刺鉤入子宮內膜的銅製子宮內避孕器（Kupferkettchen），或是由婦科醫師放置在子宮裡的銅製珠球（Kupfer-Perlenball）。後兩者都會釋放銅離子，有雙重的避孕功效：一方面，它們可以癱瘓精子；另外一方面，它們會輕微刺激子宮內膜，而使得受精卵無法在子宮壁上著床。以後也可以推薦銅製避孕環（Kupferspiral）。婦科醫師可以依求診者個人之體質與其單獨討論並權衡採用這些替代品。

身為一個成熟的女人，一直到停經期以前都需要思考避孕的問題。如果不想懷孕，就無法規避這個問題。直到最後一次的月經週期結束以前都會有一顆卵子有機會受精。我們在以下的章節裡會介紹荷爾蒙療法，這是為了要治療更年期出現的症狀，但是不能取代避孕藥，也就是說，這種療法無法確保不會發生意外的懷孕！如果您不想要服用避孕藥，請和您的婦科醫師討論有關避孕的方法。

荷爾蒙替代療法（Hormonersatztherapie）
（Hormone replacement therapy, HRT）

沒有一種藥物是沒有副作用的，這句話也完全適用於避孕藥以及所有其他的荷爾蒙療法。因為在考量是否應該使用荷爾蒙來治療更年期症狀時，都無法迴避地要考慮到荷爾蒙替代療法是否會提高致癌風險的問題，因此，我們想從這個令人擔心的問題著手。

讓我們引用一個句子來作為討論這個具有爭議性主題的開場白：「荷爾蒙替代療法是治療停經期前和停經期後的婦女們的更年期症狀最有效的方法……癌症的風險通常不是建議不接受這種治療方法的理由。」這句話是德國癌症協會會長奧拉夫・奧爾特曼（Olaf Ortmann），雷根斯堡大學醫院（Uniklinik Regensburg）婦產科診所主任在2018年德國婦產科及助產協會（Deutschen Gesellschaft für Gynäkologie und Geburtshilfe, DGGG）的會議上所說的。

在實際的運作上，醫師和婦女們在考慮是否要接受荷爾蒙替代療法時，心中還是有很大的疑慮，造成這種疑慮的罪魁禍首是一個唯一的研究，也就是尿道感染（Harnwegsinfektionen, HWI）的研究，我們稍後會討論。

乳房組織對雌激素以及其他荷爾蒙的反應很敏感，這個我們自己每個月都可以感覺得到。在每個月月經來潮之前，因為雌激素的水平提高了，所以我們的胸部會比較尖挺，在月經過後，當雌激素的水平再度下降時，我們甚至會感到有一點點失望。

我們很清楚，荷爾蒙會使乳房組織生長，同時我們也知道，乳腺癌（Brustkrebs）是婦女身上最常見的惡性腫瘤。現在讓我們來看看德國婦產科及助產協會（DGGG）在它們最新的指南中，是怎麼樣評估癌症風險的：

- **乳腺癌**：如果同時服用荷爾蒙替代療法（雌激素和孕激素）超過5年，在每10,000名婦女中，每年會多2個人得到乳腺癌。停止荷爾蒙替代療法之

後，患乳腺癌的風險會在2到3年內下降到和未服用荷爾蒙的女性一樣。

注意，我們在這裡稱它為低風險。沒有人應該得癌症，而「低」這個字當然是很諷刺的，因為如果一個人罹癌時，對他而言一點都不「低」。儘管如此，我們還是做這樣的評估，這也適用於：

- **卵巢癌**：如果合併使用雌激素和孕激素，每10,000名婦女中，每年會增加9個病例。
- **子宮內膜癌**：服用雌激素和孕激素會發生的風險只有在沒有服用足夠的孕激素/黃體酮來保護黏膜的情況下才會提高。如果在10到12天補足時，其風險就不會增加。
- **結腸癌**：如果婦女服用9到14年的荷爾蒙，則已經證明透過服用雌激素和孕激素可以降低結腸癌一半的風險。
- 現在患有或曾經患有荷爾蒙依賴型癌症的女性不應接受荷爾蒙替代療法，因為這會增加復發的風險。但是，德國婦產科及助產協會（DGGG）建議，生活品質受更年期症狀嚴重影響的癌症患者，在特殊情況下仍可以接受荷爾蒙替代療法。

透過黃體酮來保護子宮內膜無疑是很重要的。因為女性的乳腺癌很常發生在黃體酮水平明顯下降的階段，所以必須進一步的研究來證明，攝取黃體酮可能不僅可以保護子宮內膜，或許還可以保護乳房組織。黃體酮傳達訊息給細胞：「你們現在要停止生長，已經夠多了。」從醫學上講，這表示：它促進細胞成熟並減少細胞分裂，兩種作用都是在防止細胞過度生長，這種無止境的增生是癌細胞的特質。

荷爾蒙在某些癌症中會起作用，但我們今天也知道有很多其他因素也會引發癌症的產生，例如缺乏運動、肥胖、先天遺傳、吸菸、酒精、動物性蛋白質等。

所以我們希望可以結束對荷爾蒙替代療法的歇斯底里式恐懼，並且更客觀地進行討論，特別是現今已有較低劑量的新荷爾蒙補充劑以及和我們身體更加近似的配方。

　　如果婦女患有嚴重的更年期症狀，使得她們的工作效率降低到谷底，而又因為這種情況造成了必須嚴肅看待的嚴重身體疾病（例如骨質疏鬆症〔Osteoporose〕）時，那麼，如果仍然不斷地灌輸她們荷爾蒙會引起乳腺癌的觀念，不但無濟於事，反而適得其反。所以我們想在此表達，對於經過充分考慮過生物同質性荷爾蒙療法的利益和風險，並在嚴密監控下量身訂做的療程，我們是支持的。

研究及其成果

　　荷爾蒙替代療法在歷史上被刻畫成充滿錯誤而且混亂的模樣。以前荷爾蒙替代療法之所以聲名狼藉，主要原因是根據2002年的一項婦女健康倡議（Frauengesundheitsinitiative〔Women's Health Initiative, WHI〕）研究的最初結果。在接下來的幾年中，荷爾蒙替代療法補充劑的處方箋減少了70%。我們想要在這裡提一下，在14年後的2016年，這項研究的倡議者針對他們對研究數據做了錯誤的評估以及因而產生的不確定性，而使得成千上萬的婦女和醫師們陷入了恐慌與恐懼之中，為此表達了深深的歉意並請求原諒！

　　是的，對不起，請相信我們，這種事情在科學上並沒有經常發生！烏爾姆大學醫院（Uniklinik Ulm）的婦科教授馬逖亞斯・溫德萊（Matthias Wenderlein）在2017年的《德國醫學期刊》（Deutschr Ärzteblatt）上很戲劇性地說：「WHI關於荷爾蒙替代的負面報導就是在說故事。」

　　請告訴我，那究竟是甚麼樣的研究呢？研究案的最初想法是很好的。他們想知道：荷爾蒙替代療法有甚麼作用？它可以為我們帶來甚麼？可以保護女性免受心血管疾病的困擾嗎？婦女們會因此過得更好嗎？

一如往常，如果您想要在醫學上以白紙黑字寫下證明時，就會用對照組的方式來實驗。這些對照組越大越好。我們需要一組人，裡面的人都會拿到藥劑，而另外一組不會有藥劑或是只是在心中想他們有服用藥劑。人的心理力量是不可低估的，使用安慰劑，也就是說一種看起來很像是藥劑的東西確實可以把人們矇騙過去。

　　16,000名50至79歲的婦女（平均年齡63歲）在不確定的時段中被召集來做WHI研究，研究的主要重點放在乳腺癌（Brustkrebs）和心血管疾病。一半的婦女接受了從母馬的尿液中所萃取到的雌激素製劑和孕激素的組合，而另一組的婦女們就只服用了安慰劑。

　　實驗進行了10年，一切作業都進行得很好，直到2002年這個研究因為道德與倫理的原因必須取消。在荷爾蒙替代療法組裡婦女患乳腺癌、心臟病發作、中風和肺栓塞的受測人比安慰劑組的女性要多出很多。到了這時，這項研究真的變成了一場大災難！

　　今天我們知道，研究計劃從一開始就錯了，不過這項錯誤並非出於故意，而是出於無知。受測的婦女們經歷了太久的更年期，也就是說，當她們開始接受荷爾蒙替代療法研究時，有些人的最後一次月經已經是20年以前的事情了。因此，我們錯過了「機會之窗」（window of opportunity），也就是最佳的時機，大多數參與研究的婦女們接受荷爾蒙替代療法的黃金時代已經過去了。後來的研究顯示，儘早開始荷爾蒙替代療法對於血管有正面作用，它是可以預防心血管疾病的。

　　第二個缺陷是人工合成的荷爾蒙和真實的女性生理並沒有很多相似之處。第三個缺陷是，人工合成荷爾蒙的劑量給得非常高。這些年來，研究時的劑量一直都在往下修正，其他的人工合成產品也是如此。今天現代荷爾蒙替代劑會被以幾乎完美精準的劑量送進我們的身體裡，不但會按照我們身體所缺少的量，而且還會按照它發揮功能所需要的量來補充。現代荷爾蒙替代劑會根據現有症狀及其在病患個人生命歷程中的持續時間來做配合使用。

機會之窗：正確的時機

今天我們知道荷爾蒙治療法，也就是替代荷爾蒙，應該儘早開始，也就是當最初的症狀如潮熱等發生時就開始。那可能會在50歲左右或甚至在30多歲末期時就會開始出現。

但是無論如何，通常都必須在最後的月經出血過後的10年之內就應該啟動荷爾蒙替代療法的治療，只有這樣才能不僅是緩解潮熱和其他急性、早期症狀，而且還可以提供經過了實驗證明的長期、應該嚴肅看待的嚴重疾病的預防措施，例如骨質疏鬆症、心臟—循環系統病症如心肌梗塞和中風，以及大腸癌和失智症（Demenz）。因為荷爾蒙可以預防這些老年疾病。

這就是我們一直都在談論的話題。在您選擇決定要採用荷爾蒙替代療法之前，不需要花費超過5到10年的時間來折磨自己。不要在別人說了幾句話之後就退縮了，如果有必要，請去找您的醫師討論，不要怕麻煩，更不必怕打擾醫師，而是要打破砂鍋問到底。和您的醫師討論，荷爾蒙替代療法會對您產生哪些風險。例如您過去曾有血栓形成或肺栓塞、膽囊疾病或肝臟疾病，或對雌激素敏感的疾病如卵巢癌、乳腺癌或子宮癌，那麼您不應該服用荷爾蒙。這種限制對於那些已經停經了10年以上的婦女們也適用，也就是說，雖然停經很久了，但如果以前有過這樣的病症也不應該服用荷爾蒙。在特殊例外的情況下，必須特別仔細考慮服用荷爾蒙且密切監控。

如果您選擇服用荷爾蒙，必須知道有兩種類型的荷爾蒙替代療法：

常規荷爾蒙替代療法（HRT）

人工合成的雌激素製劑被用於治療停經後的更年期症狀已經有數十年了，其中包括結合型雌激素（konjugierte Östrogene）。

正如我們在上面已經指出的，它的化學成分結構和人類雌激素不同，所以它分解出來的產物也具有不同的化學性質結構。經由這種結合型雌激素有

些會產生非常不利的異物，漂浮在我們的血管中，其次，它的濃度和作用持續時間也完全不相同。

我們口服這種藥劑時，腦部—卵巢—荷爾蒙控制迴路會被抑制，其結果是，如果這個荷爾蒙替代療法在停經前後期間內（Perimenopause）開始進行時，那麼可能還保留在卵巢內，使得我們生產荷爾蒙的能力完全被遏止。

荷爾蒙藥劑的服用方式與避孕藥相同，兩者的包裝盒看起來完全一樣，而且也是每個月28顆。前面的14天，服用結合型雌激素，後面的14天，服用孕激素。有一點非常重要：如果您還有子宮（這是我們希望的！）無論如何都請您要服用複合藥劑（Kombipräparat），唯有如此才能夠預防子宮癌！另外還有一種令人感到困惑的是相同名稱的純雌激素藥劑。合成雌激素和孕激素的製造商指出，這種藥劑只有停經至少已經有12個月的婦女才可以使用，指的是平均為51歲的婦女。也許這就是為甚麼一位具備良心且盡職盡責的醫師一直要等到病人經歷了10到15年長期病痛折磨之後，才建議使用荷爾蒙替代療法的原因。

人工合成的荷爾蒙是透過肝臟來代謝的，這可能會導致肝臟的病變，例如良性腺瘤（Adenom）。因為肝臟沒有神經束，所以它只能不吭聲地忍受這樣的折磨。患有肝臟疾病的婦女應注意，如果有可能的話，要選擇其他應用方法。相反的副作用（Kontraindikation）是會有血栓形成的傾向，和荷爾蒙有關連性的腫瘤和凝血障礙以及遺傳的凝血因子V發生萊頓型突變（Faktor-V-Leiden-Mutation），這是影響凝血系統的基因變化。血栓形成的風險會增加10到50倍，這取決於是否是一個或兩個基因都受影響。我們會提到這種特殊性是因為大約有8%的人口顯示出有這種變化。

還有那些吸菸的婦女們以及和長時間保持不動，例如長途飛行或臥床不起的病人也不可以掉以輕心，建議您保持警惕並且找機會和醫師談一談。

實際案例：
最早期的HRT患者

維洛妮卡（Veronika）今年74歲，歸功於避孕藥的出現，她是第一批經歷避孕藥解放的婦女之一。在那個年代，她總算可以自己決定是否以及何時想要懷孕，除此之外，作為舞台服裝設計師的她也因此可以安心致志於她的工作並樂在其中。在服用避孕藥期間，她一直感覺很好，而且很高興在停經之後可以無縫接軌地服用另外一種不同的荷爾蒙藥劑來預防更年期的症狀。

維洛妮卡一直都是一個身材苗條的高個子女人，她很活躍、經常運動，過著健康的生活，從未抽菸。在她66歲時，她出現嚴重的腿部靜脈血栓，並遭受隨後出現的肺栓塞的痛苦折磨。幸運的是，她及時得到了重症加護醫療的照顧。因為血栓的緣故，所以在醫院裡人工合成的荷爾蒙立即被停用。出院後，她再度遭到了強烈抑鬱症的襲擊以及前所未有的恐懼感，導致她再度地被送到精神病院住院治療。4年後，她被診斷出患有乳腺癌，但是她又一次幸運地獲得了良好的照顧而終於可以離開醫院。

突然停止服用人工合成的荷爾蒙製劑會導致某些女性真正的荷爾蒙戒斷症，而引發強烈的生理和心理症狀。如果許多年來都使用高度有效而且高濃度的物質治療時，在停止服用這些藥劑之後可能會出現致命的後果。當然我們無法明確證明維洛妮卡突然發生的心理問題是否和35年長期攝入人工合成的荷爾蒙之後突然停止使用有直接的關係，但在考慮了她穩定的家庭狀況以及沒有其他風險的因素之後，依照我的臨床來評估，我認為這兩者之間存在著明確的關係。除此之外，在她身上並沒有存在著其他會導致乳腺腫瘤風險的因素（除了年齡之外）。

幸運的是，目前人工合成的荷爾蒙也用較低的劑量給藥，而且現在也還有現代療法的選擇，現在就為大家介紹這種新療法：

使用生物同質性荷爾蒙的荷爾蒙替代療法（BHT）

在過去幾年中，婦女對於一種早期而且又可以有效治療和荷爾蒙相關症狀療法的需求正在急劇地上升。這種治療方法當然一定要是安全的：所謂的安全是指對一種治療方法的渴望，希望可以只使用身體所必須的最小劑量，而且基本上又更類似於我們身體自身所生產的荷爾蒙一樣的物質來治療我們的病症。特別是越來越多在更年期的婦女們願意主動地面對並解決她們所遭遇到的症狀，這種需求和婦女們逐漸成長的自我意識相符合。如果我們可以採取措施來克服這些苦難，為甚麼還要浪費長達16年的生命在難以忍受的狀態中度過？如果我們可以避過藥劑的副作用，那為甚麼我們要忍受它們呢？

在這件事情上，每一個人和她身上的症狀都是獨一無二的，因此我們需要的是一個個人化的、安全的治療方法，而不是像江湖術士叫賣的、隨隨便便毫無特色的藥劑。

完全相同的分子結構

希望可以製造一種有效的，而且百分之百和在我們人體裡所存在的分子結構完全相同的藥物的願望早就已經實現了，這根本不是一件新鮮事。早在20世紀初期，人們就已經嘗試從動物身上萃取黃體酮（Gelbkörperhormon）了。因為要做這種事需要使用極大量的濾泡（Follikeln），或是說需要用到很多動物做犧牲品，因此這被證明是不切實際的。另一個費用非常高昂的嘗試是黃體酮從它前一個階段的膽固醇來提取。在1940年代初期，我們成功且花費低廉地從一種植物原料中製造出了一種生物同質性荷爾蒙（bioidentisches Hormon），這就是在現代的藥劑中由野生的薯蕷屬植物的根（Yamswurzel）所提煉出來的薯蕷皂苷配基（Diosgenin）。

我們也把這個物料稱為和自然相同（naturident）、和人類相同（humanident）或和身體相同（körperident）；這個「相同」（Ident）表示「絕對一樣」（absolut gleich）。這些藥劑的化學結構及其功能和我們體內自己分泌的荷爾蒙百分之百相符。它在我們新陳代謝中的運作方式有如體內的孿生雙胞胎，但是和雙胞胎一樣，儘管他們相似度極高，但終究是兩個不同的人。同樣的，剛才所說的薯蕷皂苷配基也不是我們身體自身的荷爾蒙。為了讓它們有相同的荷爾蒙作用，必須在實驗室進行進一步的化學處理。只有這樣，才會形成純粹的生物同質性荷爾蒙，它也才會具有足以令人信賴的可靠品質。儘管經過了進一步的處理，初始的原料在其結構中仍然保持天然性，而其在我們體內的分解產物也是這樣。這是生物同質性荷爾蒙和人工合成的荷爾蒙之間最重要的區別。

現在已是清理混亂概念的時候了，我們在這裡將以清楚易懂的方式來陳述，讓您了解哪些物質會被拿來使用以及這對您的健康有甚麼意義。

在網路上，生物同質性及荷爾蒙藥劑的使用已經很泛濫，很遺憾的，在某些文獻上也是，例如順勢療法（homöopatisch）的稀釋藥劑很常被吹捧為生物同質性荷爾蒙，但其實並不是。雖然順勢療法藥劑或許能支持更年期症狀的療癒，但不能拿來做為生物同質性荷爾蒙治療法使用。如果一名女性相信她正在服用的順勢療法藥劑Sepia D4是生物同質性荷爾蒙，因為感覺到它沒有效果而改服人工合成的荷爾蒙藥劑時，那將會是致命的大錯。

即使是在市面上可以買得到的，非處方山藥根萃取物也不是生物同質性荷爾蒙，而是一種膳食補充劑。在網路上買的含有純粹薯蕷皂苷配基材料的產品無論是以乳霜形式或和優格混合一起，都不是荷爾蒙活性製劑！

在德國，用來作為荷爾蒙治療法的生物同質性製劑需要有醫師的處方，而且其費用是由保險公司，包括法定的醫療保險公司來承擔的。目前對於更年期的婦女而言，生物同質性荷爾蒙是治療方法的選項。

一個特別的好處是生物同質性雌激素的給藥形式。它不像人工合成藥物必須口服，而是一種凝膠狀的藥劑（其中含有0.6 mg/g雌二醇）。它可以塗敷在皮膚上，或是藉由貼劑貼在皮膚上，藥劑的有效成分會透過皮膚滲入體內，這樣就可以完全避開肝臟的循環而保護肝臟。除此之外，每個人還可以個別調整每日的劑量，我們稱它為「最低有效劑量」，這表示如果潮熱和疲勞的情況在每天塗敷兩回的情況下有所改善，則我們可以把劑量降低到每天一回，然後看看會出現甚麼狀況，依此慢慢地探索出最佳的處置方式。如果有症狀出現，表示是雌激素不足，那就再次增加劑量。因為在更年期開始時卵巢中荷爾蒙的分泌會有很大波動，我們沒有必要每天或每個星期補充同樣劑量的雌激素，這是一個很大的優點。

生物荷爾蒙的使用

我們沒有必要不惜一切代價來做週期性的荷爾蒙補充，也就是說不必模仿自然的月經週期。如果家庭生育計劃已經執行完畢，則現在的趨勢就是繼續攝入替代荷爾蒙，使內分泌系統獲得更好的平衡。這可以防止荷爾蒙波動，子宮黏膜就不會繼續成長變厚，所以不會再有月經來潮。在50歲左右，就算是荷爾蒙水平持續低下，即使沒有荷爾蒙替代治療法，荷爾蒙水平也會自己調整在穩定的狀態之上。在使用雌激素進行荷爾蒙替代治療法治療時，我們都在努力提高荷爾蒙水平，希望可以達到生育婦女在月經週期開始時所出現的水平。為甚麼女性的身體要在它的荷爾蒙停止生產的時候還需要從荷爾蒙水平的起伏變化得到好處呢，這樣的變化不是只有在有生殖能力的年紀時才有意義嗎？最遲至少在現在這個時候我們女性荷爾蒙的運作需要保持平衡，而不要再繼續波動。

我們在這裡給您提供一些例子，用來說明生物同質性荷爾蒙如何個別地被使用在不同的階段。當然這只是一般性的，無法給不同人做個別的建議。您自己和主治醫師討論仍然是非常重要且是不可或缺的。

在（早期的）更年期

蘇艾貝：「患有急性不適症狀，諸如潮熱和嚴重情緒波動或是精力衰竭的病人來我診所看診。當我把所有其他可能引起症狀的因素都排除掉而認為這些症狀的罪魁禍首指向更年期的雌激素不足時，我會建議在荷爾蒙替代療法開始的時候先補足空虛的荷爾蒙儲備。對某些患者而言，在開始時，每天塗抹三次雌激素乳霜或雌激素凝膠是非常實用且必要的。將乳霜劑或凝膠劑大面積塗在兩隻手臂的內側，少則幾天、多則大約三星期之後，症狀應該就會有所改善了。如果您從來沒有做過荷爾蒙替代治療，那麼您可以在和醫師討論過後減少雌激素的劑量：按照症狀改善的程度將劑量減少到每天兩次或一次。如果您已經在好幾個月之間，仔細地觀察您的身體對生物同質性荷爾蒙的反應，那麼您就會知道，使用多少的劑量可以使您的例如潮熱的症狀消失，抑或是應該提高使用的劑量，接下來就可以自己調整劑量了。不過我還是要在此提醒並建議，只有在您完全確定且有把握時才這樣做。

但是，劑量的調整僅只適用於雌激素！**如果您同時在使用雌激素，絕對不行自行決定減少或停止使用作為子宮內膜保護劑的黃體酮！**黃體酮必須按規定服用。如果您在服用黃體酮時出現了不該發生的疲倦現象，請和您的醫師談一談是否應該減少劑量。」

特別是在更年期的期間內，凝膠或乳霜狀的生物同質性雌激素製劑使得針對症狀的變化立即做出反應並且依個人單獨的狀況來做劑量調整變得可能。在這段時間裡，卵巢中的荷爾蒙生產會有很大的波動，我們可以這麼說，它們不再能正常地運作：在一個週期內可能會生產過少的荷爾蒙，而下一周期又生產正常的份量，甚至有可能會太多。我們可以使用個體化治療方法來對應荷爾蒙生產份量的波動做出適當的反應。另一方面，如果我們每天吞服一顆荷爾蒙藥丸或膠囊，一直都攝取同等劑量的額外雌激素來增加到卵巢自己可能已經重新恢復分泌的雌激素時，那麼就有可能會因為給它們太多好處反而害了它，求好心切的結果反而可能產生雌激素占優勢的風險。另一

方面，經過一段適應期之後，如果您傾聽身體內部醫師的聲音，則雌激素乳霜或凝膠個體化劑量的治療方法會變得很好處理。乳房脹痛以及水分滯留是劑量過高的跡象。潮熱、「空虛的胸罩罩杯」、陰道乾燥和情緒波動如情緒低落想哭、心理敏感脆弱或煩躁不安則是荷爾蒙不足的徵兆。

順道一提，黃體酮不足也會導致潮熱。在更年期開始時，如果仍有足夠的雌激素，通常是潮熱的原因。

如果在這個期間仍然有月經出血的情況，就算是月經已經很不規律了，在雌激素水平足夠的情形下，單獨服用自然相同的黃體酮也可能會有用。我們建議在晚上服用一次二顆100毫克的黃體酮。我們通常會在月經周期的中間，也就是從月經周期的第14天到第28天之間，服用為期兩個星期的黃體酮。在停止服用後的幾天就開始會有月經出血了。

在更年期使用

如果您的月經大致上還算規律，但已經出現雌激素不足的症狀，例如黏膜乾燥、性慾減退、神經敏感脆弱等，那麼可以每天使用雌激素凝膠三個星期，接下來七天休息不治療。我們把這個程序稱為循環的應用程序。

我們特別建議，在您施行荷爾蒙替代治療法時，不論是使用人工合成的或生物同質性荷爾蒙，一定要定期接受所有和婦產科有關的預防檢查，包括子宮內膜的超音波檢查。

治療計劃可以如此安排

治療時間為21天，一直到月經出血來潮的那個不治療的星期為止。但是我們不是在一個28天的月經週期的第1天開始起算，而是在第5天。在開始的4天，也就是說第1天到第4天還是算在經期裡，所以使用雌激素進行荷爾蒙治療從第5天開始。雌激素要在第5天到第25天服用。對於保護子宮非常重要是從14天到25天要額外攝取黃體酮，以避免（雌激素引起的）過度成長！請不要在任何一天停止服藥，也不要減少服藥劑量！只有在每天服用200毫克黃體酮，總共超過12至14天才會發揮足夠的保護作用！在26天到28天要中斷治療，加上第1天到第4天，這樣就總共有7天休息的日子，這是您月經來潮的日子。

如果月經週期變得越來越不規則，越來越少或者完全不再排卵了，您可以把服藥的方式改成每天口服100毫克黃體酮，一直到24至25天。隨後暫停4到5天。在這段時間可能會發生月經出血，但是不一定會。在停經後不間斷地服用荷爾蒙是很常見的，也就是不需要有7天的休息。

停經之後的治療

如果最後一次月經是在一年以前，那麼您就要從週期性或序列性的治療轉換為長期治療。我們無法再期待卵巢會提供任何支持，所以現在荷爾蒙必須完全被替代（如果您決定選擇這項治療法）。為了有效保護子宮內膜，必須至少在24到25天內每天服用100毫克黃體酮膠囊。

各種不同調製方式的生物同質性荷爾蒙

要如何使用各種不同調製方式的生物同質性荷爾蒙製劑，取決於製造商和自己的需求以及偏好而定。我們想要邀請您和您信任的醫師一起討論各種治療方案的選擇，共同努力尋找出對您最佳的藥劑。要決定或反對荷爾蒙替

代治療法，以及之後適當的治療藥劑時，當然還需要把下列的事項或狀況考慮進去：您的健康狀況、以前曾經患過的疾病、可能現在還有的慢性疾病、是否還希望再懷孕生育、一般生活條件和狀況、家族史包括遺傳因素、服用的藥物以及是否有各種過敏的問題等。當然，最重要的還是您的症狀，然後再加上您對於荷爾蒙替代療法的願望、期待與目標。

現在已經有用同質性荷爾蒙製成的成藥了：可以單獨個人化劑量的雌激素乳霜劑或雌激素凝膠劑，以及黃體酮膠囊。此外也有藥劑可以由特別的藥房（複合藥房〔compounding-Apotheke〕）按照特殊的方法替病患依事先測定過的荷爾蒙狀態進行個別調製。透過測定荷爾蒙水平來調整劑量，也就是說升高或降低雌激素和黃體酮的劑量。這些藥劑通常被做成油膠囊的形式。我們現在分別來檢視兩種荷爾蒙製劑：

雌激素

有一種裝在填充脂肪膠囊中的生物同質性雌激素，就是所謂的口中吸服錠劑（Lozenges〔Lutschtabletten〕）。我們可以把這個錠劑放進嘴裡的臉頰內側，在那裡它們會很快地被口腔黏膜吸收。

另外還有一種陰道片劑，此片劑中所含的雌激素可以透過陰道黏膜吸收。這兩種類型藥劑可以避開肝臟循環系統，以凝膠、乳霜或貼片形式使用在皮膚上的方法也同樣可以繞過肝臟循環系統。

某些凝膠必須大面積地塗敷使用，例如要塗抹在整隻手臂上，有些則只需要在皮膚表面塗一個小小的區塊就可以了。這兩者的區別對藥劑的效果非常重要，並且常常被錯誤地判斷，因此請詳細閱讀藥劑包裝盒裡的仿單並和醫師討論使用的劑量。只有大約5%的患者因為皮膚比較厚實而無法吸收到足夠劑量的凝膠。在這種情況下可以嘗試使用雌激素貼片或其他型式的藥劑。在此我們還是建議去做荷爾蒙水平的測試，以確保藥劑對您確實有效。

有一些婦女覺得，如果他們很長一段時間在上手臂塗抹凝膠，塗抹的部位就會形成更多的橘皮組織（Cellulite）。很不幸的是，隨著年齡的增長，我們的上臂會傾向存儲更多的脂肪組織而且會逐漸失去彈性。如果您擔心凝膠會讓您的手臂肌肉鬆弛，那可以改將凝膠塗抹在大腿內側或身體其他部位，例如肩膀。但不要選擇塗在胸部區域，也不要塗在像脖子範圍太小的部位上！基本上要選擇皮膚比較薄的地方，才能讓成分更有效地被吸收。

　　如果您在晚上出現潮熱且因嚴重的睡眠不足導致牙齦長時間不舒服時，則在晚上進行塗敷會更有用。對於許多女性來說，這個時間點來進行是很實用的，因為反正她們要在晚上服用可以促進睡眠的黃體酮。

　　請注意，絕對不要讓其他人碰觸到您剛剛塗抹上霜劑或是凝膠的皮膚部位（連您的寵物也不可！）。當您在晚上和家人擁抱或互相依偎時，會把雌激素轉移到他們身上導致危險。當然，如果您先使用荷爾蒙塗抹身體，然後直接去洗澡或是把自己擦乾也是毫無意義的舉動，因為需要荷爾蒙的是您而不是您的毛巾或上衣。

實際案例：
荷爾蒙是驅動力！

　　46歲的蜜莉安（Miriam）是一位攝影師，她研究荷爾蒙療法的主要原因是因為她有心理上的問題。

　　她一直認為自己是一個有創造力且強而有力的女人，她的工作使她得以環遊世界並認識許多有趣人士。但是已有一段時間，她感覺到自己越來越需要休息，外出旅行變得困難也毫無興趣，和陌生人的交談變成一種沉重的負擔。有時候在較大的社交圈裡她會感到焦慮並且有壓迫感，越來越多的時間裡，她有一種想要把自己孤立起來和外界隔離的慾望。她描述自己的狀況是：「我感覺到呼吸不到空氣，我對任何事情都不再感興趣，甚至連攝影也讓我生氣、心煩且厭惡。」她甚至覺得她最想要的是躲到一個寂寞的島嶼上，隱居個幾年。

　　在探究所有的其他原因之後，我們可以斷定，就像她幾乎量測不到荷爾蒙水平所證明的，她正處在更年期的難關中。她的婦產科醫師給她開立了雌激素凝膠的處方，她雖也把它塗抹在手臂內側的一個小小區塊上，可惜並沒有太大的效果。這倒是一個很普通且常見的現象。特別要注意一個重點，就是在治療開始時要快速地增加每日劑量。例如，在蜜莉安的精神萎靡症狀以及抑鬱情緒消退並有大幅度改善之前，她必須連續幾個星期每天都要塗抹三劑雌激素膠，才能減少她的不安情緒和莫名的恐懼。

　　這個案例說明了，個別以及「正確」地使用生物同質性荷爾蒙有多麼重要。如果在數個星期的荷爾蒙嘗試之下，病情仍未好轉，就要有所警惕了。

黃體酮

超級重要：雌激素絕對必須和足夠份量的黃體酮一起服用。這是預防子宮內膜細胞成長並演化成癌症的唯一方法。在血液中至少要有5 ng/ml的黃體酮，對子宮內膜才有保護作用，一天服用一到兩顆黃體酮膠囊就可以達到這個劑量。如果您還有月經來潮，就可以採用我們上述的服用模式。

注意：如前所述，如果您有服用雌激素，絕不可以自行停止服用黃體酮，否則它無法產生保護子宮內膜的效用。有一種特別的黃體酮膠囊可以從陰道塞進去。這樣雖然可以保護肝臟不受影響，但是如果採用這種膠囊，就無法獲得黃體酮原本可以減輕焦慮及鎮靜的功效。如果您並沒有受焦慮症狀所苦，那麼從陰道塞入的用藥模式還有另一個優點：藉助膠囊油性的黏稠性有助於改善局部的陰道乾燥狀態，同時可以防止第二天早上宿醉（Hangover）的副作用（儘管很少見）。

媒體上常有人問：有沒有可以直接塗抹在皮膚上的黃體酮霜劑或凝膠？

蘇艾貝：「我有過這樣的經驗：有嚴重經前症候群的女性以及在更年期剛開始的婦女們，因為使用透過皮膚吸收雌激素的藥劑而獲得了許多好處。不過得到這些好處的，也僅限於那些雌激素數值還在正常範圍內，而且沒有從外部攝取雌激素的病患。透過這種攝取方式，生物同質性的黃體酮穩住了人體自身的黃體酮水平。」

如果您使用黃體酮乳霜塗敷皮膚，建議您定期做子宮內膜超音波檢查以觀察子宮內部的變化。到目前為止的資料尚未明確顯示，有關透過塗抹在皮膚上的黃體酮對子宮內膜保護的功效，因為經由皮膚被吸收的實際劑量可能會因為每個病患皮膚的厚度而有所不同。現在只知道，基本上透過皮膚吸收的黃體酮劑量要比以同樣方式處理的雌激素來得差。

因此，請您只有在沒有服用雌激素的情況下，才使用黃體酮乳霜劑。如果在更年期開始之初，自己本身還有生產足夠的雌激素，或者較為肥胖的婦女因為身上的脂肪組織也會生產足夠的雌激素，所以會有雌激素占優勢的情況出現，如此才不需要另外服用雌激素。只有在這種情況之下，才可以使用黃體酮乳霜劑！

正如我們在第二章中所討論的，黃體酮是一種神經藥劑和萬能藥，也就是說，它可以在身體上的許多地方發揮作用。它透過新陳代謝作用可以形成對大腦以及神經有正面積極影響的物質。它在難以入睡以及在夜晚裡反復醒過來的問題上所發揮的鎮靜效果不容低估。而這種問題對於大約一半處於更年期的婦女來說幾乎是家常便飯，每個晚上都在發生。

有了黃體酮，您可以更快入睡，特別是在前半夜裡您也可以睡得更深沉。為了有一個更好的夜間睡眠，在晚上服用黃體酮就更顯得有意義了。所以我們可以順水推舟地好好利用黃體酮會造成疲倦的副作用。睡眠不佳的另一個原因是末梢血管循環的障礙。因為在晚上小血管無法充分膨脹，所以腳部的體溫會下降。如果睡覺時沒有抱著熱水袋或穿著羊毛襪，就會很容易醒來。針對這些循環系統的問題，黃體酮也可以幫上忙。

鎮靜和抗焦慮作用主要是透過黃體酮 —— 代謝物質別孕烷醇酮（allopregnanolon）來傳達，這種神經傳遞物質似乎有抗抑鬱效用，也可以抑制其他負面情緒。

為了要獲得這種效果，黃體酮必須做成膠囊或片劑，以吞服的方式服用。它和雌激素相反，我們希望黃體酮可以透過肝臟來降解和代謝，因為只有這樣才會產生可以越過血腦障壁的黃體酮代謝物。患有嚴重焦慮症的患者可以在與醫師討論後，嘗試在白天服用黃體酮。很多患者都可以從它的緩解焦慮和鎮定的功效中受益。

黃體酮的代謝產物也可以附著在尼古丁受體上。有一個規模較小的
美國研究發現，在服用黃體酮的情況下，可以減少對尼古丁的渴望。黃
體酮有可能可以因此降低對香菸的渴望程度。

目前，研究人員正在研究一種源自於黃體酮的神經類固醇（Neuros-teroide），它可以用於治療抑鬱症、焦慮症和其他精神疾病。因為黃體酮具有鎮靜和緩解焦慮的作用，這種作用對中樞神經系統的影響很可能是透過和地西泮（Diazepam）這類鎮靜劑相同的受體來控制的。在這種互相的關係之下，重要的是黃體酮和苯二氮卓類（Benzodiazepine）群組的物質（地西泮也屬於此群組）不同，因為黃體酮不會令人上癮！

如果婦女在停經期，由於荷爾蒙水平下降而情緒低落，改用生物同質性的黃體酮來取代抗抑鬱藥是一種值得去做的嘗試。不過前提是，一定要由專科醫師來確定您的情緒低落是因為荷爾蒙水平下降所引起的，而不是真正的抑鬱症或其他精神疾病。

我應該服用荷爾蒙多長的時間呢？

針對荷爾蒙替代治療法療程長短的問題，目前有不同的看法和意見。一些專家認為，現今所知的安全的荷爾蒙替代治療法已經大約存在有10年了。現今使用荷爾蒙的座右銘是：「劑量儘可能少，不要比所需要的多」，所以基本上我們被照顧得很好。我們也建議採用前文說明的最小有效劑量的處理方式。不過預防醫學遵循並採用的是不一樣的處理方式。他們認為荷爾蒙數值低下的長期後果要一直到以後較大年齡時才會出現，因此與高齡有關的疾病例如失智症、骨質疏鬆症及大腸癌等用荷爾蒙替代法來預防是有意義的。支持長期使用荷爾蒙的人認為，尤其是像血管等組織可以透過服用荷爾蒙來保護一直到較大年紀時。不過如上所述，只有在「機會之窗」被考慮進去時，也就是要夠早開始荷爾蒙替代治療法時才會有效。預防醫學的論點似乎有道理，但還必須有更多的研究來證明。請定期和您的醫師聯繫並討論服用荷爾蒙的期限。

患有關節痛和風濕病的年長女患者

蘇艾貝：「這是一名65歲的女患者游蘭妲（Yolanda）的故事，故事懇切地描述了為甚麼每個女性所做的荷爾蒙治療都必須事先做過個別化的安排。

她的故事深深地感動了我，而且從醫學的角度來看，也令我感到震撼和驚訝。在我多年的職業生涯中，我是不是曾低估了一個沒有被證明患有骨質疏鬆症的老年婦女在她的病痛上有關荷爾蒙方面的問題？我認識游蘭妲已經很久了，因為她長年陪伴著她患有慢性病的丈夫到我的診所來看診。她個子高挑苗條，美麗迷人，她每次出現在我的診所時總是很講究地穿著整齊，打理亮麗。從外表上我們無法看出她的年齡。

幾年前她開始到風濕科看診、治療，多年來持續受到頑強、痛苦的關節痛折磨，經常反覆出現無法行動的情況。她的肌肉變得非常堅硬，尤其在早晨時幾乎無法起床。儘管在全血細胞計數上沒有明確的風濕病證據，在X光檢查上也沒有發現這個症狀，但是她卻一直被當作是風濕病患者來治療。她現在只能藉著吞服強效的止痛藥才能過日子。有一段時間，她甚至因為嘗試服用非常強效的抗風濕藥物所以必須定期到我診所來檢查肝臟和腎臟指數。

儘管游蘭妲定期去看許多不同的專科醫師、物理治療師（Physiotherapeut），但她的病痛仍然沒有明顯的改善，因此我們想要尋找另外的線索。她的荷爾蒙下降的指數和她的年紀相符，也沒有發炎的跡象，所有血液指數也都落在正常範圍內。儘管游蘭妲已經過了荷爾蒙替代療法（HRT）治療的黃金時機，但是我們仍然決定要進行一個生物同質性荷爾蒙的試驗。試驗獲得的成功讓我們倆人都感到驚訝，因為在下一次回診時，她幾乎已經沒有任何疼痛了。

我最近剛好在城裡遇見了游蘭妲。她快步地向我走來，告訴我她仍然不敢相信自己幾乎沒有痛苦地過著生活，她不須再服用任何止痛藥，而且終於可以再度安然入睡。

當然游蘭妲仍須定期去做預防檢查，而且也無法百分之百地保證，

以她的年紀可以長期使用荷爾蒙而安全無虞。我們事先曾對這個問題進行詳細的討論。對於游蘭妲而言，可以輕鬆且沒有疼痛地過日子，表示她的生活品質獲得了極大的改善。

她現在變得更有機動性了，活動比以前多，總體來說，她比以前更活躍、更快樂且更加地肯定生命。除此之外，她很注意她的維他命D指數，服用鈣片並定期檢測骨質密度。更重要的是，她也定期進行心血管檢查以及所有癌症（乳房、腸、子宮）預防篩檢。

像游蘭妲這樣非常苗條的女性特別缺乏來自脂肪組織所製造的補充性質的雌激素。

當荷爾蒙水平下降時，會經常發生肌肉骨骼等運動器官的疾病。醫療行動必須把各方面的因素都納入考量。我們要考慮的是，像本例所顯示的這樣，是不是應該要因為在將來可能發生的風險，而放棄使用可以緩解目前強烈病痛的治療方法呢？每一件治療的工作只能在澄清和考慮到目前所有檢查和檢驗所發現的症狀、病人生理上及心理精神上的狀況、她對症狀所感受到的痛苦程度，以及特別是在揭示而且陳述了所有的風險因素及對此風險的考慮之後，與病人一起做決定。」

從長遠來看，個別的、符合於年齡和個性化的平衡荷爾蒙不足的措施是一種預防措施。只有透過良好妥善的預防措施才能減緩老化的過程，這不僅可視為是對身體健康上的美容治療（Beautytreatment），更重要的是以長期而言，這是對健康和生活品質的最佳（超前）照顧！

植物雌激素和其他措施

每一種疾病都有一種藥草可醫治它，這句話特別適用於更年期的疾病。如果您服用荷爾蒙，請您問醫師，有哪些植物雌激素（Phytoöstrogene）可以增加治療效果。目前已有實質的證據顯示，有一些自然界的物質，透過先人的經驗早已被證明具有治癒的功效，而且也已經經過學院派的醫學蓋上了優良品質的印記。我們想要在這裡向您介紹最重要的草藥助手。以下的使用份量建議只是一個參考數值，因為我們不知道您個人症狀的嚴重程度。請您和經驗豐富的治療師討論最適合您的劑量。

更年期初期的雌激素占優勢

3,3'-二吲哚甲烷（Diindolylmethan, DIM）

有很多東西具有很大的助益，例如綠色蔬菜，它可以防止癌症。特別是十字花科蕓薹屬蔬菜（Kohlgemüse），例如綠花椰菜（Brokkoli）、抱子甘藍（Rosenkohl）以及白花椰菜（Blumenkohl）都含有抗癌植物色素葉綠素（Chlorophyll）和3,3'-二吲哚甲烷（Diindolylmethan, DIM）。

DIM是一種在胃腸消化芥末油（Indol-3-Carbinol，吲哚-3-甲醇）時產生的抗氧化劑。在2004年美國一項乳腺癌研究已經確認DIM的有效成分可以保護女性免受和荷爾蒙相關的癌症的侵襲，因為它可以調整並平衡雌激素的份量。它可以將無益的雌激素轉化為有益的，並抵消雌激素的優勢主導地位。這也適用於體內的環境雌激素（Umweltöstrogene）。

為了從食物中取得其功效而受益，必須生吃十字花科蕓薹屬蔬菜。如果將這些蔬菜煮熟之後，對高溫敏感的芥末油含量就會減少一半左右，相對的DIM的含量也會減少大約相同的份量。

蘇艾貝：「我在為患有雌激素占優勢跡象（眼睛周圍腫脹或因為體液滯留而產生的一般腫脹）的年輕女性開立DIM處方方面，已有很好的經驗。」

其他有助益的事項：

- **減少飲酒**。如果您的肝臟必須分心來處理酒精，那麼它分解雌激素的能力就會相對變小，換句話說，酒精會阻礙肝臟的排毒功能。
- **攝取充足的纖維質，每天大約30至40公克**，然後慢慢增加份量，否則它會讓您的肚子咕嚕咕嚕叫。蔬菜、水果、全穀類食品以及亞麻籽都是高纖維質的食物。腸道細菌以纖維為食，這些細菌有助於雌激素的分解。
- **避免環境中外來的雌激素**。微塑料會透過食物鏈進入人體。應避免飲用塑膠瓶中的飲料並且購買沒有包裝、沒有熱熔密封的食物。最好購買有機食品，當地生產、當季節的食品，而且要無包裝的。
- **少吃動物性蛋白質**。優先食用有機肉類和奶製品。工廠式大量飼養的動物，為了要讓它們多長肉，用催肥式的強迫餵養，這些動物會攝取到添加的荷爾蒙，人們進食這些肉類，也就吃進了荷爾蒙。此外抗生素在工廠化養殖中很常見，這些抗生素會進到肉品裡，而我們在吃這些肉時就把它一起吃進身體裡了。這會導致對抗生素的抗藥性，當我們需要使用抗生素時，它可能就會失效了。這些肉類裡所含的抗生素也會危害我們的腸道菌群，因為腸道菌群本身就是由細菌所組合起來的。最後一點，如果您少吃或不吃肉，還可以透過減少二氧化碳的排放來保護環境。
- **擺脫身體上多餘的重量**，因為在脂肪細胞中會生產雌激素。另外還要定期運動，每天至少半小時或走5000步，這樣肥肉會溶解得更加迅速，心臟和血液循環也可以受到激發而變得更有活力。

- **褪黑激素**可降低雌激素水平，在晚上服用0.3至1.3毫克的藥劑也會讓您感到疲勞。

有利補充雌激素的食物

有些植物的成分具有與雌激素類似的作用，例如異黃酮（Isoflavone）和木質素（Lignane）。它們在結構上和雌激素有類似之處。研究報告指出，植物雌激素可以明顯地減少潮熱的發作，但是為了要達到此效果，必需要有健康的腸道菌群，如此一來它們在人體中才能發揮類似雌激素的效果。

黃豆（Soja）

早在1980年代，歐洲的科學家觀察到，某些特定的癌症及一些老年慢性病在亞洲比較少見。美味、易消化的亞洲美食很快就吸引了眾人的眼光，成為調查研究的重點。尤其是亞洲人每天享用的黃豆及其製品引發了研究人員仔細研究黃豆蛋白的想法。現在我們已知，黃豆裡所含的植物雌激素、異黃酮會和雌激素受體結合，進而避免細胞過度增長。此外黃豆中的異黃酮衍生物染料木黃酮（Genistein）也可以減少體內引起發炎症狀的物質。

大豆異黃酮也可以抵消血管的變化。晚上服用80至100毫克異黃酮可改善睡眠以及大腦中的血液循環。

因此，黃豆在各方面都可以發揮它的功能。在目前的德國婦產科與助產科協會（DGGG）準則中用於治療更年期症狀的部分，也推薦使用由黃豆製成的製劑，尤其是在防止潮熱這方面。不幸的是，偶而吃一杯黃豆優格或一根豆腐香腸是絕對不夠的，如果要取得黃豆的好處，就得好好地吃個足夠。

警告：市面上有許多是基因改造或被農藥汙染的黃豆，因此最好優先選購有機黃豆產品。

人體每天至少需要30至60毫克的異黃酮。有些膳食補充食品含有濃縮的黃豆萃取物，它含有超過每天所需要的30毫克異黃酮。

紅參（Roter Ginseng）

紅參原產於中國、西伯利亞和韓國。在醫療上有用的部分是它的根。它們首先會以熱的水蒸氣處理過，然後再進行乾燥。亞洲人把紅參和長壽與健康聯想在一起。它的舊名是「百靈根」（Allheilwurz）。實際上，它有助於治療許多疾病，例如更年期的潮熱、疲勞、睡眠障礙和抑鬱的情緒。在德國，紅參的售價很高，市面上有膠囊形式的藥劑。

啤酒花（Hopfen）

經常喝啤酒不僅會產生啤酒肚，對於男人來說，也會有啤酒胸。這也難怪，因為啤酒花是一種植物雌激素。除了營養之外，過去傳統在修道院中會釀造啤酒，原因之一是啤酒中含有大量的雌激素，因而僧侶會因此失去「肉體上的慾望」（Fleischliche Lust）。

膠囊形式的啤酒花有助於緩解睡眠障礙、躁動不安和焦慮。在女性中，啤酒花可以增強頭髮和防止黏膜乾燥。但是，您必須有耐心，因這種全身系統性的作用要等一到兩個月後才會出現。

纈草（Baldrian）

數百年來纈草被用來緩和焦慮、不安以及失眠症。如果因為缺乏雌激素而出現這些症狀時，建議您在晚上服用纈草。不要在早上或白天服用，因為它會妨礙並降低您的反應能力。纈草也可能會因為副作用而引起頭痛和胃腸道不舒服。纈草可以以膠囊或茶的形式服用。

穗花牡荊（Mönchspfeffer，貞潔樹）

穗花牡荊是來自地中海南部的落葉喬木，數千年來一直用來治療婦女疾病。它對腦下垂體和多巴胺受體有刺激作用，會激發黃體成長激素（LH）的分泌並促進黃體酮的生產。穗花牡荊可以調節婦女生理週期並緩解經前症候群（PMS）。它具有促進睡眠和抑制食慾的作用。

因為穗花牡荊有反制黃體酮缺乏症的功效，所以特別建議在更年期開始的初期服用。穗花牡荊特別適合輕微到中度的更年期症狀。對於非常敏感的婦女可能會出現皮疹。服用這個藥劑一樣要有耐心，穗花牡荊平衡症狀的功效要在數週或數月後才會出現。

銀燭（Silberkerze）（類葉升麻屬）

銀色蠟燭是多年生的白色細長花朵，特別受到蜜蜂和蝴蝶的喜愛。作為療效植物它可以治療更年期的潮熱症狀，並且可以減輕情緒波動和乾燥的黏膜，特別是對陰道黏膜有所幫助。

有些婦女只服用銀燭製劑來治療她們的症狀，不過對其他婦女來說銀燭製劑卻沒有任何功效。在此又再度顯示，沒有一種一成不變的方式可以適用於每個人。

聖約翰草（Johanniskraut，貫葉連翹）

研究報告清楚地記載了聖約翰草有讓輕度抑鬱症患者變開朗的功效。如果懷疑是重度抑鬱症時，就絕對需要請專科醫師進行確認。聖約翰草是絕對無法應付的！同樣的，聖約翰草也不應該和藥理學上的抗抑鬱症藥物一起服用。服用時必須定期檢查肝臟指數。

馬卡（Maca，印加蘿蔔）

近年來，這種來自南美的草藥已被當作是超級食物而引起了廣大群眾的注意。在秘魯，它被認為是一種壯陽藥（Aphrodisiakum），可以增強性慾、精力以及減輕壓力。馬卡可以增強注意力、減緩睡眠困難以及潮熱的不適。

亞麻籽（Leinsamen）

亞麻籽中含有植物雌激素木脂素（Lignane）。此外，亞麻籽也是一種極好的纖維素。您可以將研磨後的亞麻籽加到奶昔或優格中食用。

維他命D：臥底劑

蘇艾貝：「我鑽研維他命D已經有很多年了。很幸運的是，近年來它對人體的角色及作用已逐漸明朗。近年來，我幾乎不曾看過一個生活在我們這個緯度的病人，在沒有服用任何膠囊或藥水滴劑等補充劑的情形下，而不患有維他命D缺乏症的，有些人甚至很嚴重。維他命D對我們身體的影響是多面向的，和維他命D相關的症狀及其臨床上的表現也是非常多層次且複雜的。我推薦我大多數的患者，全年都服用維他命D。」

維他命D透過200多個可以影響我們免疫系統的基因來調節免疫系統。目前已經證明患有慢性維他命D缺乏症的人，罹患自體免疫疾病或其他慢性疾病以及某些癌症如大腸癌（kolorektales Karzinom）的風險會增加。研究還顯示，維他命D缺乏症會促進2型糖尿病的發展，此外頭髮會脫落，情緒會下降到谷底，形成所謂的冬季抑鬱症（SAD，受季節性影響的疾病）。

沒有維他命D，我們的骨頭也會變得老朽。這個激素原（Prohormon）控制鈣的代謝並且助長骨質的密度，特別是在荷爾蒙水平下降的情況下，會使得骨質脫鈣變嚴重，足夠的高維他命D水平是不可或缺且至關重要的。

格拉茨醫科大學（Medizinischen Universität Graz）的研究人員在2019年

一個由科學研究基金（FWF）資助的研究中理解到維他命D對血糖水平有正向的影響。患有多囊性卵巢症候群（PCOS）的女性也很常患有胰島素抗藥性的症狀，她們在短期服用維他命D之後就已經對血糖水平產生了正向積極的功效。

走吧，到陽光底下去

維他命D是製造荷爾蒙的原材料，人體只有在將皮膚曝曬在太陽底下足夠長的時間，才會生產80％至90％的維他命D。這表示，在我們的身體裡面有製造維他命D的初級材料。問題是居住在高緯度地區，冬天時太陽光線的入射角度太小了，而在這個時間我們為了禦寒把全身包得緊緊的，所以我們無法透過皮膚來生產足夠的維他命D。而且對我們來說，就算我們在冬天赤裸裸地走來走去也是無濟於事的。

人們通常說，身體會為了冬天的月份儲存足夠的維他命D來滿足這個季節的需要。從邏輯上講，要能夠儲存，就必須在事前攝取足夠的量才行。為了要預防皮膚癌以及防止皮膚出現皺紋，今天如果沒有塗上高防曬係數（LSF）的防曬油（幾乎所有化妝品以及許多日用霜，其防曬係數至少高達30），我們是不會出門的。就算是（或說正巧就是）小孩子們也會被塗上很厚的乳霜或/且穿上全身防護衣，否則就不會被允許到海灘上或下水去嬉戲。即使在夏天，我們也太少做戶外活動了。我們把自己關在密閉的空調房間內工作，開車或乘坐公共交通工具到另一處，然後再回到自己四堵牆的房子裡。因為宗教的原因而把自己的身體遮蓋起來以及皮膚黝黑的人，需要更高劑量的維他命D。這就是為甚麼在我們的社會上，如果沒有服用維他命D替代品，很少有人可以度過冬天的原因。

但是，在維他命D還沒有被製成藥劑並且拿來用作補充品的那個年代又是甚麼情況呢？在遊戲機（Playstation）以及電玩（Gedaddel）出現以前或必須利用電腦工作以前的年代裡，兒童和大人每天都會有幾個小時停留在戶外

做活動。在冬季的月份裡可以食用含有大量維他命D的鱈魚肝油。現在在冬季沒有足夠的陽光照射、沒有鱈魚肝油，每週菜單上也少見含有大量脂肪的海水魚，所以維他命D含量平均下降了35％。

因此，我們想為這種重要的維他命說些好話並澄清：一直到不久前，對於作為膳食補充劑維他命D所做的，每日攝取400國際單位（IU）劑量的建議，已經為在北緯地區翻升為兩倍了。德國營養學會（Die Deutsche Gesellschaft für Ernährung e.V., DGE）建議每天必須攝取800國際單位，但是這個劑量只夠讓您現有的不足停止惡化，如果沒有腎功能不全等禁忌症存在，青少年和成人的安全上限為4000國際單位。

蘇艾貝：「我建議我的患者在秋冬兩季每天的攝入量為2000至3000國際單位，因為我們國家裡的大多數人在這個季節裡已經把她們維他命D的存糧都使用殆盡了，如果只攝取800國際單位無法補充並平衡原本就不足的維他命D。重要的是要先測定血液中的維他命D的含量初始值，如果在服用了高劑量維他命D製劑之後仍然出現不足的情況時，就必須定期檢查血液中的成分數值。在過去的15年中，我一直在我的診所裡密集地進行維他命D缺乏狀態的確定和平衡的工作，不過我卻沒有見過任何一個發生過量或出現不良副作用的案例。與此相反的，許多病人都對於她們的病情，例如已經擴散到了其他部位的骨骼和肌肉的疼痛、疲勞、情緒低落、免疫系統衰退以及因此而大增的感染傾向等症狀的快速好轉而感到非常驚訝和高興。」

維他命D對骨質疏鬆症的保護作用被確切的證明了。目前有許多研究發現它對自體免疫疾病及預防癌症的功效。在美國和加拿大把維他命D添加到牛奶裡，在英國、澳大利亞和愛爾蘭把維他命D添加到早餐的什錦燕麥和人造奶油裡（不過因為人造奶油含有反式脂肪，因此我們不建議這樣做）。

蘇艾貝：「住在一整年都有陽光照射的地區的人，他們的維他命D數值高於60 ng/ml。如果我們魯莽地說這個劑量是過高時，請您不必太過於擔心。當我們看清楚各種不同的測量方法和討論以及將我們的臨床經驗一併考慮進去時，看起來35至55 ng/ml的維他命D水平似乎有助於健康且預防疾病。」

重要提醒：請不要自行在網際網路上訂購高劑量的維他命D補充劑。因為經常出現有不同劑量、換算係數以及術語命名法（也就是說實際上是服用了哪一種維他命D及其前驅物〔Vorstufe〕）的困難。在德國，每天攝入劑量超過1000國際單位的維他命D補充劑必須有醫師的處方！這些細節是針對健康的人，至於對有腎臟病和其他疾病的人，就更要特別小心謹慎了。

甚麼時候進行荷爾蒙水平檢查有意義？

蘇艾貝：「我40歲出頭的時候，某日我手上拿著一份實驗室的報告走出婦科醫師的診間，我在車子裡因為震驚而流下眼淚。我的雌激素水平掉到谷底而且醫師也因此證實了我停經期的開始。這是個白紙黑字的事實，我感到我被徹底地打敗了。當我後來再一次檢驗我的荷爾蒙水平時，報告單上的數值卻比上一回高出大約100倍。怎麼會這樣子呢？

後來我才了解到，在這個階段裡，這種荷爾蒙水平的波動是一個非常典型的例子。不管我很低的指數是因為生活緊張造成的，或者我是否因為雌激素水平下降而感覺到精疲力盡，完全無法在事後講清楚。大概這兩件事是互為表裡、互相影響的。儘管我還有月經週期，但是卵巢循環運作開始不正常了。這種狀況很常在30歲中期開始發生，而這顯示，正好就是在更年期開始時，荷爾蒙水平會再次穩定下來，同時卵巢也會再度恢復功能。

對我自己來說，看到這些波動數值有很大的助益。因為這些數值和我的情緒變換和波動非常吻合。我經常聽到一些病患說，到實驗室去檢查荷爾蒙水平是沒有意義的，因為有太多的因素，例如一天之中的時辰、壓力、在月經週期中的不同階段或某些食物都會導致波動的結果。不過我不認同這個通盤性的說法。」

數十年來，只有根據症狀來診斷停經與否，然後在接下來的時間裡使用一些在生理上並不會出現在我們身上的藥劑來治療，而且這些藥劑在一般常規的實驗室中也無法被測定出來。指標性的症狀當然可以顯示病症潛在原因的跡象，但是這樣的跡象卻無法提供明確的證據來證明它和荷爾蒙有關。

今天有一種不同的方法可個別地治療病症。荷爾蒙水平的測定越來越被人們所接受。一個支持荷爾蒙測定的重要論點是，它可以排除其他有類似症狀所引起的其他疾病，例如甲狀腺功能不足。夜間盜汗可以被認定是某種發炎的疾病或是另一種慢性病。對病症做出明確的診斷是至關重要的；因為針對不同的病症需要採取完全不同的治療措施。

尤其是對於那些想要生育孩子的女性而言，確定診斷性荷爾蒙指數下降是一件非常重要的事情。如果已經有了病症而且荷爾蒙水平很低時，一定要弄清楚，觸發這些症狀的主導腺體到底是卵巢還是腦下垂體。

基本上，醫師可以根據荷爾蒙指數看出來您是處於荷爾蒙變化的哪個階段，以及要如何對這些症狀做出最好的處理。特別是如果第一次的症狀提早在40歲出頭或甚至在30歲末期就已經出現時，荷爾蒙水平的測定會是有用的。這樣一來，您會有一個在治療開始前的初始數值和指數，就已是站在安全的這一邊了。換句話說，如果您的雌激素已經是占優勢地位時，您就不需要額外服用雌激素，或者如果您真的需要雌激素時，那就只用黃體酮來治療。但是不斷地重複測定荷爾蒙就和完全拒絕接受測試一樣無法達到真正的目的。

透過腸道和飲食來調節荷爾蒙

我們的身體就像一個貨幣兌換處。這裡的貨幣被稱為食物，它們在此被轉換成碳水化合物、脂肪和蛋白質，用來作為我們身體運作的能量。因為我們所有人都是購物皇后，我們從我們的能源帳戶中提取能量並且不間斷地支用能量，無論是在我們細胞內的運作過程中，我們衝刺趕到地鐵，收拾整理我們的房間，或是絞盡腦汁在尋找不和婆婆大人一起吃午飯的藉口。為了我們每天忙於處理的所有事情，我們需要用到隨時可以取用的能量。這些能量都是由我們儲存在肝臟和肌肉裡的糖原（Glykogen）來提供。糖原儲備（Speicherzucker）這個術語在這裡會造成誤導，因為糖原會不斷被用完。

真正的糖原儲備是另一種貨幣，是我們為了度過艱困時候所儲存起來的臀部黃金（Hüftgold）。我們很開心也很幸運，可以隨時去購物，但是我們當然也要為了艱困的時候準備一些現金。我們的基因裡已經寫好了程式，要我們隨時都要準備好戰備存糧，因為永遠沒有人知道在以後的日子裡會發生甚麼事情。這就是為甚麼我們沒有消耗掉的任何一個單位的卡路里都會變成脂肪保存在腹部和臀部裡，以備不時之需。幾千年來，人類在蘋果成熟或捕獲一隻動物時，把肚子填得飽飽的，然後就可以度過好幾天或幾個星期的時光。因此，臀部上的黃金是我們手上的現鈔，隨時可以支用。清瘦苗條的人在遇到長時間的乾旱或是糧食歉收時較難度過難關而會提早死亡。現在西方國家這種情形卻正好相反：糧食隨時可得，而大多數的人也喜歡不斷地拿取這些散放在各處的糧食來食用，不

幸的是他們消耗的卡路里往往比他們吃進去的熱量少得多，其結果是他們在肚子上帶著越來越厚實的「存款帳戶」到處走動。

這並不是完全沒有危險性的。高血壓、糖尿病和動脈粥狀硬化是給我們帶來風險的元兇，它們專門找那些有厚實存款帳戶，也就是在腹圍上有贅肉的人作亂。

相反地，蛋白質和糖以及脂肪不同，我們的身體不喜歡儲存它。蛋白質是細胞膜和酵素的成分（Enzym，酶）。如果我們吃了過量的蛋白質，特別是動物來源的蛋白質，就會增加大腸癌的風險。因此，代謝控制的原理是：「小夥子們，給我一些能量，缺少建築材料XY！」趕快去調動糖原、脂肪或其他的戰備儲糧。或者：「又到了一批貨了，這到底是怎麼回事啊？我們暫時無法使用它，趕快轉送到糧食儲藏室去。」在這種情況下，就像我剛才所說的，多餘的能量將會被存儲為脂肪或用來發炎或被濫用來助長（細胞的）生長。所以無論如何，後者總是最糟糕的選項。

我們可以做些甚麼呢？古諺有云，「動起來就會帶來好運」（Sich regen bringt Segen），所以我們可以做的就是，替新陳代謝裝上兩隻腳讓它動起來。或者我們可以和我們的腸子結盟，我們可以用富含纖維、新鮮以及健康的食物來支持它。此外我們可以注意我們攝取的糖分以及保持對胰島素的控制。胰島素是除了甲狀腺荷爾蒙以外對碳水化合物以及脂肪的新陳代謝作用介入最深的荷爾蒙。足夠低的胰島素水平是糖原幾乎完全被消耗殆盡的徵象。只有在這樣的情況之下，身體內部的脂肪儲備才會被搬來使用，不過這種過程的前提是，我們要能夠忍受飢餓所帶給我們的難受和痛苦。當糖原的儲備被用盡時，飢餓就會很快地出現。

對飢餓的第一反應當然是去找點零食來吃，不過這並不是一個好主意，因為持續進食並因此攝入碳水化合物會導致胰島素阻抗。接下來，就像我們在第二章中解釋的，脂肪就不會被燃燒了。除了胰島素外，還有其他的控制分子如類胰島素生長因子（insulin-like growth factors, IGF-1）和雷帕黴素靶

蛋白（mechanistic Target of Rapamycin, mTOR）以及代謝控制迴路等也都參與了新陳代謝的運作過程。

適度飲食是我們對健康的新陳代謝所做的建議，這也是生產良好荷爾蒙的最佳先決條件。在這種意義上，我們主張，如果要對抗因為雌激素不足或者是甲狀腺功能不足所產生的過重問題時，我們寧可長期改變飲食習慣而不要用急速節食的方法來達到減重的目標。如此一來我們就不會受到溜溜球效應（Jojo-Effekt）的影響，而且也不必擔心減少食量之後的會發生甚麼情況。再說這樣我們也替我們的腸道做了一件好事，我們的腸子不只是人體除了皮膚之外最大的組織，它也是最大的荷爾蒙腺體。

透過腸道來調節荷爾蒙

我們有20多種荷爾蒙是在腸道內部生產的，其中包括胰高血糖素樣肽-1（Glucagon-like Peptide 1, GLP-1）、肽酪胺酸（Peptide Tyrosine Tyrosine，PYY）和膽囊收縮素（Cholecystokinin）、甲狀腺激素三碘甲狀腺原氨酸（Triiodthyronin, T3）、壓力荷爾蒙腎上腺素（Adrenalin）、正腎上腺素（Noradrenalin）以及睡眠荷爾蒙褪黑激素。

不同的荷爾蒙也會在七到八公尺長的腸道中協調消化過程，協調新陳代謝過程並控制胰腺（Bauchspeicheldrüse），其中一些荷爾蒙甚至會直接影響我們的行為表現。

新的研究顯示，腸道菌群透過 β-葡萄醣醛酸酶（β-Glucoronidase）可以調節雌激素水平，因此我們認為腸道除了控制和荷爾蒙相關疾病的風險，也可能控制荷爾蒙的平衡。不僅如此，當我們沉思、生氣或緊張的時候，我們的肚子也會嘰里咕嚕作響，因為腸道也積極地在參與這些感受。實際上我們真的可以信賴我們肚子的直覺。

從腸道到大腦

我們的肚子很少會搞不清楚狀況。和我們身上的其他任何組織相比，我們的腸道更加清楚地「知道」我們身體狀況的好壞，甚至比我們的心臟或是皮膚知道得更多。腸道和大腦透過「腸道─大腦」之間的軸，經由神經束、新陳代謝產物以及荷爾蒙不斷地進行資訊交換。單單在消化道中就有一億個神經細胞。在腸道中還有多少量的食物，腸道的肌肉是不是處於放鬆狀態——就好像Instagram（簡稱IG）的帳號那樣，所有的新資料都會傳送過來。大腦知道並且做出評估，在所有的資訊中有哪些是重要的，哪些可以不予理會。腸道不只會對在它們自己無數的彎道裡或是在它周邊的器官（例如腎臟）所發生的事情有所反應，還會記錄它們周圍的每一個刺激並且向大腦報告。這些資訊會急速地衝到我們的大腦控制中心並因而影響我們的思考、感覺和行動。這種電信服務的工作是由我們的第十對腦顱神經──迷走神經（Vagusnerv）來接管的。它控制我們身體內部的器官，有如數位高速公路一樣雙向地進行資訊傳輸。如果我們心中想著最親愛的人時，就會有「小鹿亂撞」或是「肚子裡微微顫動」的感覺，如果想到上次和女朋友吵架的事情時，氣憤或煩惱同樣會「影響我們的胃」。

但是不論如何，腸子也有自己的腦筋。那些長在腸道壁上的神經細胞和腦神經細胞完全相同。它們不僅在解剖結構上是相同的，它們也使用相同的信使物質（神經遞質〔Neurotransmitter〕）來和外部互相溝通。所以很可能在我們的理智還在權衡利弊，考慮贊成或反對的時候，我們就感覺肚子已經在吵嚷了。目前已有一些神經科學家在談論所謂的腹腦（Bauchhirm）。

肚子裡中有數兆個小星星

如果我們研究腹腦，就無法閃躲過腸道裡的小居民。多年以來，腸道裡的細菌，也稱為腸道菌群（Darmflora）、微生物菌群（Mikrobiom或Mikrobiota）已經成為國際科學界的焦點了。如果沒有這100萬億細菌、酵母

和真菌，那我們就會失去生存的能力。它們是微小的生物，其總數比銀河上的星星還要多。「實際上我們是由90%的細菌和10%的人所組織而成的」，德國耶拿大學醫院內科診所主任及微生物菌群的先驅研究人員安德烈亞．史塔瑪賀（Andreas Stallmach）在2019年在德國消化系統疾病和新陳代謝疾病學會（Deutsche Gesellschaft für Verdauungs- und Stoffwechselkrankheiten, DGVS）在柏林的新聞發布會上開著玩笑地這樣說。

實際上，我們轉租的二房客真的把很多事情都掌握得很好，不過我們卻完全沒有感覺到：它們和毒素對抗、裂解了糖分子、生產脂肪酸、維生素（B_1、B_2、B_6、B_{12}、K_2、H）和胺基酸（Aminosäuren）。在它們認真的監管下，我們的腸道可以保持酸性，進而阻止像沙門氏桿菌（Salmonellen）之類的腹瀉病原體入住到我們腸道裡。它們調節我們的心血管系統、體重、荷爾蒙控制迴路，以及最重要的免疫防禦功能。

健康的微生物菌群可以預防慢性疾病例如糖尿病、脂質代謝紊亂或癌症，而根據一些新的研究發現，它們也帶給我們很大的希望，或許它們可以讓我們免於受到帕金森氏症和阿茲海默症的侵襲。加拿大安大略省漢密爾頓的麥克馬斯特大學（McMaster-Universität in Hamilton, Ontario）的研究人員甚至確信，我們的個性及人格特質也受到微生物菌群的影響。他們把勇敢的老鼠的微生物菌群轉移給害羞的老鼠，結果後者的膽子就變大了。

壓力荷爾蒙的水平不僅可透過迷走神經主動降低，也可透過腸道細菌自身所生產的信使物質來降低。腸道細菌也是一個壓力指標，所以如果腸子裡一切都平安無事、沒有令人驚慌失措的事情發生，所有的事情都輕鬆愉快地順利運行時，腸道細菌就會告知腎上腺，可以減少皮質醇的生產量。

法國的研究人員可以證明，連續四個星期攝入特殊類型的腸道細菌，例如長雙歧桿菌（Bifidobakterium Longum）和瑞士乳桿菌（Lactobacillus Helveticus）可以緩解抑鬱症。病人不再感覺到嚴重的沮喪，心中也少掉了許多的憤怒，身體的不適也比較緩和了。在另一個小組中，服用了乾酪乳桿菌

（Lactobacillus casei）三個星期之後整個心情獲得了改善。

　　但是腸道菌群可以做更多的事情。在我們的腸道裡有一種細菌可以刺激我們的食慾。這種細菌會生產人體所必需，絕對重要的胺基酸酪胺酸（Aminosäuren Tyrosin）和色胺酸（Tryptophan）。它們有許多功能，更在肌肉的建構、可以放鬆身心的睡眠以及平衡情緒等方面扮演著重要的角色。研究證明，患有經前症候群的婦女們在攝取含有大量色胺酸和碳水化合物的食物之後可以改善心理狀態以及隔天的身體症狀。可惜的是，我們大腦中的獎勵中心也會透過色胺酸而受到刺激，導致您越吃越開心，這當然不是我們所期望的效應。我們可以告訴您一個訣竅：請確保色胺酸一定要和高纖維的食物如小米、燕麥片或麩皮一起食用，如此一來，我們快樂幸福的大腦同時也會接收到另一個訊息：「謝謝，我已經吃飽了。」

　　但是我們的微生物菌群十分敏感，它們需要不受干擾、安靜的環境，即使它們晚上並不是在睡覺。以色列魏茲曼研究所（Weizmann Institute Israel）的研究人員在2016年發現微生物菌群在白天和晚上忙於不同的事情，它們的晝夜節奏是透過我們的進食來決定的。

　　所以日夜輪班的工作、時差、不規則的進食時間，還有不健康、纖維質太少的飲食，以及因為壓力或服用藥物等都會讓我們的腸道菌群脫序運作。健康方面的後果我們在一開始的時候就已經提過了，這裡還有另外兩個不尋常的消息：

　　細菌菌株的失衡或是因為腸道水療或抗生素等治療所引起的菌群總數的損失，可能會造成游離雌激素（freie Östrogen）的不足或過量。

　　隨著年齡而變化的微生物菌群也會損壞血管。到目前為止我們只知道，血管會隨著年齡的增長而變得越來越僵硬。一份美國的研究指出，老年人的腸道細菌會生產像氧化三甲胺（Trimethylamin-N-oxid, TMAO）這類會助長動脈粥狀硬化的分子。

腸漏症（Leaky Gut Syndrom）——腸壁上的孔洞

如果腸道菌群不正常，可能會有一些沒有被消化的較大顆粒積聚在腸壁上並引起發炎，造成腸壁損傷和腸漏症，特別是在小腸上的腸黏膜出現縫隙。腸漏症發生的原因可能是藥物、偏食、壓力、尼古丁、殺蟲劑以及酒精等。如果腸黏膜的縫隙沒能修補好，不僅會造成局部的傷害，還可能引起全身的慢性發炎以及肥胖。當腸壁的滲透性增加時，甚至會對細胞的胰島素敏感性產生負面的影響，也就是說，我們身體需要更多的胰島素，進而導致罹患糖尿病的風險。

人體超過80％的免疫細胞生長在腸壁黏膜裡，腸道是我們身體上一個相當重要的天然屏障。細菌和病毒透過食物進入人體，在它們進一步進入血液循環系統和淋巴系統之前會在這個地方被攔截下來，這當然是一種天才的機制。這種免疫防禦不是針對某種特定風險，它是全面性的，防禦阻擋所有的侵入風險。它還有一種透過免疫防禦細胞（抗體：免疫球蛋白A〔Immunoglobulin A, IgA〕）的特定的、有針對性的防禦功能。免疫球蛋白A以一種比較大簇，即所謂的培式斑塊（Peyer-Plaques）的方式群聚在黏膜裡。如果有入侵者曾經在體內產生壓力，免疫系統會在再度發生接觸時立刻認出這個曾經來過的訪客而釋放出免疫球蛋白A。對免疫系統來說，完好無損、狀況良好且運作正常的黏膜是非常重要的，這對荷爾蒙的平衡更有著無比的穩定作用。

尤其是因為可滲透的腸壁也會增加血液中其他可以供生物利用（bioverfügbar）的荷爾蒙含量，這可能會使荷爾蒙平衡失調。除了改變了的微生物菌群之外，發炎症狀的參數解連蛋白（Zonulin）的數值也會提高，這不只被認為是腸壁滲漏性的標誌，而且也和多囊性卵巢症候群（POCS）患者體內腸道中細菌多樣性的降低有關。

微生物菌群和性荷爾蒙、免疫系統以及能量新陳代謝之間存在著令人著迷的作用。因此，務必要用高纖維飲食、減輕壓力以及不要太常服用藥物

（包括止咳糖漿等祛痰藥品）來保護您的腸黏膜。

祈願有多元的菌種族群

物種豐富的微生物菌群對我們的健康（以及體重）至關重要。我們的腸道裡有越多不同的細菌種類，我們就會更健康且苗條，此外節食也能更有效地發揮減重的作用。我們的腸子就是喜歡有各種不同的變化！

這些都是近年來研究顯示出來的結論。如果我們回顧一些病史，例如神經性皮膚炎以及糖尿病，就可以確知這些患者體內微生物菌群的組合一定是在數個星期甚至數年之前就已經改變：物種多樣性以及具有保護功能的細菌菌株的數量也變得比較少了。

今天的科學家確信，很多炎症起源於腸道。如果微生物菌群失衡，那麼一方面免疫細胞沒有經歷過充分的訓練，另一方面則是，在腸黏膜上發生了障礙。這導致細菌成分和其他有毒物質進入我們的血液循環系統和淋巴系統中，然後藉此散布到全身各處。它們會在許多器官中引起發炎症狀，而這些發炎又可能會觸發多種不同的癌症，特別是在消化系統的周邊器官上（肝臟、膽囊、胰腺、腸道）。

活性的腸道細菌——益生菌（Probiotikum），早已被用來減輕慢性發炎的腸道疾病如克羅恩病（Morbus Crohn，又稱克隆氏症）和潰瘍性結腸炎（Colitis ulcerosa）等。它們現在也征服了其他領域：來自美國波士頓東北大學（Northeastern University）的菲利普・斯特蘭德維茲（Philip Strandwitz）在2016年發現，只有在腦部信使物質 γ-氨基丁酸（Gamma-Amino-Buttersäure, GABA）存在的情況下，腸道中有一個類型的細菌才能存活。目前使用這些特殊的腸道細菌來對抗抑鬱症、情緒波動和焦慮症狀的治療方案的研究正在進行中。來自荷蘭烏特勒芝大學（Universität Utrecht）的阿雷塔・克蘭內費爾特（Aletta Kranefeld）和她的團隊組成的研究小組在2018年指出了精神疾病和微生物菌群不平衡之間的關係。

在一項研究中，嗜酸乳桿菌（Lactobacillus acidophilus）和雙歧桿菌（Bifidobakterium bifidum）的組合對抑鬱症症狀的改善有所幫助。使用足夠的維生素D再加上瑞士乳桿菌（Lactobacillus helveticus）和長雙歧桿菌（Bifidobakterium longum），也有助於對抗這種疾病。接下來或許會出現一個問題：益生菌還是抗抑鬱藥（Antidepressivum）？我們可以拭目以待。

透過飲食來調節荷爾蒙

不只微生物菌群，而是我們整個身體的組織都喜歡纖維、全穀物產品、綠色蔬菜以及新鮮多樣的食物。我們生命中的所有階段都是如此，尤其是在更年期階段缺乏雌激素會加劇便秘的情況，而高纖維飲食可預防便秘。且這個時候更應該增加攝取有抗氧化作用的食物，以防止細胞變異以及伴隨變異而來的各種癌症。

發酵食品是非常棒的食物，它們含有活性細菌，從而支持整體的細菌群組，此外還會讓您變苗條。第一個證明此事的人是中國微生物菌群研究人員趙立平。他受託至美國做研究，在那裡他吃了比以前更多的快餐，當他回到中國之後，他超重了30公斤，血液的各種數據也都很不好看。回國後他開始按照傳統的中國家庭食譜來進食以解決過重的問題，他特別吃了發酵過的苦瓜和山藥。藉此他在兩年的時間減掉了20公斤，而且他的血脂也恢復到正常範圍內。藉由發酵的食物他的腸道菌群的組成發生了變化。在他對老鼠的研究中，證實了他對老鼠的觀察。

在這裡，我們要為您介紹一些在更年期可以保護身體並且調節體重的發酵食品和其他重要的食品。

老麵團酵母是時尚趨勢

用老麵團酵母（Sauerteig）做的麵包是時下的流行食品。對我們的腸道而言，這是一個好消息。吃了這種麵包之後，可以透過腸道細菌的加工

而獲得最佳效果的荷爾蒙生產。屬於老麵團酵母菌重要的一部分有醋、酸菜（Sauerkraut）、生乳乳酪（Rohmilchkäse）、克菲爾（Kefir）、豆腐、薩拉米義式香腸（Salami）、醋漬幼鯡魚（Matjes-Hering）、精製茶（veredelte Teesorten）、威士忌、啤酒和葡萄酒以及其他的發酵食物。發酵（Fermentation）這個詞的概念是指食物因為細菌、真菌或細胞菌群而引起的食物變化過程，它是拉丁文，意思是老麵團酵母。在古老的埃及和巴比倫就已經開始使用酵母真菌來製造啤酒和麵包，多個世紀以來人們也一直用它來發酵蔬菜和肉類。在沒有冰箱的年代裡，這是保存食物的健康方法之一。

在發酵過程中，原始材料不需要被加熱，所以食物中所有的維生素和其他重要成分都還保留在這些產品之中，此外還會產生額外的益生菌，也就是可以支持腸道菌群的活細菌。除此之外，還包括可以增強免疫系統的乳桿菌（Lactobazillus），它在製造重要的維他命如維他命C和維他命B_{12}時能提供大力的協助。同樣地，在胰島素、玻尿酸（Hyaluronsäure，透明質酸）、鏈激酶（Streptokinase）和青黴素（Penicillin，盤尼西林）等藥品的生產過程中也是利用它的發酵效應。

某些食物會自行發酵，例如紅茶。在潮濕的環境中被緊緊捲起的茶葉其植物細胞受到擠壓，茶葉裡的酶、酚（Phenol）和其他成分會和空氣中的氧氣發生反應。其他原料像啤酒花（啤酒）或牛奶（優格）等則需額外添加細菌或真菌進去。

發酵食物具有抗氧化、消炎和排毒的作用。它們可以降低膽固醇，促進身體從食物中吸收鐵，防止血栓形成，讓人飽足，刺激消化並防止腸胃脹氣，值得您經常把它們加到菜單裡。

發酵的食品很多，以下推薦一些：黃豆產品、優格產品、康普茶（Kombucha，紅茶菌）、克菲爾（Kefir，牛奶酒）、酸菜和辛奇（Kimchi，韓國泡菜）。康普茶是一種發酵過的，含有碳酸的綠茶或紅茶飲料，它除了含有健康的細菌外，還含有葉酸（Folsäure）和鐵等營養素。克菲爾的蛋白

質含量高而且容易讓人感覺飽足。為了使得在好的、存放較久的酸菜中的細菌可以發揮它的強大功能，必須生吃。此外，酸菜還含有豐富的維生素C、鐵、葉酸、纖維和乳酸菌。食用含有乳酸菌的優格最好的方式是吃天然的、裝在玻璃瓶子的優格。水果優格可能會含有過多糖分和其他添加劑。如果對乳糖不耐，則可以食用椰子、羽扇豆（Lupinen，魯冰花）或大豆優格。

亞洲美食有很多是發酵食品：辛奇（韓國泡菜）是用發酵的捲心大白菜加上生薑、大蒜、蘿蔔以及其他種類的蔬菜做成的韓國傳統菜肴，它含有纖維質、維生素A、B、C、蛋白質、胺基酸和礦物質。天貝（Tempeh）是由發酵的大豆製成的一種卷狀或立方體狀的食品，吃起來略帶堅果味，它含有所有重要的元素，例如必需胺基酸、蛋白質、鎂、鐵、磷和鉀等。味噌是發酵過的大豆所製成的一種糊狀食品，可用來煮味噌湯和其他料理。豆腐是由凝固的豆漿所製成的，它含有豐富的鐵、維生素B_6、鈣和葉酸，如同所有大豆產品，它也含有植物雌激素。

攝取膳食纖維讓消化變容易

膳食纖維只有在我們的大腸裡才會被消化，這點很棒，因為它們是腸道好菌最重要的食物。如果我們把這些腸道細菌用膳食纖維餵得飽飽的，它們就會用它們自己的方式來報答我們：防止便秘。在更年期階段，便秘變成一個龐大且複雜的討論主題，因為雌激素的缺乏會減緩在腸子裡新陳代謝的過程，我們吃進去的食物需要更長的時間來處理然後排出體外。當然最重要的還是要看您吃了甚麼東西，越少白麵粉，越多膳食纖維，便秘的風險就越小。如果食用乳製品或動物性蛋白質時，我們就得花更多時間來消化它們，所以它們停留在腸道裡的時間也相對較長。膳食纖維也有助於分解多餘的雌激素並將它們排出體外。

含有豐富膳食纖維的食物有莢豆類、亞麻籽、斯佩耳特小麥（Dinkel）、燕麥、漿果、乾果、堅果和蔬菜，特別值得一是的是各種十字

花科蕓薹屬蔬菜（Kohlgemüse）和綠色蔬菜。

定期運動，每天喝二至三公升的水，攝取植物油和鎂，這都有助於預防便秘。我們建議在早餐時加一湯匙的橄欖油。來自於阿育吠陀（Ayurveda）的建議是，在早上空腹時喝一杯溫開水或是薑茶，這樣可以喚醒您腸道裡的活潑小精靈。

蘇姬布：「在一個關於微生物菌群主題的寫書計畫框架下，我改變了飲食中的幾件事：我現在每天早上把燕麥奶打到發泡然後加到咖啡裡，這樣等於吃進了一大份的膳食纖維。到了晚上我不再吃沙拉等生食，以免它整個晚上沉重地留在腸道裡，我現在甚至不再啃紅蘿蔔了。因為前陣子我發現，如果我吃生食或是一頓豐富的晚餐，例如一整盤的麵條加奶油醬之後，夜間都會輾轉反側或是睡得不深沉。現在晚上我只吃一碗湯或是一份莫札瑞拉起司麵包（Mozzarellabrot）。我現在真的睡得比較好。在煮湯方面我變得非常有創造力，速度也很快：所有的材料倒進鍋子裡，加水或是高湯，調味，打成漿（purieren），完畢。甜食只有在周末才吃。我超愛吃各式各樣的千層奶油蛋糕（Torte），以前我每天下午一定都要吃甜食，我那時覺得如果沒有甜食，我根本無法有清楚的思緒。或許當時真的是如此，但是當我們讓自己的身體不再依賴它的時候，那種對於糖分極度渴望的感覺就變小了。當然，這對我40歲以後不再需要那麼多熱量的身體而言，是好事一件。總的來說，今天擺在我桌上的食物是我以前從未喜歡過的，例如橄欖或蜂蜜。」

番茄和不飽和脂肪可以抗癌

根據基督復臨安息日會會員的健康研究（Adventist health study），番茄可預防卵巢和攝護腺癌。不飽和脂肪，例如橄欖、油菜籽、核桃或亞麻籽油中的脂肪可預防乳腺癌和其他癌症，以及心臟病、中風和糖尿病，可以多吃。要避免奶油或人造奶油，因為它們含有反式脂肪（Transfette，氫化脂

肪），它們是由液態油改良而來的產品。因此人造奶油雖然仍然柔軟適合於塗抹，但是反式脂肪會提高低密度脂蛋白膽固醇（Low-density Lipoprotein Cholesterin，LDL膽固醇）和三酸甘油酯（Triglyceride）的水平，它會助長體內的發炎過程，引起胰島素阻抗以及增加罹患心臟和血管疾病以及某些類型癌症的風險。因此在美國反式脂肪已經被禁止使用了，在德國則有反式脂肪含量上限的規定。

奇蹟香料──薑黃

使用薑黃（Kurkuma）調味。它的有效成分薑黃素（Curcumin）可預防炎症，有效治療關節炎和慢性發炎性腸道疾病，也可能會抑制特別是在腸道中以及在攝護腺裡癌細胞的生長。但是，為了要達到此種效果必須大量（每天兩公克）食用。我們建議一茶匙薑黃粉搭配少許胡椒粉，可促進薑黃素吸收。

蘇艾貝：「我一開始從蔬菜水果商店訂購新鮮的薑黃。可惜我一點都不喜歡它的味道，而且它還把我的手指染黃了整整一個星期。從那個時候起，我每天都喝一杯溫開水加上一茶匙薑黃粉、生薑、一小撮黑胡椒粉以及半顆檸檬汁。在冬天我另外再加八角茴香。」

沒有動物蛋白會更好

為了確保可以不斷生產牛奶，人類對乳牛進行人工授精（即讓乳牛懷孕）。因為牠們不斷被擠奶，所以母牛體內的懷孕荷爾蒙（Schwangerschaftshormone）會進到牛奶裡。

無論是正常生產、有機生產還是牧場生產都是如此。綿羊奶或山羊奶也都含有荷爾蒙，不過通常數量較少，因為在我們國家裡沒有要綿羊或山羊生

產這麼大量的奶。

喝酒不只會讓人變得滑稽

再來一杯酒嗎？最好不要！目前，在晚上喝一杯紅酒被認為有助於身體健康，但是最新研究數據卻指出，只要一點點的酒精就可能會促使某些癌症的發展。

酒確實可以稍微預防心血管疾病，因為葡萄皮中含有抗氧化劑白藜蘆醇（Resveratrol）。從邏輯上講，這當然也可以在葡萄中找到。然而酒精是貨真價實的卡路里炸彈，它特別容易被分解成脂肪。在此重申，酒精可以促進雌激素占主導地位，而且是一種細胞毒物，它會損害很多組織細胞，包括甲狀腺細胞。我們的建議是，有意識且愉快地少量喝酒，吃紅葡萄或/和服用白藜蘆醇膠囊每天一次400毫克。

讓自己享受休息的時間

當然，人類必須吃東西，但並不是要一直吃個不停。從現在吃過後到下一次的小點心或大餐之間，我們至少應該給我們的身體四個小時的休息時間，好讓它可以做一些其他的事。連續不斷地吃東西會導致胰島素不斷地升高，也就是說，血液裡胰島素的含量一直維持很高的水平，這樣我們就會一步一步地往糖尿病的道路上前進。就像肌肉會隨著年齡的增長而減少，空腹血糖水平在一般情形下會不斷地升高。當然，血糖水平的高低和飲食習慣、定期運動和生活方式（壓力、睡眠）等因素有關。

您應該每天吃三頓正餐，而不是十頓小餐。特別要注意的是，要按規律吃東西，因為微生物菌群也擁有它們的生物時鐘韻律。如果它們總是等不到早餐或晚餐，它們也會心情鬱卒。特別是如果我們在午夜時分因為飢腸轆轆而大快朵頤時，它們會更加憤怒，因為那個時候它們有其他要完成的工作。如果因為輪班的工作或長途旅行所產生的時差，而導致進食時間的拖延，也

會讓微生物菌群感到不高興。這會造成新陳代謝過程的混亂，這種情況我們可以在我們的臀部感覺出來。

我們想在這裡談論一下兩種類型的禁食，即治療性禁食和間歇性禁食。在進行治療性禁食時，我們的新陳代謝會變慢，基礎代謝率下降。我們的身體會清空我們的戰備儲糧（糖原和脂肪），因為我們身體中重要的功能如心臟、循環系統和大腦功能等仍必須繼續運作。細胞和去氧核糖核酸（德語 Desoxyribonukleinsäure／英語Deoxyribonucleic acid，一般簡稱DNA）修復機制會開始啟動。透過禁食，荷爾蒙控制循環可以獲得調理，尤其是囤積在腹部器官周圍上的脂肪會融解，如此一來這些生產太多雌激素的工廠也就會跟著消失了。但是，較長時間的治療性禁食絕對要在醫師的監督之下進行。**治療性禁食最重要的重點不在於減輕體重，健康才是它所要達到的目標**。在這段時間內可能會減少的兩三公斤在幾個星期之後又會再長回來。

間歇性禁食（Intermittierendes Fasten），也稱為期間性禁食（Intervallfasten），是一種保持體重的健康方法，最重要的是，它為身體細胞提供了修復過程所需要的時間。食物在代謝過程中所產生的廢棄物需要靠細胞來清除，若須一直不斷地進行這項工作，對細胞而言是一股純粹的壓力，我們懷疑它的代價可能會是好幾年的壽命。因此間歇性禁食從另一個角度來說，就是在延長我們的壽命。

就間歇性禁食而言，您每天吃東西的時間保持在八個小時以內，然後休息十六個小時。這可以透過改變晚餐或早餐的時間來實現。例如，我們在晚上的最後一次進食是在下午六點，然後直到隔天早上十點才再吃早餐。早上在七點鐘的時候喝杯咖啡是可以被允許的。

平衡體重

現在，我們正在漸漸靠近一個對女性來說極為重要的話題。尤其是更年期要開始的時候，至少有三分之二的女性會問自己，多餘的體重到底是從何

而來的？許多女性發現體重計清楚地指出了身材的變化，甚至完全失控了。心中憤憤不平的婦女們在這個時候會嘗試，不要再像以前那樣進食或吃得少一點，有規律地或做更多的運動，但是儘管如此她們的體重可能連一公克都不會掉。這讓人感到失望沮喪，而且說真的，這根本太不公平了！

對於朋友、醫師或飲食指南裡的建議：「那就少吃一點，多做一點運動」，根本無濟於事。我們心裡很氣憤地想，「如果真這麼簡單，難道我自己就沒有想到也沒有嘗試過嗎？」事實上，事情真的不是那麼簡單。在我們20幾歲的年代裡，在一個為期兩週的節食結束之後我們會很快速地恢復到生龍活虎的狀態，但是在我們去國外當交換學生一年回來，或是在我們開始服用避孕丸之後，一切都改變了，除了少掉幾乎可以忽略的幾公克以外，我們的努力就像打水漂一樣，一點痕跡都沒有留下。

甚麼原因導致更年期的肥胖？

原因有很多。一方面，我們的身體每個月需要能量來讓卵子生長，然後排卵，接下來還要讓濾泡轉化成為黃體。35歲以後，無排卵週期（anovulatorischen Zyklen）會增加，在這樣的週期裡不再發生排卵。有排卵時，黃體酮要負責在排卵周期的第二個階段將體溫保持在大約升高0.5度的水準上。如果身體的溫度不再需要提升，則本來要提供給升高體溫的能量就用不到了。就算是許多女性並沒有注意到排卵的過程，但是現在身體能量的消耗還是變少了。我們的身體在這個排卵周期的第二個階段的14天裡減少了給身體加溫7度，我們減少消耗與此相等的能量。婦女們在停經之後每天所消耗的能量大約少了300卡路里。

另一方面，在40多歲的婦女們裡面，有70%的人不再像以前那樣做那麼多運動。不斷下降的脫氫表雄酮（Dehydroepiandrosteron, DHEA）會阻礙肌肉的建構。這確實是一件很愚蠢的事情，因為肌肉是最好的脂肪燃燒器。

在這個年齡通常也會出現瘦素（飽足荷爾蒙）的拮抗現象：細胞不再對

它起反應。飢餓會成為永恆的貼身伴侶。在這方面，身體的活動是使受體再次起反應的最好方法，可使得飢餓感及時獲得緩解。運動以及有意識的飲食有助於重新活化胃部的飽足感。

如前所述，當雌激素占優勢時會導致水分滯留以及脂肪重新分配的機制，這個機制會使得多餘的脂肪往腹部的位置移動。當黃體酮過少時，會影響到甲狀腺的功能，從而使得雌激素如脫韁野馬般不受控制。

壓力也導致許多人肥胖，如果必須長時間服用可體松補充劑，那麼就會一再地看到那個讓人談之色變的可怕副作用。當我們談論有關體重增加的話題時，很多事物都可能在過去數年間慢慢地潛入我們的身體裡，而這些事物是名符其實的幫兇，例如食品裡所含的糖、社會認可的飲酒、環境毒素、一份需要在辦公桌邊久坐不動的工作等都是。

除了有關是否出現雌激素占優勢（可以透過測試來確認）的荷爾蒙問題之外，也應該檢查一下您的甲狀腺功能是否正常、是否患有多囊性卵巢症候群、胰島素阻抗或糖尿病。您的微生物菌群健康嗎？因為經過抗生素治療之後，受損的腸道菌群會抵消所有減輕體重的嘗試。最新的研究也在環境毒素和微塑料裡看到了徹底干擾我們內分泌系統的罪魁禍首。這些內源性破壞份子干擾了飽足感荷爾蒙、脂肪細胞的儲存和分解。這也是為甚麼現代女性若只靠兩星期節食而不另外採取其他措施，則無法成功減重的原因。

有一個好消息是：80%的體重問題都可以透過生活方式來改變。番茄醬、水果優格和其他即食食品中含有大量且有損健康的糖，這個事實已逐漸廣為人知了。

蘇艾貝：「儘管我對於食物的挑選已更加謹慎，但當我得知我最喜歡的無花果芥末裡居然含有89％的糖時，我仍十分驚訝。因此，要處處保持警惕與小心，而且不可全然信賴法律的規定以及國家為了人民的利益福祉所制定的法規。」

沒有壓力的減重法

我們刻意地不建議節食，但提倡長期改變飲食，其中主要是把新鮮蔬菜、膳食纖維和沒有熱量的飲料，例如水和茶等加入菜單裡。其他的東西只要是在合理範圍之內都是被允許的，偶而可以來一份紅色（加番茄醬）或白色（加美乃滋）的咖哩香腸或是一根巧克力棒，但不能每天都吃。以全面的態度來處理並解決體重問題是值得的：排毒、減輕壓力、改變飲食、定期運動、優質且時間足夠的睡眠、面對處理和治療荷爾蒙失調的問題。此外，對自己客氣和仁慈也會有所幫助，請您不要自慚形穢！不要對自己太殘酷，也不要設定太高的標準。40多歲的您沒必要看起來像是25年前四處旅行時的自己，也不用像15歲的女兒那樣的青春。

如果您想減重，首先要問自己的是：「我為甚麼要吃東西？」我們當然要吃東西，否則我們全身的系統會虛脫崩潰，這當然完全合乎邏輯。但是，如果您體重過重，那麼表示您吃進去的卡路里多於您消耗的卡路里，這是一個無可辯駁的事實。

卡路里為甚麼沒有被消耗掉，這完全是另外一個問題。是由於某種疾病，例如甲狀腺機能低下所引起的嗎？或是因為數十年來每天都吃進一樣多的卡路里，然而到了40歲時因為肌肉量變少了，人體無法再燃燒那麼多的卡路里？也或許新的工作不需要動得太多？是不是因為您處在更年期的階段而使得新陳代謝減慢了？這些都是有根據的問題。我們的身體無法被壓製成預製的形狀，不會按一下按鈕就會有所反應，我們也不會和我們鄰居有一樣的

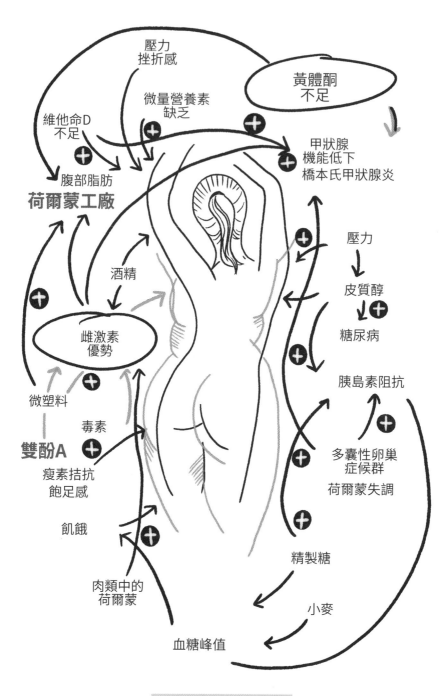

壓力
挫折感

黃體酮
不足

微量營養素
缺乏

維他命D
不足

➕

甲狀腺
機能低下
橋本氏甲狀腺炎

➕

➕

腹部脂肪
荷爾蒙工廠

➕

壓力

酒精

皮質醇

➕

糖尿病

雌激素
優勢

➕

胰島素阻抗

微塑料

➕

毒素

雙酚A ➕

多囊性卵巢
症候群

荷爾蒙失調

瘦素拮抗
飽足感

➕

飢餓

精製糖

➕

肉類中的
荷爾蒙

➕

小麥

血糖峰值

決定體重的因素

反應。每一個女人都不一樣，每個人體重過重的原因也是獨一無二的。

當然不正確或過量飲食以及缺乏運動是屬於諸多原因中的一部分。但是我們的基因以及荷爾蒙狀態、年齡、壓力、體質過酸、可能接觸毒素、營養或維生素缺乏等也都在這個問題上占有一席之地。在此順便一提：最近有幾項研究指出缺乏維生素D也會導致肥胖。

不過我們再回到最初的問題：您為甚麼要吃東西？

吃東西可以是一種對某種事物的渴望：週日烤肉的味道讓人聯想到童年的快樂，烤烏賊的香味讓您想到在義大利度暑假時候的寧靜，焦糖奶油讓您憶起在巴黎的偉大愛情。吃東西可以是一種社交：馬鈴薯沙拉讓您想起了職業訓練時或學生時代的朋友，五道菜的餐食讓您想到在自己的婚禮上充滿著節慶以及縱情酣暢的氣氛。吃東西可以是一種獎勵：乳酪拼盤和一杯紅酒代表了經過一天的辛苦工作後的家庭晚餐，回到家、往沙發上一靠，把工作的煩惱都拋到腦後。吃東西可以是愛悅傾心：您的伴侶端出您最喜歡的菜餚使您感到驚喜。吃東西可以慰藉：一包炸薯片或一杯巧克力冰淇淋可以幫助您消除相思或孤獨等煩惱。

飲食日記

我應該如何知道我為甚麼要吃東西，以及這為甚麼很重要？您可以嘗試看看。您可以為您吃的東西做兩個星期的食物日記。看到其中的結果會令人非常興奮。特別是這樣的食物日記可以揭示因果關係，並有助於有意識地進食或也可以偶而不吃。您可以在食物日記裡看出一個模式，您可以知道您甚麼時候總是會去抓一把不健康的食物，或是您在某一個時段裡到底吃進了多少的卡路里。

在甚麼情況下您會變得軟弱受不了誘惑？食物代表甚麼？在您吃飯時心情如何？把您對這道菜或小吃的感覺記錄下來：需要多少卡路里才會讓您感

到飽足，而不再感受到還有壓力、還在生氣或是仍然寂寞？您多常會在吃東西的時候感到心虛？甚麼時候想吃東西？您在獨自一人吃東西時吃得較少，還是在和許多人一起用餐時反而比較節制（這樣才沒有人會認為您不知自制）？

您在日記中可能會記載：今天沒有時間去吃午飯，會議開始較晚，持續了較長的時間，這是老闆的錯。他情緒不佳！下午三點時公司裡的食堂已經關門了。我感到非常沮喪而且因為血糖太低感覺快要暈倒了。在咖啡小吃部裡只賣夾著義式薩拉米香腸的小麵包和巧克力棒。在這樣鬱卒糟糕的情況下，兩個小麵包和三根巧克力棒加咖啡。我吃之無愧，理所當然，而且只是剛好而已。

當您發現或嗅到會有陷阱出現時，您就可以為下一個壓力的情況做好準備。您可以用一份生菜或準備全麥麵包來代替吃速食或巧克力棒。如果您看懂也摸清楚了您的進食模式之後，您就可以訓練您的身體，再也沒有必要讓加了兩茶匙糖的卡布奇諾咖啡保留在您的菜單上，而是應該用可以讓您心情放鬆的一杯綠茶來取代它。您有大好的機會來替您的大腦重新編寫程式。

另外一條記載：今天早上上班時，高速公路上又塞車了，我知道我無法及時到達公司，心裡非常著急，感覺壓力很大。於是在七點鐘的時候我就已經把我的便當盒裡裝的午餐解決掉了。到了中午我只好到公司的餐廳吃午餐，我點了一份匈牙利紅燒牛肉湯加馬鈴薯泥，再額外點了一份炸薯條。不然我還能怎麼做呢？

一切都得靠積極動力

為甚麼要減輕體重？為甚麼要放棄晚上美味的麵食和紅酒？這不只是好問題，如果要堅持貫徹節食的計畫，這其實是一個最關鍵的問題。因為如果沒有重要原因，為甚麼要像苦行僧那樣清苦修行呢？

為甚麼要減重？因為這樣您的血壓才可以降下來，您才不會再感到頭暈了嗎？因為您的血糖可以正常化並且可以不再服用降血糖藥或至少可以減少劑量嗎？因為有一個慶祝活動即將到來，而您想要在那個時候穿上您自己最喜歡最合身的衣服嗎？因為如果您很苗條，那麼您會感覺到更自在，覺得自己更加美麗動人？因為當您變得苗條時，您和您的兒子或女兒/您的丈夫可以再一起去慢跑/打網球，而不會感覺到喘不過氣來？

找出對您來說最重要的理由，然後把它寫在紙條貼在浴室的鏡子上或冰箱上。動機就是一切！

許多研究指出，社會控制和監督會增加成功的機會，讓您在節食後長期保持理想的體重。把您的朋友和家人一併拉進來，讓他們在您出於習慣性地想要喝可樂、檸檬汽水、吃可頌牛角麵包、伸手去拿出紅酒或去裝第二盤麵條時，拍拍您的肩膀提醒您。

路徑就是目標

如果您要減輕體重，不可太過急躁或野心勃勃。當然您可以在連假旅遊之前快速地甩掉幾磅的贅肉，這樣可以讓您穿上比基尼泳裝時感覺到更加自在並且可以騰出空位來享受美食。

一個科學已經證明的實際成功案例——一年內減少10公斤。這有非常高的可能性不會再有長年的溜溜球效應。最重要的是，這是健康的，可以量測血糖、血脂和血壓值明顯降低。例如從100公斤減到90公斤。麻薩諸塞大學（University of Massachusetts）的一項研究可以證明，用每天進食少於1000卡路里的節食辦法來減輕體重，會出現心情不好、難以集中注意力而且還會有強烈的飢餓感，因而放棄節食，您沒有必要忍受這樣的痛苦。

您可以規律地進食，最好在同一個時間，連周末也是如此。這樣一來您的身體就會產生一種信任感，它知道一直都會有食物被補充進來，而不必為

了可能會斷糧而事先把吃進去的儲存起來或在事後拼命補充。這樣您的大腦就可以放鬆；飲食不是一種壓力，而是在照料您的身體。

因此，不要放棄一頓完整的餐食。放棄完整的餐食可能會在短時間內減輕體重，但長期來看並非如此。很快地，被甩掉的贅肉又會回來。

有一些食品中的人工添加劑也會導致體重略微增加、體內脂肪量上升以及血糖變高。因此，最好都吃使用新鮮食材烹煮的東西。

維生素D是減輕體重的助推器

在《美國臨床營養學雜誌》（*American Journal of Clinical Nutrition, AJCN*）中刊載了一項研究，其中指出，如果提供維他命D補充劑給正在節食減重的女性，則這些女性所減少的體重比沒有服用維他命D補充劑的婦女來得多。

如果參加這項研究的婦女們在節食期間服用鈣和維他命D補充劑，則更明顯地顯示她們有較低的血壓、血糖和胰島素水平以及較低的血脂。研究也發現，如果亞洲人患有維他命D缺乏症，則明顯地更容易會有超高的體重和胰島素阻抗的現象。

科學家們猜想，維生素D會發送脂肪燃燒的訊號，它透過脂肪細胞上的特殊維他命D受體來控制，告訴脂肪是否要燃燒以產生能量。在不燃燒脂肪的情況下，脂肪會被囤積在臀部以作為儲備。我們建議在您做節食減輕重量之前先去檢查一下維他命D水平，如果有需要，就要服用補充劑來調整體內的維他命D含量。

給夢想身材貼星號

美國有一項著名的研究，首度證明了腸道菌群對體重的重要性：把體重過高的老鼠的腸道菌群移植到正常體重的老鼠體內，然後讓正常體重的老鼠

節食，這些本來有著正常體重的老鼠們還是會變胖。瑞典科學家的研究提供了證據，一方面體重過高的人其腸道菌群種類較少，另一方面，在他們的腸道裡有比較多的某類細菌，這些菌種會代謝特殊的碳水化合物，而這些碳水化合物又會被傳送到體內的脂肪細胞裡去。

目前我們又更向前邁進了一步：我們現在知道，一種單獨的腸道細菌類別會影響體重。體重過高的人擁有較少的擬桿菌門（Bacteroidetes）菌株的細菌，比較多厚壁菌門（Firmicutes）菌株的細菌。相反的，阿克曼西亞菌株（Akkermansia muciniphila）可以保護人體不會變胖。在體重正常者的腸道裡，這種細菌占了腸道菌群的3%到5%，但是在超重者體內這種細菌較少。

有一個好消息是：我們可以透過食物積極地控制腸道菌群的組成。發酵過的食物、益生菌和益生元（Prabiotika）以及我們以前提到過的食物膳食纖維可確保均衡的微生物菌群。在這些良好的飲食中，細菌會產生自己的新陳代謝產物，例如具有抗炎作用的短鏈脂肪酸、阻抗發炎的糖化合物以及穩定腸組織的物質，這些都可以額外地調節我們的體重。

此外，複雜的糖分子，即所謂的脂多醣（Lipopolysaccharide）是革蘭氏陰性細菌（gramnegative Bakterien）細胞壁的一部分。含糖量很高的飲食會讓腸道中的這種細菌增生，並且會將糖分子轉化並儲存在脂肪細胞中，而不是將糖燃燒成為能量。脂肪含量很高的飲食會改變微生物菌群的組合，腸黏膜會變得更具滲透性，使得毒素進入到血液裡並觸發炎症的反應。

來自巴黎附近為健康服務的食品微生物學研究所（Microbiologie de l'Alimentation au Service de la Santé, MICALIS）的法國科學家檢驗了一些對瘦素有基因缺陷的老鼠。瘦素會透過傳遞「脂肪存儲空間已滿」的訊息來調節食慾。在體重超重的人群中我們還可以觀察到，這種反饋的功能沒有完全發揮。這些人一直都會單純地感覺到飢餓。研究證實了我們的懷疑：有一種不一樣的腸道菌群組合可能可以提高食物的利用率，並且可以把食物更容易地存儲為脂肪。

為甚麼現在對運動沒有討價還價的空間？

任何形式的運動都可以支持新陳代謝的進行並且保持胰島素在一樣的水準上。從40歲開始新陳代謝速度會減緩，這是因為肌肉量會自然地慢慢減少。如此一來，我們的身體就失去了一個可以直接消耗碳水化合物的最佳顧客。您可能覺得奇怪，為甚麼和以前比較起來你沒有辦法在一個小時之內把你吃進去的，加了奶油的草莓蛋糕藉由運動來消耗掉，而是需要兩個小時甚至更長的時間。原因在於肌肉量的減少。因此我們建議除了耐力運動例如跑步或騎自行車之外，也還要加上適度的肌力訓練，每週進行兩次至三次。請您特別和體能訓練師討論鍛煉時所用的重量要足夠。

偶而犯個規破個戒？繼續努力做，好像啥事兒都沒發生過！

第一，如果需要的話，吃個瑪芬鬆餅或冰淇淋。第二，無論如何不要放棄，在沮喪的挫敗感之後仍然咬緊牙繼續減重，直到達到目標為止。第三，自己設定舒適度的極限，這會有所幫助。體重增加到哪一種程度會開始讓您感覺到不舒服或是會生氣，或者因為健康的原因必須對自己說：「好了，現在停止。」這並不表示您是弱者或者是「魯蛇」。其他所有人也一樣是這樣的。放棄一頓晚餐，讓自己節食一兩天或者重新再開始定期運動。您將會看到，身上多出來的幾磅肉又會很快地恢復到正常的狀態。

是真的餓了或只是飲水太少？

當您想吃東西時，請問問自己：「我是真的餓了嗎？」飢餓常常和口渴混淆。很多人因此吃得太多而喝水太少。如果您在正餐之外還需要吃一點零食時，那就喝一杯水吧，看看肚子是否還感到飢餓？

如果您餓了，千萬不要去買東西。在肚子飢餓時去買東西，您不但會把購買清單上的東西都買齊，而且還會多買許多東西（甜的、鹹的、不健康的、好吃的）。要打個賭嗎？

而且如果時間允許，最好每天都去買新鮮的東西，如此一來就不會有在肚子餓的時候把存糧一掃而光的危險。如果您每天去買剛好足夠的分量，那麼根本不會有存糧。

加拿大的研究人員發現八個小時的睡眠對於維持理想的體重是很有幫助的，太少或太多都會導致肥胖。長期睡得太少的人在六年之內增重五公斤的風險會增加將近30%。睡眠不足的人體內會缺少讓人有飽足感的瘦素，同時會產生太多引起食慾的飢餓素。曾經通宵達旦狂歡的人一定都有過這樣的經驗：可以吃兩份炒馬鈴薯加荷包蛋。

早起的鳥兒可以消耗更多的卡路里。實際上，和早起的鳥兒比較起來，晚起的人平均多吃了250卡路里的熱量。除此之外，他們吃比較多的速食，晚餐吃得比較晚而且也比較少有時間做運動。

體重計似乎壞了嗎？它誤導了您！

幾天來體重計數字都沒有任何變動，或者您甚至又變胖了？一個人第一次減輕的幾公斤體重大部分只是從組織中流失的液體，因為儲存在肝臟和肌肉中的碳水化合物結合了很多液體，身體在等待食物的這段時間先去搬空這些液體。即使以後體重計的數目字下降得更慢或是根本不再變動了，請先不用擔心，因為體重計在誤導您。特別是您在減輕體重和運動時脂肪會被轉化為肌肉，而肌肉秤起來比脂肪更重。除此之外，您的體重也會受到荷爾蒙分泌、新陳代謝過程等因素的影響，而會有正常的波動。因此，專家建議不要每日量體重，每星期一次就足夠了。

人家邀請我，我不能拒絕

要先做好心理準備，以應對家庭聚會、生日慶祝會、公司郊遊或商務晚宴等邀請。飲食陷阱的危險包括：火鍋醬、巧克力噴泉、無限量供應的早午餐、自助甜點吧、小菜等。我們的建議是，用個小技巧來欺騙您的大腦，裝

食物時取一個小盤子，使它看起來是滿滿的一盤。避免食用脂肪含量很高的各種醬料，選擇水果來取代甜點或奶酪，最多只喝一杯酒精飲料。如果以上這些方法都行不通，那就睜一隻眼閉一隻眼，在節日慶祝過後的第二天再繼續執行節食的計劃吧！

給戒菸的婦女一個小建議

　　大約有80％戒了菸的人體重會增加達七公斤，很可能是某些腸道細菌在沒有毒物的時候其消化和吸收食物養分的能力會變得更好。在那裡恢復活力的細菌叫做變形菌門桿菌（Proteobacteria）和擬桿菌門桿菌（Bacteroidetes），而另一方面，在超重者的體內已經存在了很多的厚壁菌門細菌（Firmicutes）和放線菌門細菌（Actinobacteria），而這類型的細菌也會在這個時候增加。如果您想要戒菸又想要避免增加體重，那麼就要多吃一些益生元和纖維素之類的食物。

香蕉vs.巧克力棒的謎題

　　一根香蕉所含的卡路里和一條全奶巧克力棒一樣多，但是儘管如此，五根香蕉也不一定會使您發胖。為甚麼？我們的腸道細菌會為了自己的需要而把香蕉中的碳水化合物或植物脂肪酸全部消耗掉，但是巧克力中的動物脂肪卻會進到身體細胞以及脂肪細胞裡。

透過運動來調節荷爾蒙

眾所周知運動有助於減重，不過運動對於所有其他更年期的症狀也有奇蹟式的效果。我們現在要來好好地談一談這個話題。請不要害怕，我們不會期待您馬上就去報名登記參加馬拉松大賽。

我們以雅麗珊德拉的故事來為這個章節做開頭，因為這種「啊哈！頓悟」的時刻對我們來說幾乎都是大家很熟悉的：

實際案例：

身體的感覺不一樣了

現年40歲的雅麗珊德拉（Alexandra）是一個女店員，她來到一家瑞典服飾店的更衣室。整片牆壁上滿滿掛著更衣用的鏡子。雅麗珊德拉走在這個區域的時候心裡想著，「我們的社會何時變得這麼地虛榮浮華了？好像我們自拍的狂熱還不夠的樣子。咦，等一下！這個女人是誰？」她環顧四周，但是除了她以外並沒有其他的人。是因為光線的問題嗎？她幾乎不敢相信，她應該就是鏡子裡的那個人。她感到一陣驚恐，因為那個在鏡子裡面瞪著眼睛看著她的女人的形象，好像完全和她自己記憶中的身材完全不一樣，兩者之間一點關聯都沒有。好吧，這段時間以來，她自己很清楚知道，她現在所擁有的身材已經不再是當她還是30歲時候的樣子了，畢竟她不是一個超級名模。但是甚麼時候她的身體發生了如此巨大的變化呢？胸部變大，臀部更加向外擴張，大腿上的皮膚也互相擠在一堆了。這在以前根本就是不可能的事情！她既沮喪又失望地轉身離去。「奇怪耶，也才不久前，體重計上的數字完全沒有那麼誇張……。」

許多40多歲的婦女人常聽人家說，她們確實已經不再注意自己的身材了。然後她們在「突然」之間發現，自己的身材彷彿在一夕之間完全改變了。事實上當然不是這個樣子，身體的變化是需要時間的。

它通常都是從她們所減少的運動開始的。運動首當其衝地被取消了，因為要打起精神去參加某個運動課程或是上健身房，都是需要時間的。然後課程結束或健身之後還要洗澡，接著要開車回家，我們寧願節省這一兩個小時。我們壓力已經夠大，也精疲力盡了，哪裡還有精力去做別的事情呢？在某個時刻，您「突然」站在一面可以照到全身的鏡子前面，然後感到訝異和震驚：脂肪積累了更多，肌肉和組織也變得鬆弛了。

這不僅會影響到您的外觀，特別是在腹部堆積的脂肪很快地就會成為有害的荷爾蒙工廠，增加發炎的機率並且打亂了我們體內的荷爾蒙平衡。疲軟無力的肌肉意味著提早來臨的疲勞和更少的體力儲備。您會更快地喘不過氣來，也會越來越不想對自己做更多的要求，反正所有的事情老早就都已經讓人感到精疲力盡了。

在30至59歲的德國人中，超過一半以上的人根本沒有在做任何運動。40歲以上的女性甚至有超過70%沒有做運動。而其實這個年齡層的人可以做的最有意義的事就是把慢跑鞋或泳衣從衣櫥裡拿出來。根據各種證據顯示，運動可以對抗幾乎所有在更年期內和雌激素缺乏有關的各種疾病。規律定期的運動（甚至只是每天一個小時的散步）可降低許多例如潮熱、彌漫性肌肉疼痛（diffuse Muskelschmerzen）、睡眠障礙、體重增加等風險。規律定期的運動也是建構骨骼的誘因，因此可以預防骨質疏鬆症、心血管疾病和幾乎所有類型的癌症！特別是對女性來說，經常運動會減少乳腺癌的發生率。很有趣的是，最新有關於飽足感瘦素的研究也很值得我們注意。如果您超重就表示是荷爾蒙脫離了正常運作；運動可以使瘦素恢復它的正向作用並且可以使飢餓感正常化而有助於減輕體重。

運動、耐力和力量從一開始就確保了我們物種的生存。史前人類一天可

以行走超過20公里。如果一個人在劍齒虎前面無法快速逃離快速爬上樹，那麼他可能在生下後代前就被老虎吃掉了。不是很尷尬地趕快逃跑就是跑的速度不夠快而被吃掉。我們的身體在這種情況下，從遺傳的本質上會大聲呼叫要我們趕快動作，因為透過運動，我們身上所有新陳代謝過程都會得到最佳刺激，每個細胞都會獲得足夠的氧氣。運動鍛煉會增強我們的肌肉，而這些肌肉則是我們身體上除了大腦之外最重要的熱量殺手。

女性的肌肉輸給男性，或者換句話說，女性的身材比較矮小。大多數男人身體上可以用來建構和維持肌肉的睪固酮在年紀大的時候下降得非常緩慢，因此肌肉可以把男人好的身材輪廓形塑得比較長的時間，除非男人自願選擇有個碩大的啤酒肚。

蘇艾貝：「我有一個非常苗條的骨科朋友，在他55歲的時候，仍可以在一年之內參加好幾次的馬拉松比賽。他告訴我，他會做這麼多的運動是因為他在他的漫長的職業生涯中看到了，骨骼運動系統會變成為限制生活品質的一個因素。」

許多人因為背部疼痛以及骨骼關節炎（Arthrose）而無法行動。他們的疼痛會阻礙並限制他們行動的靈活性，就好像以前婦女們被迫在緊身胸衣裡那樣。軀體骨幹穩定性良好的人比較不會有背痛的問題。根據德國雇員健康保險公司（Deutsche Angestellten-Krankenkasse, DAK）的健康報告（2017），在德國每三個成年人之中就有一個人會有頻繁的或連續不斷的背痛問題。更年期婦女的背痛數字顯然包括在其中，通常她們會因為缺乏雌激素而出現第一次的彌漫性背痛。

蘇姬布：「在我40多歲的時候，有連續三年總是在春天時背痛發作。那並不是一件好玩的事情，儘管我有在做物理治療，但疼痛始終持續好幾個星

期。在花園裡我甚至還沒有移動任何一個花盆，我的背部就開始發冷發麻，如果坐得太久或有時候只要一個不小心又會開始痛起來。不幸的是，雖然我是一條懶惰蟲，但是我還是無法迴避要倒在瑜珈墊上，無精打采地做了五分鐘物理治療師教我的仰泳背部動作之後，我趴在地上用右手抓住左腿，以這種姿勢停留10秒鐘之久，最好是30秒。然後是換邊，總共10個回合。接下來就輪到腹肌了，因為如果沒有相對的支撐者則背部肌肉還是沒有互相牽制的支撐力。開始時這簡直就是一種折磨！不過我還是必須憑良心說，這樣做還真的是值得的。」

擁有良好肌肉張力的人也會有另一種身體意識和幸福感。這表示在缺乏活動的情形下：「當我躺在床上或整天坐在桌子邊的椅子上時，我為甚麼需要甚麼肌肉呢？我可以用不同的方式來把我肌肉所消耗的能量消耗掉，所以肌肉滾蛋吧。」一項哥本哈根醫學大學（Medizinischen Universität Kopenhagen）的研究（儘管這只是針對男性而做的）顯示，一個30歲以下的年輕人，如果兩個星期沒有任何身體運動，肌肉質量會減少三分之一，如果這種情形是發生在60歲以上的男性時，則他們的肌肉質量會減少四分之一。如果想要重建流失掉的肌肉，則六個星期的努力還是補不回來。

經過沒有運動的一個星期之後，您一定會感到很驚訝，在大腿上那部分的牛仔褲變得較寬鬆，這並不是因為您的體重減輕所造成的，而是因為您的肌肉流失了。**您身體上的肌肉量從30歲開始不斷地下降，每10年減少5%**。所以在50歲時，您的肌肉量比您在30歲時少了10%。這有一部分是生物生理上的原因，但就只是一部分而已。我們再重新回來討論缺乏運動的情況。

缺乏運動不僅會損害肌肉，還會損害到新陳代謝以及心血管循環系統和許多器官。尤其重要的是，免疫系統會自動調節在節約模式底下運作，感染的情況和脂肪細胞會增加。這形成了一個惡性循環：重量越增加，肌肉就變得更少，我們身上所攜帶的每一公斤都會妨礙我們的散步活動或在網球場上的速度與耐力。重量壓在關節上，缺少運動會導致骨質流失。這樣一來我們

甚至連從椅子上站起來都不想，反正我們在辦公室也至少坐滿八個小時了。怪不得現在有人說，坐在椅子上已經像抽菸一樣成為新的癮了。現在專家已經評估認定了，缺乏運動會對健康構成重大的危害。

這是一個很好的正向的清單，因為我們很能在一下子之間展現「動起來」字面上最真實的意義：

- 運動可以降低下列症狀的風險：心血管疾病、高血壓、高膽固醇、升高的血糖水平、動脈粥狀硬化、中風。運動可以預防糖尿病，因為糖會被從血液中帶進肌肉細胞並在那裡被燃燒掉。這可以使胰島素平衡正常化並防止胰島素阻抗。
- 從邏輯上講，運動會燃燒卡路里，在有足夠運動的情形下，以身體脂肪的形式儲存起來的能量也會被燃燒掉，達到很好的減重效果。運動的正向效果還可以延伸到細胞的層面上。
- 運動是刺激骨骼建構的動力。最理想的情況是耐力和力量的訓練，這樣可以保持骨骼的密度並有效地預防骨質疏鬆。因為肌肉是附著在脊椎上，並且受到它的強力支撐，所以規律運動的女性出現背部疼痛的情形就比較少。我們背部最主要的穩定器是腹肌。腹肌訓練得越好，背部的肌肉就會有越多的支撐力。這我們很容易想像，因為他們就好像是兩個互相支撐的砝碼。如果把其中的一個抽掉，另外一個就會直接掉下來。
- 我們的關節裡有潤滑劑，防止關節末端之間相互摩擦。這個潤滑劑就像黏稠的油，如果放置時間過長，它就會變硬。因此，定期散步或騎自行車對於膝蓋、肩膀、臀部及其他部位等都是一件很好的事。
- 事實證明，定期的運動可以降低罹患結腸癌和乳腺癌的風險。即使已經患有癌症，運動也可以改善患者的生活品質，並且可以提高存活率到高達50%。
- 大腦消耗的糖比身體上任何肌肉都要多，並且大腦也會因為獲得額外的氧氣對您大大地說謝謝。我們的專注力以及對事物的感受力以及記憶力和思考能力都會隨著運動而提高。在更年期的婦女可以因運動而減輕霧

腦（brain fog）現象，意指在大腦中有朦朧不清的感覺。

- 運動可以停止甚至逆轉發炎的過程：透過信使物質，它的濃度會在身體鍛鍊的時候增加。它會透過其他的蛋白質來刺激小型發電廠，也就是細胞裡線粒體（Mitochondrien）的形成，也可以促進許多修補和生長過程。

- 有定期做運動的人，他的身體將充分利用囤積在體內的脂肪，並與予分解。肌肉會自我建構，組織會強固起來。體重計顯示出來的體重數字不一定會比較少，因為肌肉比脂肪來得重。正如我們在體重平衡那一章裡提過的，不要讓體重計上的數字誤導您。

- 如果在更年期進行定期運動，那麼您的身體也會釋放更多的幸福荷爾蒙，身心會更加平衡，對生活會更滿意和滿足，早上也可以更輕鬆的起床。還有，運動會使飽足感正常化。

- 最後但不能忽視的一點是，運動已經被證明可以使您保持年輕或延遲老化過程。今天我們知道，體育鍛鍊可以延緩促使炎症發生的參數以及細胞的衰退。這實在是一個非常好的主意：繞著湖邊慢跑一圈，臉上的皺紋就變少了幾條！

荷爾蒙瑜伽

讓您的身體、精神、靈魂和呼吸和諧相處——如果您閱讀到這種古老的印度哲學教義的描述，好像就已經感覺到比較舒服一點了。瑜伽是在20世紀初傳到西方世界的，在這裡主要是將它當成一項練習放鬆身體的運動。其實瑜伽遠不止於此。它可以使人們和自己以及環境和諧相處。專注於自己的呼吸以及打坐冥想的練習，可以帶來更多心靈上的寧靜和平衡。

瑜伽對於健康的好處早就已被證明了：瑜伽可以增強心血管系統，降低血壓，活化免疫系統，增強專注力並調和情緒波動。身體的姿勢（asanas）、呼吸練習（pranayama）、集中力（Meditation，打坐冥想）、放鬆和再生（Regeneration）是瑜伽的要素。

女性荷爾蒙瑜伽是由巴西迪納羅德里格斯（Dinah Rodrigues）於1992年創立的。這種練習是結合古典瑜伽（哈達瑜伽和昆達利尼瑜伽〔Hatha Yoga und Kundalini Yoga〕）以及藏傳的增生活力能量技巧（Energetisierungstechnik）和強大有力的呼吸練習（Atemübung）之特點而成的。這種組合是針對活化女性內分泌腺以及甲狀腺，適合患有經前症候群（PMS）、有生育兒女願望的女性來做練習的。在德國這個技術由瑜伽老師菈嫘熙娃麗圖絲克（Lalleshvari Turske）做了更進一步的發展。

荷爾蒙瑜伽和其他類型的瑜伽不同，因為它結合了腹部呼吸並透過練習來按摩盆腔器官使其循環順暢。不過就整體而言，最重要的還是以整體的方法減輕壓力，這點與傳統瑜伽相類似。因為壓力會抑制荷爾蒙的產生，這我們之後會再度說明。

荷爾蒙瑜伽可以將注意力從頭部或思想中移開，這些通常都是展現最大壓力因素的區塊。因此，荷爾蒙瑜伽的基本支柱之一就是讓身心放鬆。在這種瑜珈的協助下，我們可以預防在更年期內荷爾蒙的過度波動。

不論如何我們都必須堅持下去並且至少要持續四到五天，最好每天都做這個練習，以獲得完整的效果。實際練習時間大約需要30分鐘，在早上的時候做這種練習是很有用的。患有和荷爾蒙有相關的疾病、乳腺癌、甲狀腺機能亢進等患者以及懷孕期間的婦女，請先諮詢過醫師再做這個瑜珈練習。

四個步驟

根據我們的經驗，最好報名參加課程以正確的學習這項特殊的瑜伽。就算您已經在做瑜珈，但是從積極的意義來說荷爾蒙瑜伽還是比較特殊，所以我們在這裡只做簡短的概述：

呼吸練習（Pranayama）：Bhastrika和Ujjayi的呼吸技巧。Bhastrika是梵文，意思是「風箱」。進行風箱呼吸法練習時，在吸氣時腹部要像風箱

（Blasebalg）一樣向前面拱起。剛開始時我們會覺得很混亂。這裡有個小小的提示：如果您把一隻手放在腹部上面，然後以抵抗下壓的手的方式來吸氣，會有所幫助。在呼氣時我們可以放心地像大象用鼻子噴水那樣把空氣吐出，這樣我們能夠最清楚地感覺到自己的呼吸。每次運動前您可以至少做5到10次這種呼吸，這方法可以按摩卵巢。

至於Ujjayi，梵文的意思是「勝利」，因此稱為「勝利呼吸法」，練習這種聲門呼吸法（Stimmritzenatmung）時，要把嘴巴閉起來，只透過鼻子吸氣和呼氣。這種呼吸法特別之處在於空氣應該要以輕微的壓力衝過您的喉嚨。就像是您在對著鏡子吹氣，只是在雙唇合起來的情形之下進行。這種呼吸練習可以按摩甲狀腺。

收束練習（Verschlussübung）：Bandhas意思是「鎖」或「收束」，做這種練習可以控制能量並將它保持在體內。在做根鎖練習（Mula Bandhas）練習時，我們要有意識地收縮下骨盆處，如同在做骨盆底肌肉訓練那樣把會陰部拉在一起並讓它保持收縮狀態數秒鐘之久，同時要屏住呼吸憋氣並用舌尖碰觸上顎。這個狀態聽起來好像很扭曲，但是其實很快可以做好。這是來自西藏能量導引的練習，讓我們可以將能量保持在體內，然後您可以把思慮專注在您的卵巢和甲狀腺上，緩緩並且有意識地好像要將空氣送進到這兩個器官那樣呼出去。

熱身運動：在我們開始進行真正的荷爾蒙瑜伽之前，很重要的是要熱身並且伸展我們的身體。於此同時您就可以在這裡開始進行呼吸的練習了。

荷爾蒙瑜伽練習：一系列的練習包括例如下犬式（Adho Mukha Svanasana）、椅式（Utkatasana）、橋式（Setu Bandha Sarvangasana）和魚式（Matsyasana）。下犬式和椅式可以活化卵巢，橋式對甲狀腺和骨盆底有助益，魚式可以刺激甲狀腺。

性愛生活

您可報名參加怛特羅密教課程（Tantrakurs）以學習找到自己真正喜歡甚麼，或者敞開心房和您的伴侶談論要如何才能獲得真正的性高潮，或是將自己的身體當作是色情的朋友，讓您的想像力天馬行空地任意翱翔，您有很多的選擇來讓自己獲得更多的樂趣。這些都是您應得的！

我們鼓勵您出發並持續往前進，因為從很多方面來看，性愛，尤其是女性的性高潮，無論是在甚麼年齡，都是女人一生中最好的藥物。

對皮膚、乳房、陰道等地方的刺激可以促進快樂荷爾蒙的釋放，可以讓身體上的組織血液暢通並且緩解壓力。

您是否曾經注意過，在享受了性高潮之後，您的皮膚是多麼的光滑紅潤，當您享受了高度的魚水之歡之後，您可以站在郵局櫃檯前面長長的人龍盡頭卻能輕鬆自若地忍受等候的時光，您可以在電話裡傾聽著婆婆的絮叨而不煩燥。有千個百個好的理由告訴我們不應該把這個主題擺在一邊而不去討論。

有許多婦女們都聲稱，40多以及50多歲時過著一生中截至當時最美好的性愛生活。在這個時候，我們已經非常熟悉自己的身體了，我們知道自己要的是甚麼，以及不需要甚麼。我們也學會了無須沉重負擔的行李我們仍然可以走過人生的大道，所以沒有愛情的性生活也可以是一種選項。最好的情況是我們可以表達心中的願望而不必感到羞慚。我們不再需要矜持，也不必再羞答答地躲躲藏藏。儘管在網際網路上的色情有很多可怕的陰暗面，而且今天的年輕女孩可以透過修圖軟體來修改照片而得以獲得一個扭曲了的女性身體的形象，藉此在21世紀又再度給女性的性自主意識提供了一個解放的動力。為了我們的健康，我們要好好地利用這股動力。

維也納的性學家證明，性高潮會增加依戀荷爾蒙（Bindungshormon）催產素（Oxytocin）的水平，這可以引發骨盆底部的收縮並觸發排卵。如果排卵不再是您40歲後期的選項時，那麼重點就是夫妻之間互相依戀的

情懷。所以正如我們在第二章說明過，催產素也被稱為稱為擁抱荷爾蒙（Kuschelhormon）。

但是如果我們是單身，那麼性高潮又有甚麼意義呢？有喔，多得很呢，因為當您達到性高潮時，也會釋放幸福荷爾蒙多巴胺（Dopamin），它會活化腦內啡系統（Endorphinsystem）並且麻木疼痛。除此之外也會增加荷爾蒙催乳素（Prolaktin）的釋放，引發令人滿足的感覺並使大腦神經增長。

我們並沒有把性慾給忘了，性慾就是對性愛的渴望，因為在更年期期間雌激素的分泌會減少，所以有許多婦女會因此而減少對性愛的慾望。對於許多人來說，性愛是他們最後才會關心的事情。通常還會有身體上的問題妨礙了她們對性愛的慾望，例如乾燥的陰道。但是，有很多很好的陰道潤滑劑可以解決這個問題。你不必非得到情趣用品商店去，您也可以在藥房買到這類乳霜潤滑劑。我們建議您使用含有雌三醇的乳霜潤滑劑，您可以和您的婦科醫師討論這件事。

然而，許多婦女將性愛慾望和她們的伴侶聯想在一起。這確實是一個問題，我們將在第四章裡面再進一步更詳細地討論。

性高潮帶給身體的幸福感可以和生活夥伴分開。從這個意義上說，我們必須重新去發現並認識自己的身體，這算是邁出的第一步。正如我所說的，只要能夠帶給您喜悅和情趣，一切都是被允許的。

透過甲狀腺來調節荷爾蒙

不只是卵巢在某個時候不想當個認真工作的荷爾蒙生產者，許多婦女的甲狀腺也正好在此時決定停工，這兩個腺體好像事先互相約定好了一樣；但這並不是最佳的時機。以拉丁文來看，甲狀腺拉丁文是「Thyroidea」，所以我們借用「Menopause」（停經）的字尾「pause」來戲稱甲狀腺停止分泌為「Thyreopause」，真正的拉丁文的說法是「thyroideum confractus」。

如果您有更年期或停經的症狀例如時常出現夜間盜汗和黏膜乾燥的情形時，那麼應該去檢查您的雌激素和黃體酮水平。黃體酮缺乏對甲狀腺新陳代謝會產生負面的影響，造成嚴重的問題。在許多情況下，更年期的症狀和甲狀腺功能異常的症狀其實非常相似，因此兩者經常會被混淆：在更年期有高達25%的女性也同時會有甲狀腺機能低下的問題。

不論症狀是因為甚麼原因引起的，通通都會不分青紅皂白地把它歸咎於同一個罪人。我們都只關心雌激素或黃體酮萎靡不振的失衡問題，卻忽略了甲狀腺荷爾蒙。因為這樣，所以我們常常耽誤了透過及時對例如橋本類型的甲狀腺功能衰退的治療，來及時發現它對甲狀腺的破壞。相反地，因為更年期而引起的症狀其實也不只需要甲狀腺荷爾蒙。

甲狀腺疾病通常是遺傳性的，在必要的情況下可以去問問您的母親、姐妹、姑姑、姨媽或祖母是否有甲狀腺相關的問題。在慢性疾病的情況下，個別因素通常會累積在一起，然後在一個有相關對應的基因遺

傳體質時就會引發作用而出現疾病。

　　甲狀腺疾病不是一種心理狀態的疾病，相反地，它會影響到許多器官。尤其是因為腸道和甲狀腺相互之間有著緊密的連接。甲狀腺功能異常和腸黏膜損傷有相互的關聯。如果患有腸滲漏症候群、另一種腸壁屏障障礙或微生物菌群異常，那麼腸道從食物中吸收的維他命（例如維他命B_{12}）或是微量元素（例如鋅、硒）就會太少，導致甲狀腺缺乏這些元素及維他命。目前最新的研究明確指出，如果有症狀不明確，以及較為微弱的甲狀腺活動不足或過度活躍的情況時，那麼密集且連續的腸道癌症篩檢是很有意義的，因為不論是甲狀腺機能低下或是甲狀腺機能亢進都與大腸直腸癌風險有關連。因為甲狀腺機能低下的情況在增加，所以如果這兩者的關係確實被證明時，意義將十分重大。

　　所以最晚請您在下一次做健康檢查時，務必順便檢查您的甲狀腺數值。在德國，參加法定疾病保險的人，從35歲以後每三年有權力要求做一次甲狀腺檢查，如果是投保私人疾病保險，通常每一年可以做一次檢查。

T3、T4：我們的動力源

　　甲狀腺荷爾蒙將我們攝入身體的食物轉化成為能量，因而促進了新陳代謝。新陳代謝最重要的驅動源是T3（三磷酸甲狀腺素，Trijpodthyronin）和T4（甲狀腺素，酪胺酸，Thyroxin）。T4是非活性的存儲形式，它會在我們身上不同的器官，例如肝臟和腸道裡被轉化為活性的T3形式。我們可以說T4是甲狀腺細胞製造的，是占90%的荷爾蒙的原材料。T3被認為是具有生物有效性甲狀腺荷爾蒙。它提高了能源的消耗，促進了我們細胞中的發電站──粒線體的形成，並可以增加我們肌肉的質量。它還支持其他荷爾蒙的製造，包括幸福荷爾蒙多巴胺和5-羥色胺（Serotonin，血清素）以及雌激素、睪固酮和黃體酮。在這裡我們又再一次看到，所有一切都是緊密相連的。

　　微量元素碘是所有甲狀腺荷爾蒙生產的基礎。我們的身體無法生產碘，

必須從食物中或含碘的空氣裡攝入。住在深山裡的人，因為山上的空氣中含碘量不像距離大海較近的地方那麼多，所以他們可能會有甲狀腺腫大（Kropf〔Struma〕）的問題，當身體內缺少碘會使得甲狀腺過度成長。缺少碘，生長因子會被釋放出來，甲狀腺組織控制不住，只重量卻不重質地讓自己長大，希望可以透過擴大的組織來生產更多的荷爾蒙。

每一個甲狀腺荷爾蒙都由胺基酸酪胺酸（Aminosaure Tyrosin）和一個或多個碘分子所組成。我們按照甲狀腺荷爾蒙中碘分子的數量來將它加以編號：T3包含三個碘分子，T4包含四個碘分子。當然也有T1和T2，以及其他更多的編號。為了要使T4變為活性的T3，必須把其中一個碘分子拿掉。要達到此目的需要酶的參與，而這個酶所依賴的就是鋅和硒了。這對於治療是很重要的。

T3的生產大約60%來自肝臟，有20%則在腸道中形成，其餘的部分就要靠甲狀腺了。這也就是為甚麼我們要好好照料腸道裡的微生物菌群的另一個原因。因此，請您務必注意飲食。酒精、缺少維他命和營養不足會阻礙T4轉化為T3。其他會影響兩者之間的障礙包括壓力、絕食、肥胖、藥物治療、腎臟疾病或肝臟疾病、除蟲藥劑、重金屬汙染、更年期黃體酮缺乏症，而不幸的是年齡本身也是因素之一。

T1、T2、降鈣素、副甲狀腺荷爾蒙

除T3和T4之外，甲狀腺還生產T1和T2荷爾蒙，這兩種荷爾蒙幾乎不為人知，到目前為止也被傳統的藥物療法忽略。不過T2在前一段時間裡越來越受到科學界的注意。在2015年的一個研究中證明，T2可以影響新陳代謝、身體冷熱平衡以及身體的重量。其他的研究也受到了重視，T2和減輕體重有關，這在甲狀腺疾病患者中是一個持續存在的棘手問題，我們希望這個研究可以帶來更為明朗的結論。

此外，降鈣素（Calcitonin）對鈣的代謝有著很重要的影響，它是在特殊

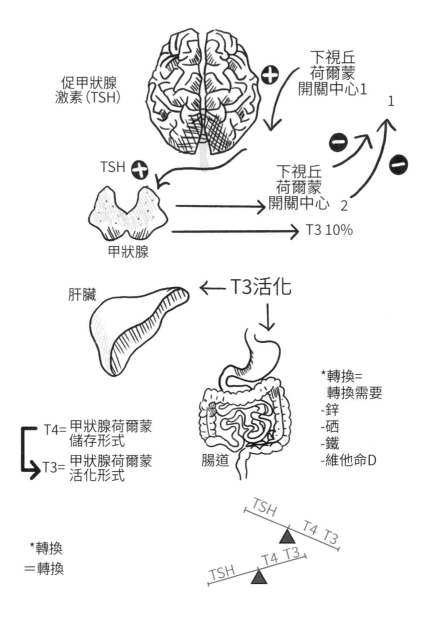

促甲狀腺
激素 (TSH)

下視丘
荷爾蒙
開關中心1

1

TSH

下視丘
荷爾蒙
開關中心 2

甲狀腺

T3 10%

肝臟

← T3活化

*轉換=
 轉換需要
 -鋅
 -硒
 -鐵
 -維他命D

T4= 甲狀腺荷爾蒙
    儲存形式

T3= 甲狀腺荷爾蒙
    活化形式

腸道

*轉換
=轉換

TSH

T4 T3

TSH

T4 T3

TSH➕ → 荷爾蒙及反向➖

甲狀腺荷爾蒙在甚麼地方會被活化

的細胞裡生產的。另外在副甲狀腺可以生產降鈣素的對抗荷爾蒙副甲狀腺荷爾蒙（Parathormon）。這兩種荷爾蒙都在骨骼的新陳代謝中發揮著重要的作用。降鈣素可以使骨骼強壯。它透過把鈣帶入骨細胞裡而降低了血液中的鈣水平，同時它還透過腎臟來促進鈣的排泄。

當甲狀腺緊急剎車時

甲狀腺在許多身體功能上都會插上一腳，在體內的每個細胞裡起作用。

甲狀腺機能低下的原因大約有90%是甲狀腺細胞發炎。從命運坎坷的細胞裡逃離出來的荷爾蒙都躲進血液裡了，引發機能亢進的症狀例如心臟快速跳動、躁動不安、驚嚇恐慌、出汗、雙手發抖以及體重減輕等。隨著在組織裡遭受破壞的程度增加之後，情況就會反轉過來，這時甲狀腺荷爾蒙水平低下變成了主角，因為受到破壞的細胞無法生產新的荷爾蒙。如果沒有了這個主要的激素T3，那麼所有因為新陳代謝減緩而引起的症狀在這個時候就都會出現了。這時您會感覺就像是車子的油門壞掉或是您一路上拉緊了手煞車在前進：

- 慢性疲勞、能量損失、缺乏動力，心力疲勞（Adynamie）（「我覺得自己好像被罩在一個玻璃鐘罩之下，一切都被罩住了。」）
- 情緒低落或沮喪（因此如果有抑鬱症一定要想到甲狀腺！）
- 體重增加，頑固肥胖（「儘管我做很多運動也節制飲食，但就是瘦不下來。我感到很絕望。」）
- 全身寒冷，手腳冰凍（「即使在夏天，我在床上也都穿著襪子。」）
- 脫髮；連眉毛的外緣也會掉落
- 關節和肌肉疼痛
- 水腫（Ödeme），腿部積水
- 心跳緩慢
- 性慾降低

- 不孕症
- 恐懼焦慮

　　有一種和甲狀腺機能低下有關的甲狀腺疾病，在近幾年來幾乎像流行病一樣迅速大量地散布，那就是橋本氏甲狀腺炎。在更年期的婦女之中有25%患上這種甲狀腺疾病而受苦，讓我們進一步來看看。

橋本氏甲狀腺炎

　　橋本氏甲狀腺炎（Hashimoto-Thyreoiditis）是一種自體免疫疾病（Autoimmunerkrankung）。這意味著身體自身的防禦系統迷失了應該要防禦的方向，它已經不知道誰是朋友，誰是敵人，並錯誤地對準了我們人體自身的組織做出攻擊。這絕對不是一個有禮貌的騎士偶而不經意犯下的小錯誤。出現這種情況時，甲狀腺的細胞會受到攻擊然後發炎，最後會喪失功能。

　　橋本氏甲狀腺炎是甲狀腺機能低下最常見的原因。在德國有1,600萬人有這樣的問題，主要的族群是女性（男性只有1%到10%）。目前我們認為，有十分之一的婦女一生都曾遭受橋本氏甲狀腺炎的折磨。在荷爾蒙變化階段如青春期、懷孕和停經前後更年期會有比較高的發病風險，這個症狀尤其會由雌激素占優勢或黃體酮缺乏所引起。

　　原因很多樣，環境的影響也扮演重要角色。在第五章裡，我們將會更具體更詳細地探討表觀遺傳學（80%疾病的爆發都和這些總體的外部因素有關）。在這裡我們暫時只講這麼多：我們懷疑荷爾蒙的破壞者，例如微塑料和塑膠柔軟劑會因為它們類似雌激素的作用而破壞甲狀腺的組織。

　　其他的化學物品或是毒素、急性和慢性感染和感冒也可能會是這種病症的原因。請您清除身體內會引發炎症的根源，例如發炎的牙齒或牙齦，因為其他的炎症會助長這種沉默無聲的炎症——橋本氏甲狀腺炎。

　　同樣的，食物的互不相容性（Nahrungsmittelunverträglichkeit）例如麩質

或乳糖的過敏（橋本氏甲狀腺炎的患者中有50%的人有麩質敏感性），腸漏症、鎂/鐵/維他命D或其他營養素缺乏症、受到破壞的微生物菌群（例如重複的抗生素治療）都可能是病因。長期睡眠不足或生物節律障礙（例如輪班工作）可能導致自體免疫疾病的出現。

身體和情緒上的壓力（壓力很大的震盪時期，如離婚、喪親、霸凌等）都會留下它的痕跡，但是您也不必太恐慌：並非每個承受巨大壓力的人都會患上自體免疫疾病。但是，照顧好自己並且保留一些休息的時間，對良好健康是一個很重要的決定。

在自體免疫疾病開始時，存放著荷爾蒙的甲狀腺細胞會遭受到破壞。「伙計，那是你的朋友啊！」我們想要大聲提醒它，但為時已晚。從遭到破壞的細胞裡逃跑出來的過多荷爾蒙進入血液時，悲劇就發生了。功能亢進的典型的症狀，正如我所說的，現在已經登場了。當沒有甚麼東西可以再從被破壞的細胞中搬出來時，那麼就會全面性地轉變成為功能低下了。這個時候，特別是有橋本氏甲狀腺炎的人會額外出現許多和甲狀腺機能低下有關的不同疾病，所以這種現象被稱為是甲狀腺疾病的變色龍（Chamäleon der Schilddrüsenerkrankungen）：

- 異物感，感覺喉嚨裡有腫塊或喉嚨上有壓力感
- 水腫和腫脹，尤其是在面部和四肢
- 經常清嗓子和連續輕咳
- 聲音沙啞
- 乾燥破裂的皮膚，可能還會發癢
- 乾燥的黏膜
- 脆弱易斷的指甲和頭髮
- 煩躁
- 難以集中精神
- 噁心

- 消化不良
- 性慾降低
- 肌肉疼痛，全身無力
- 關節僵硬腫脹
- 腕隧道症候群（Karpaltunnelsyndrom）
- 神經性症狀（在皮膚上有螞蟻在爬、發癢發麻的感覺、灼熱感）

診斷：遲到總比沒到好，但最好就是現在

因為橋本氏甲狀腺炎呈現的樣貌千變萬化，所以它一直都很少或是太晚才被辨識出來。有許多女性患者因為全身無力、精疲力竭、很沮喪、體重增加或脫髮來到我的診所，診斷時最重要的是要非常謹慎地掌握這個疾病的本質，好好思考引起症狀的原因。

只有透過廣泛的實驗室檢查才能確定是否是自體免疫性甲狀腺炎或是否有其他原因導致甲狀腺機能低下。這就是為甚麼在機能低下的情況下，不能只檢驗促甲狀腺激素（Thyreotropin Releasing Hormon, TSH）的值，還要檢驗T3和T4以及甲狀腺抗體的原因。此外還要對甲狀腺進行超音波檢查。及時檢查出甲狀腺機能低下對每個年齡階段的婦女都很重要，尤其是對想要生育孩子的女性來說特別重要。甲狀腺機能低下可能會造成不孕，因為低水平的甲狀腺荷爾蒙很可能會阻礙正常的月經週期。

蘇艾貝：「單獨檢查促甲狀腺激素（TSH）的值雖然可以找到大腦和甲狀腺之間的控制環中有某些異常跡象，但是卻無法指出毛病到底在哪裡。因此單單只測量TSH的值絕對是不夠的。特別是對橋本氏甲狀腺炎的診斷必須再檢查抗體，因為它是一種自體免疫疾病，所以要檢查TSH的值、游離的T3/T4，以及甲狀腺抗體甲狀腺過氧化物酶（Thyreoperoxidase, TPO）和甲狀腺球蛋白（Thyreoglobulin, TG）。TPO在橋本氏甲狀腺炎的患者身上增加了

90%，TG抗體增加達70%之多。」

治療法

　　有效成分左旋甲狀腺素（T4）是全世界最常使用的藥物之一。令人驚訝的是，很多病人往往吃了這種藥好幾年甚至幾十年，但症狀卻沒有明顯改善。矛盾的是，實驗室給出的數據卻完全不是那麼回事：「甲狀腺荷爾蒙在左旋甲狀腺素下又重新恢復正常，一切都穩定了。」

　　儘管實驗室數值正常，但癥結在於T4不會轉換為有效的T3形式，因為缺少了在轉換過程中所必需的酶。引起這種失常的原因很多。慢性腸道疾病、微生物菌群失衡、缺乏硒、肝臟疾病等，都只是眾多原因的其中幾個而已。轉化或轉換的障礙通常無法被識別，特別是如果是為了要檢驗甲狀腺荷爾蒙攝入時，卻只單獨測量TSH值。這個值可能會落在正常的範圍內，這是因為身為所有荷爾蒙腺體上層階級的腦下垂體認為一切都很好。根據控制迴路的調節功能，如果血液中有足夠的T4，就不需要釋放TSH，因為服用左旋甲狀腺素藥物就正好會出現這種情況。當然是腦下垂體錯了，因為正如我所說的，儘管有足夠T4，但卻缺少了活性的T3。

良好調節的祕訣

　　因此甲狀腺荷爾蒙的調節也是一個非常棘手的問題。如果症狀沒有改善，患者和治療師雙方通常都會傾向於增加左旋甲狀腺素，他們的想法是：劑量越多幫助越大。如上所述，這樣的手法對於兩種甲狀腺荷爾蒙之間的轉換是完全不會起作用的。

　　儘管T4本身基本上沒有任何作用，卻有個例外：在心臟的受體對T4的反應非常良好。但這並不一定有好處。如果在做甲狀腺功能調節時，單單只就以左旋甲狀腺素來做為處方，可能會導致心臟問題，例如心跳加速、心臟的過早搏動（Herzstolpern，期外收縮）或甚至會產生心絞痛（Angina-pectoris-

Anfall〔狹心症Brustenge〕）。焦慮感或胸腔上的壓力絕對不是好事。

我們的建議是，如果您去做甲狀腺檢查，應該知道參考數值在這段時間以來已經有了變化。多年以前，促甲狀腺激素（Thyreotropin Releasing Hormon, TSH）的上限數值是4.5到5 mIU/l之間。如果您所檢驗出來的數值是8 mIU/l，表示功能低下，醫師會開甲狀腺素的處方給您。如果在左旋甲狀腺素的作用下，該數值降至5 mIU/l以下，就可以減少劑量。今天我們認為2 mIU/l的數值是最佳的，因為即使在4 mIU/l的情況下，還是有許多女性會有嚴重症狀。

因此，如果將實驗室的檢驗數據拿給您看，然後告訴您：「雖然您還是覺得不舒服，但是按照檢查的結果一切都沒有問題。重要的是您的健康，而不是列印出來的內容！」這種用數據來敷衍了事，而不注意實際身體狀況的態度，一點都無濟於事！

我們在此列出甲狀腺檢驗數值一覽表，不過這些數值會因為做檢查的實驗室不同而有所差異：

甲狀腺數值	參考值（血液血清）
促甲狀腺激素（TSH）─基礎	0.27-4.0 mIU/L 功能醫學認為從2.0起是潛在功能低下
游離T3（fT3）	2.0 - 4.4 pg/ml
游離T4（fT4）	9.3-17 pg/ml
非活性的T3（rT3） 反式T3	<83 pg/ml
甲狀腺過氧化物酶（TPO-AK, MAK）	<35 U/ml
甲狀腺球蛋白抗體（TAK）	<72 U/ml

使用T3所做的輔助治療

如果甲狀腺機能低下的一般症狀沒有獲得改善，常會增加T4製劑的劑量。此時如果出現心跳加速、心臟過早搏動等心臟症狀，則其原因很常是出在長效性的T4附著在心臟裡受體的特別親合性。在這種情況下，請避免增加或減少左旋甲狀腺素的劑量。如果服用額外的T3製劑可以對甲狀腺做出最佳的調節，但這不是那麼容易，還需要有一點耐心。

許多醫師甚至不知道可以使用T3，或對這種作法採取保守的態度因而極不願意這樣做。這是有原因的：在30年前，T3被用在健康人的身上，用來以人為的方式增加基礎代謝率而加速新陳代謝。那時候大家以為總算找到了可以解決體重問題的終極仙丹，但是甲狀腺健康的人服用這種藥劑卻導致甲狀數值腺過度增加，結果出現了危及生命的併發症，例如心律不整和發燒等。不幸的是T3就因為這個不好的名聲就此在這方面的用途上消失了，十分令人惋惜，其實對甲狀腺荷爾蒙缺乏症而言，如果出於一個很有經驗的醫療人員之手，則T3會是非常有效益且值得使用的藥劑。

蘇艾貝：「我自己曾有過一次親身經歷。一位拒絕使用T3療法的女同事，對我所開出的『使用興奮劑的方法』（Doping Methode）感到非常憤怒。到底發生了甚麼事呢？她有一個被確定身上沒有其他病因的病人在長期服用左旋甲狀腺素之後，健康狀態一直都沒有獲得改善。這個病人非常無助，不知所措地來到我的診所。她身上的T3數值過低，她患有甲狀腺素轉換障礙，所以T4並未被轉換成T3。我讓她服用T3並減少T4的劑量，伴隨著一些生活方式以及食物上的轉變，在幾個星期之後她好像換成了另一個人。」

反式三碘甲狀腺素（rT3）

還有另一個角色也可以阻擋三碘甲狀腺素（T3），那就是它的雙胞胎：

反式三碘甲狀腺素（Reverse Triiodothyronine, rT3），它們兩者具有相反的特性，但是rT3卻會附著在同一個受體上並與之結合，進而阻斷T3的作用。因此檢查rT3的水平是值得的，這樣您就可以得知，在T3水平正常之下您的rT3是否過高。如果是，那麼您可能會感到疲倦、有氣無力的，也就是說甲狀腺低下的症狀變嚴重了。

因此，在這裡值得仔細考量，尤其是在治療甲狀腺疾病變得很棘手的時候。您可以透過幾種方法來降低您的rT3水平：戒酒和避免尼古丁，排除肝臟裡的毒素，減輕壓力和服用T4和T3的複合藥劑。

在此我們也要說明另外一種對左旋甲狀腺素的傳統治療的替代方案：

自然同質性的甲狀腺荷爾蒙

在引入人工合成的甲狀腺荷爾蒙之前，甲狀腺機能低下症都是使用從牛或豬的甲狀腺所萃取的甲狀腺荷爾蒙來治療。自然同質性變體荷爾蒙從20世紀開始就始被使用，已是歷史悠久了。

豬的甲狀腺組織與人類的非常相似，除T4和T3外，還包括T1、T2以及甲狀腺的結構單元和其中的酶。

以前在每個製藥過程的區間（藥品製作過程的週期）裡的荷爾蒙的數量都不一致，因為在年輕豬隻身上所萃取的濃度要比在年長的豬隻身上所萃取的濃度來得高，直至今日從牛身上取得的萃取物也仍舊存在這個問題。但基本上這些藥品製劑都是非常可靠的。

有一些無法完全適應純合成製劑的患者現在可以（重新）從動物性的甲狀腺萃取物中受益。他們現在感覺到病症有明顯好轉或甚至已經沒有症狀了，特別是如果他們使用合成的左旋甲狀腺素的標準療法卻沒有效果之後，這種天然甲狀腺萃取物倒不失為另一種選擇。

在德國這種天然甲狀腺萃取物只有在藥師自己為客人個別調劑的複合藥房裡才可以買得到，費用由私人健康保險公司支付。因為這種藥劑是來自於豬和牛身上的萃取物，所以對於植物飲食或純素食者以及信仰回教的穆斯林而言，當然是不合適的。

蘇艾貝：「我幾乎嘗試過了所有方法來治療我甲狀腺機能低下的問題。我當然也從服用左旋甲狀腺素開始。我的檢查報告以及身體狀態都有變好，但是離最佳狀態還是有一大段距離。每當我增加T4的劑量時，心跳就會加速跳動，出現期外收縮。因為T4的半衰期明顯地比T3長，所以這個副作用令人感到非常不舒服而且時間持久。如果額外添加一點活性甲狀腺荷爾蒙（T3），這些副作用就變得比較容易忍受了。

就我個人而言，我最能適應從豬甲狀腺中萃取出來的自然同質性甲狀腺萃取物，很遺憾的是這些製劑必須從美國訂購、自己付款，而且如果有出貨問題時，得接受較長的等待時間。但這對我來說還是值得的，因為服用這種藥物時我感覺到身心達到更好的平衡，新陳代謝更穩定，睡眠也很好，覺得身心舒暢。除此之外我的檢查報告數值也都很正常。我不是唯一一個有這種感覺和經驗的人。很多來我診所看病的人都表示，單獨只用藥物T4的療法無法調適身心的平衡狀態。

儘管我在最大程度上避免吃肉類產品，但是為了我的健康和福祉我還是可以妥協接受服用豬隻產品藥物。」

抓準時間點才是正道

不要在隨便的時間點吞服甲狀腺藥丸。這種作法一點用處都沒有，甚至會減弱藥品的效果。某些食物和其他藥物會和您的甲狀腺製劑產生交互作用，使得藥物無法達到預期的效果。所以非常重要的是，甲狀腺

藥物要在早餐前至少半個小時服用，而且不要和其他藥物一起服用。不可以一起吃的食物包括富含鈣質的牛奶、乳製品，以及柳橙汁、鐵補充製劑以及咖啡。在藥品方面則是降低膽固醇的藥物、氫離子幫浦阻斷劑（Protonenpumpenhemmer）、制酸劑（Säurehemmer），因為它們都會破壞甲狀腺製劑的功效。

另一方面，應避免麩質，而且如果體內缺乏鐵、碘、硒、鋅和維他命B、C、D、E或營養素時，應補充達到應有的水平。這樣做對治療甲狀腺疾病是有助益的。

橋本氏甲狀腺炎不僅是一種會影響甲狀腺的自體免疫疾病，它更會影響整個身體，因此我們在治療時也一併將所有可以增強免疫力的因素都含括進來，包括減輕壓力。另外非常重要的是肝臟的排毒，因為只有在功能最佳的情況下，肝臟才能將足夠的T4轉換為T3。而且您這樣做，腎上腺也會很高興，如果您好好的照顧它，它就會出手支援甲狀腺做為回饋。甚麼可以幫助肝臟和腎上腺？

把黃體酮的水平調整好對於保持甲狀腺功能的最佳狀態是非常重要的。其原因在於黃體酮可以增加甲狀腺受體的敏感度。非常可惜的是我們太常忽略甲狀腺功能失調和荷爾蒙水平的波動會同時出現的事實。

甲狀腺的支持者

碘（Jod）：對橋本氏甲狀腺炎而言，碘鹽是不可或缺的。儘管還有些爭議，但碘對甲狀腺的功能是絕對重要的。您是否需要額外加碘，應該和您的醫師討論。請您隨時注意自己的身體反應。有一些病患只需要到海灘去度假，在呼吸了海邊含有碘的空氣之後就可以減少甲狀腺荷爾蒙的劑量，並且會感覺更有活力。另外一些患者只要在亞洲餐廳吃過含碘的海藻之後就抱怨說，她已經感覺到煩躁不安和甲狀腺機能亢進的不適了。

鋅（Zink）：鋅是一種微量元素，它在我們身體裡面的三百多種新陳代謝的過程中都扮演了重要角色。對於甲狀腺功能而言，它是必不可少的，因為它參與了活化T3的過程。長期飲酒是造成體內缺乏鋅的原因之一，缺乏鋅會削弱免疫系統的功能。指甲變脆、脫髮和生育力降低只是缺乏鋅的部分後果而已。腰果、杏仁、海鮮、葵花籽和南瓜籽都是富含鋅的食物。推薦的每日劑量是15到25毫克。

　　硒（Selen）：硒可以降低甲狀腺過氧化物酶抗體（Thyreoperoxidase, TPO）的數量，這對於甲狀腺的酶功能，以及對轉化為活性甲狀腺荷爾蒙是很重要的。硒具有抗炎的性質並且可以支持免疫系統。在德國土壤中硒的含量很低，所以在飲食中包含足夠的硒就顯得更加重要了，如有必要，也可以服用膳食補充劑。富含硒的食物包括巴西堅果（Paranuss），每天只要一兩顆堅果就能滿足我們身體的需求。我們建議的劑量是每天200微克。

　　維他命：綜合維他命B、維他命C和維他命D可以支持免疫系統。足夠高的維他命D水平在更年期極為重要。因此，您應該在做橋本氏甲狀腺炎檢驗時一併檢查維他命D水平，並且在必要時將其補足到正常範圍內。

　　鐵：充足的鐵對甲狀腺荷爾蒙的生產以及酶的有效性至關重要。人們常常低估了嚴重的鐵缺乏症會導致甲狀腺機能低下的事實。請去檢查一下您體內鐵的水平，如有缺乏請務必補充。

平衡雌激素占優勢情形

　　請平衡您體內的雌激素占優勢情形。可以直接在甲狀腺上塗抹一種含有黃體酮的凝膠，它可以明顯地緩解症狀。您現在可能會感到很驚訝，因為我們在「藉由荷爾蒙來調節荷爾蒙」那個章節裡明確地表示我們並不推薦黃體酮凝膠。不過在甲狀腺這個部分例外，即使您到現在為止還沒有服用過雌激素，您也可以試著使用黃體酮凝膠。如果您已經服用過黃體酮的膠囊，那麼您可以每天額外地在甲狀腺上塗抹少量的乳霜。

生命週期評估

甲狀腺是您的能源供應商。甲狀腺機能低下往往和頑固的肥胖症同時並存，這並不是一件令人高興的事情，因為身體必須供養更多給肥胖的體內組織。打個比方，一棟豪宅會比一間小木屋消耗更多能源，如果您沒有在四個房間而只有在三個甚至兩個房間裡開暖氣，那您的甲狀腺會因為您對生態學上的瞭解而感到高興。

橋本氏甲狀腺炎和麩質

據觀察，大多數橋本氏甲狀腺炎的患者對麩質的耐受性也比較差，也就是有麩質敏感性或患有麩質不耐症。事實上，對抗麩質的抗體會錯誤地對抗結構上和麩質非常類似的甲狀腺組織。麩質不耐症或稱麩質過敏症（乳糜瀉〔Zoliakie〕，小腸病變〔Sprue〕）是遺傳所引起的。含麩質的食物如小麥、裸麥、大麥會在小腸裡產生一種免疫反應，它會和黏膜炎症同時發生。會發生腹痛及腹瀉、體重減輕、維他命缺乏症狀、疲勞，還可能出現貧血、骨質疏鬆和關節疼痛等。

如果您不知道自己是否患有麩質不耐症，但若您在吃完白麵包或麵食之後肚子總會咕嚕咕嚕地叫或抽搐時，那麼就值得去做一次麩質敏感性測試。測試的方法是在二到四個星期的期間裡完全避免攝入有麩質的食物，然後觀察一下您是否感覺比較舒服。

蘇艾貝：「我的許多病患在幾天沒有攝取麵條、麵包以及所有用白麵粉烘焙的食品之後，就已經明顯感覺到好過很多。一開始時，您可能很難想像，如果沒有這些佳餚要怎麼過日子，但是這種生活上的改變是完全值得的。您會更輕鬆地減掉幾磅的體重，並體驗自己身體的全新感覺。有很多美味的替代品可以來代替麵粉類食物。我自己個人很喜歡而且很快地就習慣於

用炒蛋或粥來當早餐。血糖水平變得更加均衡，而且飽足感可以維持更長時間。這不僅可以減輕胰島素水平、腎上腺和甲狀腺等的負擔，還可以防止強烈的飢餓感。」

橋本氏甲狀腺炎的治療計劃範例

- 早上在吃早餐前30分鐘空腹服用左旋甲狀腺素，可以同時服用或不服用T3或天然的甲狀腺萃取物
- 200毫克硒
- 25毫克鋅
- 綜合維他命B
- 如果體內鐵值低時，則服用含鐵的錠片（請務必至少要和服用治療甲狀腺藥物間隔4個小時，最好是在餐後與維他命C同時服用）
- 維他命D 2000至3000 IU/天（請先檢查並確定剛開始服用維他命D時的起始值）
- 鎂200至400毫克/天（可能有通便作用）
- 排除碘缺乏症
- 服用益生菌以促進腸道健康

最後一點：避免承受壓力，因為高皮質醇會阻斷黃體酮受體，那麼可以安定我們的神經鎮定藥黃體酮就無法讓我們的系統平靜下來。我們會有如被通上電流般感到緊張不安。甲狀腺會認為，我們體內的系統中已經有足夠的火力了，因此節制它的生產。

我們將在下一節說明如何好好應對壓力。

透過腎上腺、肝臟以及減輕壓力來調節荷爾蒙

正如我們在第二章裡討論的，壓力荷爾蒙皮質醇處於緊急的激動不安的情況很重要，如此一來我們整個注意力會集中在身體上。對於身體而言，壓力意味著攻擊或逃跑。即使只是近距離緊黏在您車後的汽車駕駛，或是當我們想要打坐冥想且剛坐到坐墊上時，卻因為沒有調到飛航模式的手機突然響起，這些對身體來說都是壓力。

不論是在身後響起的汽車喇叭還是電話鈴聲，都會讓我們心中一緊，心臟開始加速跳動，我們整個人也進入逃生或攻擊模式。我們會變得緊張或有攻擊性，有些人會變得僵硬不知所措而沮喪，每個人的反應不同。稍等一下、先喝杯茶或是坐下來慢慢想要如何做決定來應對壓力的這種反應並不是處理壓力狀態的選擇。對壓力的任何一種反應都是逃脫或攻擊！

這就是為甚麼當我們處於緊張有壓力的時刻時，我們的身體一直會釋放荷爾蒙皮質醇的原因。它會使我們的心臟跳動加快，血壓和血糖會飆升，急速喘氣呼吸。此時免疫系統受到抑制，因為我們沒有時間進行細胞清潔或體內其他的清理工作。

如果緊張的時刻持續較久，例如幾天、幾個星期、幾個月甚至幾年的時間，那麼身體就會出問題。我們會變得更容易染病，而且也會老得更快。在更年期之前就已經承受了多年壓力的婦女，老化時間會比她們輕鬆過日子的女同事們快十年左右。

壓力反應是自古以來一直保留到現在的一種生理現象。舉例來說，數千年前當人們要去獵一頭猛獁象

（Mammut）時，當然有著巨大的壓力。這隻動物非常巨大且危險，人們的工具配備有限，團隊成員間可能並非合作無間。但是這種壓力大概只持續幾個小時，獵殺工作完畢之後，大象的肉夠人們吃上幾個月，而且在不需要出獵的期間還可以翹腳輕鬆過日子，至少石器時代考古的發現證明了這一點。今天有許多人在白天甚至要努力忍著不去上廁所，至少要忍耐到午休時間。我們應該好好想想，到底現代社會出了甚麼嚴重的問題。

實際上，越來越多在35歲到55歲之間的人表現出永久的交感神經緊張狀態（Sympathikustonus），他們的神經系統發出命令，要所有的器官就戰鬥位置或做逃生準備，並且不斷地催促著：「衝，衝，衝啊！」這種狀況讓腎上腺幾乎來不及分泌足夠的皮質醇。

可以制衡交感神經的是副交感神經系統。它使身體進入平靜狀態模式，並確保所有對身體有所幫助的、可以嬌慣、供養身體的以及可以修補細胞的器官都活動起來。在有重大壓力的時候，副交感神經系統完全被關閉了。此時它根本沒有發言的餘地，連一點點插手的機會都沒有。其實這也是非常重要的，因為只有在沒有干擾的情況下，免疫系統的所有參與者才能聚集並武裝起來對抗外來的入侵者，例如下一回合的流感病毒或是像癌細胞一樣的失控細胞。但是，在壓力下，免疫系統的運作只能保持在很小的程度上。許多勞累過度的人總是恰好在很難得才有的假期的第一天或第二天就生病了，這真的很令人生氣，但其實一點也不令人感到驚訝，因為皮質醇系統終於到了可以關閉的時候，而長期受到抑制的免疫系統就馬上回報說我的喉嚨痛了，好像是在刷存在感並且向我們提出抗議說：「我也還在耶！」

特別是在更年期，女性們正處於生命中最忙碌的時候。在生命的這個階段，一天最好有48個小時。孩子們還很小，或是正處於青春期，雙重負擔是一項非常嚴苛的挑戰，特別是當您在工作上必須有所表現，或者是您必須擔心是否會失去工作的時候。工作的份量在公司重組政策下並沒有絲毫減少，相反的必須負擔兩倍於以前的工作量。

朋友圈也可能持續擴大，而且您不想拒絕每個晚上的烤肉聚會。另外還有您自己的或孩子愛好的活動，父母、公婆，可能還有一個仍在追求自己事業或已經進入自我內省階段的先生。我們都知道這個情況到底是怎麼回事。

現在，正好是在荷爾蒙轉換的階段，女人現在最不需要的就是緊張和壓力，當然也最不需要那個會搶走我們體內最後剩餘的黃體酮的皮質醇。事情是這樣的：在慢性壓力下，腎上素腺必須生產比平時更高水平的皮質醇，作為皮質醇前一階段原料的黃體酮會因此被消耗殆盡。不僅如此，皮質醇不是一個合群的團隊隊友。它和黃體酮一樣會附著在骨細胞上。如果在血液中的黃體酮水平不足，那麼皮質醇會阻礙黃體酮保護骨骼的作用，因而造成傷害。如果慢性壓力持續，過多的皮質醇會繼續對骨骼起作用，而骨質疏鬆症的風險就會增加。

如果腎上腺需要不眠不休地一直生產，總有一天它會說，我受夠了。我們稱這種狀態為腎上腺功能減退或腎上腺無力。所以：

仔細看看是值得的

腎上腺無力要在一開始的時候就及時發現，以免它陷入完全精疲力盡的境地。想要取悅每個人，永遠都不會拒絕別人的人特別容易感到壓力。完美主義者也是高危險群。我們完全可以想像，如果一個人總是要求自己或別人任何事都要做到百分之百完美，那會是多麼累人。我們要知道，少即是多，在某些人一天內可以完成的工作量方面也是如此。

當然，還有我們已經談過好幾次的外部環境，例如雙重的負擔、疾病、死亡、失業、對於生存的恐懼等，也會消耗我們大量儲備的精力。

我們並不能總是控制一切，但是我們至少要去找出所有的壓力源，也就是去確認哪些是我們可以掌握的、會引起壓力的觸發因素。有幾個壓力源很喜歡把自己擺盪得很高，也就是說它們會積累增加。

我們可以說「不」。我們可以拒絕一項工作，這項工作可能會帶來更多人對您的認可和肯定，也或許可以得到一點點額外收入，但是您需要為此承受多出三倍的精神壓力。我們可以攝取健康的飲食，因為快餐或速食對身體而言是一種壓力。我們可以尋求身心的放鬆以及正念內省的方法。稍後我們會對此進行更多的討論。

蘇艾貝：「首先我們必須能意識到我們有壓力。這聽起來可能很奇怪，但是通常，壓力根本不被認為是一個問題。壓力有很高的成癮因素。大腦習慣於高皮質醇水平，甚至可以說，大腦在不斷地索求它。」

就算是某種情況會讓我們感到壓力，但是我們會創造出我們所熟悉的處境，我們很熟悉這種反應，因為我們是一種習慣性的生物，所以許多人很難揚棄壓力。心中總是想，最好是繼續這個樣子。此外，長期處於壓力狀態的人經常會消耗比較大量的酒精飲品、毒品、止痛藥和吸菸以補償壓力所產生的後果。不幸的是，從長遠來看，在晚上喝下一杯可以鬆弛壓力的紅酒並不是減輕壓力的最佳解決方案，喝酒雖然可以讓我們很快地入睡，但是因為胰島素水平下降，也會讓您在夜裡更常醒過來。

由於疲憊，倦怠以及與此相關的病假和曠工情況急劇增加，使我們獲得了越來越多有關於壓力源以及壓力在身體上所造成的後遺症的知識。到了現在，這些日積月累的知識甚至促成了一門新興的醫學分支：壓力醫學。這個領域裡的科學家們正在卯足全力進行研究。比較惡毒的說法甚至指出，這是因為經濟上的原因，所以才會如火如荼地進行這方面的研究，因為倦怠的患者在一年之內至少曠職了六個月之久，這對健康保險公司以及雇主是很大的負擔。但是我們不想在這裡冷嘲熱諷，我們寧願認為這一切的努力都是為了給所有人提供最好的醫療新知。

皮質醇的正常健康釋放都是在一定的時間軸上波動進行。起床後約一到

兩個小時的高皮質醇水平，可以讓我們開始清新有活力的一天。在一天之中它的分泌量持續下降，只有在中午過後的一段時間裡會再出現一次迷你高峰，可以讓我們在下午的時候再一次具有活力。所以在午休之後大約一小時左右我們還可以來個小小的衝刺。到了晚上時，如果一切過得順利，皮質醇水平會掉到谷底，這會使得我們感覺到急需倒到床上去好好地睡一覺。生命的進化早就為人類預見了這種典型的生活韻律，並為我們預先想好了這樣的步調和節奏。

相反的，持續的壓力所引起的皮質醇的不穩定會帶來一個相當混亂的局面：早上的時候我們只想躺在床上，白天裡我們拖著疲倦的身軀度過一整天。最壞的情況是，當我們終於可以躺下來的時候我們卻不感到疲倦，輾轉反側一整夜——這根本就是一場噩夢。

您可以用一個很簡單的唾液測試方法來測量自己的皮質醇水平。這是一個很好而且很可靠的壓力標記，它比血液和尿液測試更能清楚說明您腎上腺的狀況。測量皮質醇在一天之中不同時間在唾液裡的含量，可以輕鬆地評估您的腎上腺是否受到了侵害以及程度如何。在德國，做這個測量時只要一天三次少量地將您的唾液吐在管子裡，然後把它全部郵寄到醫師診所或實驗室就可以了。

長期的慢性壓力在開始時會導致皮質醇水平升高，在腎上腺越來越精疲力竭時，會使得在唾液中的荷爾蒙濃度降低。隨著腎上腺疲憊程度的增加，荷爾蒙濃度首先會在早上降低，到了後來就會整天都有這種荷爾蒙濃度下降的情況。

慢性腎上腺機能不全（Chronische Nebennierenrindenschwäche, NNRS）

在常規的醫學中，通常只區分健康或是有病。就腎上腺上而言，這表示，如果它不健康，就表示它很大一部分已經沒有功能了。在後者的狀

態下是因為已經患了一種罕見的自體免疫疾病，我們稱它為愛迪生氏病（Addison-Krankheit），出現這種病症時，荷爾蒙的分泌幾乎完全停滯。如果沒有補充荷爾蒙，將會危及生命。

但是，其中也有一些細微的差別：是腎上腺衰退、功能障礙，或功能失調（所謂的腎上腺功能衰退，Hypoadrenie）。這種病通常是無法診斷的，但卻是一種很常見的功能障礙，不過我們有很大的機會可以用減少壓力的方法來預防這種病症的發生。

病症的感染會變得更為常見，也可能會引發自體免疫疾病或是會使其他一些疾病變成為長期的慢性病。心血管疾病、肥胖症、糖尿病、背痛等都可能與壓力有關，同樣地，也可能會造成腦功能障礙和其他荷爾蒙水平的混亂或是不平衡。如果我們可以及早發現慢性腎上腺機能不全（NNRS），那麼就可以反制精疲力竭症狀或其他受到壓力影響所引起的各種病況。

在功能醫學中，腎上腺功能障礙的初步階段可以被辨識出來並加以治療。我們把腎上腺功能從健康到生病，分成三個階段。

問卷：您的壓力荷爾蒙水平如何？

以下的原因或負擔可能導致腎上腺功能減退。您可以將下面表列的項目完全以您自己個人的感受來補充說明那些會讓您特別耗費精力的活動。儘管腎上腺機能不全通常都是由幾個因素所累加起來的，但是因為心靈精神上的創傷會引起極端的壓力，所以這種創傷即使是單獨個別的事件，也可能會導致腎上腺機能不全。如果有五項或更多的陳述符合於您的狀況，那極可能就是腎上腺機能不全。

身體上

- 因為我在健康上的原因、或是由於自體免疫疾病、哮喘或類似的病症而必須長期服用類固醇（Steroide）（可體松〔Cortison〕）。
- 我患有慢性病，如風濕病、橋本氏甲狀腺炎、哮喘、關節炎、骨質疏鬆症。
- 因為過敏、哮喘發作或感染，所以我從前陣子開始變胖了。
- 我一直非常想要吃甜食，或者經常感到肚子餓。
- 雖然沒有外部的原因，但是我的心臟卻加速跳動或血壓飛升。
- 我患有皮膚病例如濕疹，皮膚變薄了。
- 我的腹部凸出來了。（女性的腰圍尺寸大於90公分，身體質量指數〔BMI〕大於25）（＊編註：據臺灣衛福部建議，女性腰圍在80公分以上就是超標）
- 血糖不平衡且經常波動。（可以是血糖過高，可以是已經被診斷出是糖尿病前期〔Pradiabetes〕；也可以是有低血糖的症狀如發抖、出汗、躁動、攻擊性）
- 我有胰島素阻抗問題。
- 我患有腸胃不適症、胃灼熱。
- 我的月經變得不規律。
- 我對氣溫低冷越來越敏感。（例如晚上穿著襪子睡覺）
- 我的嘴唇內側、乳頭、陰道裡的皮膚已經變成褐色了。
- 在肩膀上、脖子上和臉部出現褐色斑點。
- 出現肌肉無力現象。
- 早晨眼皮腫脹，晚上腳踝腫脹。
- 我在早晨或晚上醒來時心中充滿著焦慮和恐懼以及心臟狂跳，通常是因為在凌晨一點到四點之間的噩夢所引起的。

精神上

- 最近幾年來經歷了非常緊張的人生階段（分居、離婚、搬家、換工作、照顧家人親戚、喪親、工作中的衝突、失業、對生活困境的恐懼）。這些事件使我處於精疲力盡的邊緣。「我早就受不了了」這句話完全符合我的心境和實況。
- 我的工作一點效率都沒有，無法再承受壓力。
- 我難以專心，語焉不詳。
- 我很容易情緒失控，很快就會發脾氣，容易變得很緊張。
- 我情緒很容易起伏波動，經常感到很難過。
- 我整天像無頭蒼蠅那樣，不斷地從一件事忙到另外一件事。
- 我一直感到焦慮恐懼而且神經質地事事擔心。
- 我的人際關係，包括與男女朋友的關係，都出問題了。最近一直重複出現爭執和衝突。
- 我一次又一次下定決心要冷靜下來，但我卻做不到。
- 我一直有躺下來的迫切需要。
- 我對噪音變得很敏感而且已經過度敏感了。
- 我的性慾下降。
- 我無精打采、毫無生氣和動力、絕望、懷疑、身體感到虛弱。
- 我喜悅的心情比以前少多了，不再像以前那樣快樂，一切都變成了我的負擔。

罹患腎上腺機能不全後被改變的生物韻律和進食行為

在早上七點到九點之間您完全不想起床。無論如何，早上都很難清醒過來，直到您真正醒來為止需要很長時間，直到上午十點也是常有的事，到了這個時候您通常已經至少喝兩杯咖啡了。

絕大部分時候，到了下午三點鐘您就掉進了毫無精力的虛空之中，如果

沒有喝咖啡來提振精神，整個下午就會昏昏沉沉地。到了晚上九點時您通常就會累得一糊塗，您必須咬牙硬撐才不會立刻睡著。但是，無論如何您不應該把實際上床睡覺的時間拖得太晚，因為如果您錯過了正確的時段，就會在晚上十一點鐘時再出現一次體內能量的補充，其後果是，接下來您雖然會很累，但是您會變得心情大好，精力十足。然後您躺在床上很久很久還是清醒著睡不著。在這個時候，您最好去找一本好書或是雜誌來看，也不要在您的平板電腦上或電視機前面再看一部電影。因為受到平板電腦上或電視機光源的刺激，睡眠荷爾蒙褪黑激素會受到抑制，您的身體雖然是處在午夜之時，不過它卻以為起床的時候到了。

任何形式的禁食都是一件困難的事，甚至就連間歇性禁食也不容易。對甜食的癮很大，包括含有果糖的水果。特別是在有壓力的時候，我們進食會變得很不規則而且很喜歡不停地吃，最好是乳酪、肉類、優格。食物通常會被額外添加鹽分。對於酒精、尼古丁和其他興奮劑會有一種特別的親切感。幾乎每天都要喝咖啡或可樂，而這些喝進去的飲料經常都是以公升來計算。

腎上腺機能不全的治療

就寢前的小點心：儘管我們通常不建議太晚吃晚餐或睡前吃零食，但是在上床睡覺以前很短的時間來個像優格之類的小東西對於腎上腺機能不全來說還是很有意義的，因為這樣可以防止在半夜醒過來。但是最好在下午六點之前吃完最後一頓較大的餐食。您要優先選擇吃膳食纖維，如果是進食白麵粉產品，那麼精製的碳水化合物就會迅速地提升您血液中的血糖，然後又會急速下降而使得您在晚上醒來。

不要吃太多的果糖：尤其是在早晨，不要吃過多的水果。由於水果中的果糖含量會讓您的血糖水平升高得太快，胰島素水平猛增並清除血液中的糖分，進而導致血糖過低。這可能會使女性在早餐之後會變得「搖搖欲墜」。

加一小撮鹽，請使用鹽瓶：患有腎上腺疲勞的人時常會有過低的血壓。

因此，對於腎上腺皮質功能減退而言，不需要太節制用鹽。您可以使用喜馬拉雅鹽或是有機的海鹽，藻類產品也是一個很好的鹽分來源。鹽分含量高的天然食物有橄欖、海藻、菠菜、芹菜和櫛瓜（Zucchini）。

吃全植食物：您的食物應富含維他命和礦物質，如果營養不足會加重疲勞的狀態。在長年吃半素或全素的飲食之後，經常會缺乏維他命B_{12}。

性愛：我們鼓勵您過正常的性愛生活。性愛不只可以幫助睡眠還可以減輕壓力。但請注意，您應該要能在此獲得滿足；性高潮可以放鬆身心並向體內注入催產素。

按照處方睡覺：我們總是想盡辦法讓我們的孩子有足夠的睡眠，不過對自己就不一定如此了。如果您感到疲倦，那麼最重要的事情當然是睡眠。累並不會讓您感到無聊，不需要因此而感到羞恥。如果有人自誇說他只需要四個小時的睡眠，那我們可以很清楚地說，他的腦袋有問題，或至少可以說，這不是一個健康的榜樣，因為他會老得比較快而且會有患病的風險。我們身體裡面的所有細胞都是在晚上進行修復的機制，腎上腺細胞也是如此。所以睡覺是最好的預防工作！

長睡者受惠：在您的職業或日常生活許可的前提下，如果您有腎上腺機能不全（NNRS），那麼您要在早上繼續留在床上直到九點。如果在週間不可能做到，那麼至少在周末時要這樣做。正常來說皮質醇的水平在這個時候最高。如果我們的身體長時間要求高水平的皮質醇，那腎上腺就會在某一個時候罷工，並在這個時候生產較少荷爾蒙，其後果就是早晨的低潮。如果您繼續不斷地與它抗爭，就會使腎上腺機能不全更形惡化。您的腎上腺甚至是您的整個身體現在所需要的恰恰相反：身心需要放鬆而不是更多的壓力。如果您很難起床，那麼就繼續躺在那兒，不必感到良心不安。在這種情況下，醫師的處方就是睡到早上九點鐘！

適應原植物（Adaptogene）：適應原是支持身體抵抗壓力的一種植物性

物質，換句話說，它們可以增加抵抗力。它們以膠囊或片劑形式作為膳食補充劑，也可以當茶飲料來喝，目前甚至在超市也可以買得到。儘管這些適應原幾乎沒有副作用，而且通常可以每天服用，但是還是要請您務必注意看說明書。

—紅景天（Rosenwurz）是一種可以承受極低溫度的植物。它已被證明可以減少皮質醇的釋放並可以武裝我們的身體以抵抗壓力。紅景天還可能延緩皮膚衰老以及皺紋的形成。

—西伯利亞人參（Sibirischer Ginseng，刺五加）在傳統的中藥裡常被使用，它具有增強身體性能的作用，提升抗壓力，活化新陳代謝，具有抗焦慮作用和抗抑鬱性、改善睡眠、恢復正常血糖、讓您開心，因為它會促進幸福荷爾蒙5-羥色胺（Serotonin）和多巴胺（Dopamin）的生產。維他命C會捕捉自由基，這些自由基是細胞的廢棄物，它會削弱免疫系統。維他命C參與荷爾蒙的形成，它會吸收腸道裡的鐵和捕獲致癌性的氮化合物（亞硝胺〔Nitrosamine〕）。

—香菇（Shiitake-Pilze）可緩解壓力並增強免疫系統以及微生物菌群，對血脂有正向的影響。

—南非醉茄（Ashwagandha）或睡茄（Schlafbeer），如同這種水果的俗名一樣，它可以平靜心靈，使得身心平衡，是一種天然的睡眠輔助劑。

—生薑（Ingwer）可以使血壓和心率正常化，並刺激消化。

—銀杏（Ginkgo biloba）萃取物來自世界上最古老的樹種之一。其促進腦血管血液循環的作用早已為世人所知。另外，據說銀杏可以保護細胞免受自由基的侵襲。

腎上腺萃取物（Nebennierenextrakte）：腎上腺萃取物可以提供作為荷爾

蒙生產的前階段原料和建材。它本身還可以提供少量的，可幫助恢復腎上腺功能的重要荷爾蒙。

我們已經知道，腎上腺的破壞不只會因嚴重感染（例如流感）而造成，也會因為腎上腺功能減退而引起。直到合成的糖皮質激素（Glukokortikoide）被製造出來以前，有許多患者都是受益於從牛腎上腺所萃取的腎上腺萃取物。為了快速恢復健康，今天天然的腎上腺萃取物可以無需醫師的處方即可購買。如果您願意或有需要，可以和醫師討論選擇這個藥物。

請您避開咖啡因，也就是咖啡、可樂和紅茶。沒有任何東西比得上一杯絕妙的拿鐵咖啡讓我們感到更幸福，儘管如此，我們還是不得不在此囉嗦幾句有關於咖啡的話，為甚麼咖啡在我們感受壓力時無法提供我們所需要的精力？更不幸的是它還會搶走我們的能量。

多年來，媒體一直在大肆宣傳炒作，說咖啡可以降低中風以及阿茲海默症，而且據說具有保護肝臟的作用，因此絕對是一種值得讚的飲料。不幸的是，在我們感受到壓力的時候，咖啡會導致我們的身心狀態變得更不舒服。每天喝4至5杯以後，咖啡就變得有毒或改變我們的睡眠韻律。此外，咖啡在開始的時候會提高我們的皮質醇水平，之後就會提升胰島素水平。這會導致無休止殘酷無情的脂肪堆積，打亂晝夜節律，因此而擾亂荷爾蒙平衡。請您小心注意不要掉進「壓力—過度疲勞—咖啡—神經緊張—睡眠障礙—疲倦—咖啡」的惡性循環中。我們很常會因為緊張、興奮或是煩躁不安而讓我們會有所自覺。

咖啡因會阻斷並影響我們體內可以讓我們平靜下來的系統控制迴路。對腎上腺機能不全患者而言，其對咖啡的典型反應可能是突然的疲倦；我們可能會真正地陷入困境，接著下來會極度渴望攝取甜食以便恢復血液循環的常態。請您自己算一算，您每天喝多少杯咖啡，包括拿鐵咖啡、卡布奇諾咖啡，以及偶而在咖啡小店裡站著喝的兩三杯義式濃縮咖啡還有在義大利餐廳甜點後的濃咖啡？咖啡因會令人上癮，它提高我們的多巴胺的新陳代謝並導致成癮。不幸的是，去咖啡因的咖啡無法完全解決問題。透過咖啡裡面的酸它還是會影響血糖、皮質醇和交感神經系統的活動。請回想一下：逃跑或攻擊

對腎上腺機能不全患者而言重要的是，將每天喝咖啡的數量降低到最多1到2杯的上限。在頭幾天，您可能會因為戒斷症狀而頭痛。要消除這種現象您可以飲用2公升的液體（水或涼茶），這會有奇蹟般的效果。您也可以藉由每天服用1到2片，每片400毫克的鎂來達到同樣的效果。如果您就是不想放棄喝咖啡的享受，那麼您可以嘗試，至少在下午的時段不要喝咖啡，如此至少能讓您在晚上可以好好休息並且較容易入睡。您可能很難做到，不過這可以讓您特別有感地享受上午所喝的2杯咖啡。以後您可以換成茶或礦泉水等飲料。

在更年期階段以及特別是對腎上腺機能不全的患者來說，在一段時間裡完全戒除飲用咖啡是非常值得的。唯有如此，您才能了解咖啡對您到底有多深的影響。如果您感覺到，沒有喝咖啡您的身心狀態很穩定、潮熱減少了、也更少受到雌激素占主導地位症狀的干擾、可以睡得更好、不再那麼常感到不安和焦慮時，您又可以決定，您是不是以及為甚麼需要咖啡因（要維持清醒、提振精神、純粹是為了享受或是因為社交的需要）。請您將以這種方式獲得的認知做為基礎來決定您每一天喝咖啡（或減少）的數量。您將會發現，這樣做您的日子可以過得更好。

腎上腺疲勞（Nebennierenerschöpfung）患者的每日攝食計劃表

- 維他命C每天1000毫克
- 綜合維他命B每天一次
- 檸檬酸鎂每天2 x 300毫克（如果大便變軟，則減少為1 x 300毫克，鎂具有通便作用）
- Omega-3脂肪酸每天2 x 1000毫克
- 亞洲人參
- 睡茄每天200毫克
- 甘草根萃取物每天200毫克

直接給予皮質醇（在個別情況下是必須的，例如在腎上腺皮質完全「磨耗」的狀態下），症狀會快速消失，但這只是把大腦的控制迴路關閉，讓它不起作用而已，雖然症狀消失了，但實際上並沒有真正治好，只是在浪費天然的氫化可體松（Hydrocortison，可體松Cortison）而已。對於患有哮喘、風濕病或其他必須有意識抑制其過度高漲的免疫系統疾病的人而言，這樣的效果是我們所期待的，但是對腎上腺功能減退的患者而言就不是這樣了。

脫氫表雄酮（DHEA）—黃體酮：DHEA可以作為男性治療腎上腺功能減退的藥物，但是在女性患者身上則是使用黃體酮比較好，因為黃體酮可以間接提高DHEA水平。

平衡：請您確保身體上、心靈上以及生化層面上的平衡。生化層面的平衡指的是體內每個細胞的建構和分解過程是有序的。因此，活動和休息、愉快的進食和不進食之間的轉換和晝夜變化的韻律是同樣重要的。如果硬是把晚上拿來當作白天使用，那我們的身體就會受不了。因為睡眠不只是對抗壓力的最佳藥物而已，所以我們想要為自然韻律的問題另闢一個專章來討論：

時間生物學 —— 按照處方睡眠

地球上的所有生物，甚至連單一細胞的生物和植物，都有一個身體內部的時鐘。這取決於白天和晚上，也就是光明和黑暗的節奏，也取決於季節和月球的週期。我們身體的所有功能都配合著這個體內的時鐘（稱為晝夜節律）。我們也可以這樣說，在我們的身體裡面有一個瑞士錶的錶心。不只是睡眠節律配合著白天和黑夜的階段，就連荷爾蒙的生產、新陳代謝的過程、身體溫度的調節甚至我們的情緒等生理現象，都是美妙精確地跟隨著這個節律在運行。這種自古以來的自然機制已經錨定存在於我們基因裡了。

杰弗瑞‧康納‧霍爾（Jeffrey C. Hall）、邁克爾‧羅斯巴什（Michael Rosbash）和邁克爾‧瓦倫‧楊（Michael W.Young）因為對體內時鐘的研究而獲得了2017年的諾貝爾醫學獎。

在發明電之前，我們以雞的作息做為標準決定上床睡覺並且跟牠們同時起床。我們按照四季的更迭在田野裡耕作。我們端到桌上的東西是剛剛收穫、宰殺以及被獵殺的食物或者自然界所提供的一切。我們用夏天採收的水果來為冬天製作果醬，然後將馬鈴薯以及蘋果存放在黑暗的處所。在晚上的燭光下，當我們述說著白天的故事時，也會同時把褲子上的破洞縫補起來。雖然這種生活可能沒有我們想像中的那麼羅曼蒂克，但是絕對可以確定的是，到了晚上八點或九點時一切都結束了。

自從電力發明以來，所有的事情都變得和以前完全不一樣了。燈泡和蒸汽機把我們的有機體從它的生物進化週期裡彈射出來。從此以後，人類把夜晚變成了白天，夜班工作被引進了職場。今日在全球，全天候日夜不停地在工作。飛機可以克服時區的差別。在幾年之後，每個有能力負擔的人都可以到平流層（Stratosphäre）裡飛來飛去，在可預見的將來，我們也可以飛往月球。我們的身體不斷地在大聲叫喊「停下來！你們瘋了嗎？」身體會這樣呼叫，其實一點也不需要大驚小怪，因為它是一個適應的藝術家，但是所有的事情都有它的極限。

在輪班工作和持續睡眠不足的情況下，已經可以證明，不僅提高了不斷增加的聚集感染，同時也提高了罹患癌症的風險。主要是因為在休息的時候，也就是說在睡眠期間進行的細胞維修過程被抑制了。其結果是，基因的改變（突變）無法被充分的消除掉。因此睡眠不足除了會增加罹患癌症的風險之外，同時也是引起頭痛、高血壓、免疫系統減弱以及心血管循環系統疾病的原因。

根據2017年德國受雇員工健康保險公司（Deutsche Angestellten-Krankenkasse，DAK）的報告，全德國有3,400萬人患有失眠症；35%的職業人口認為他們每周至少三到四次無法入睡或是一覺睡到天亮。在更年期的婦女中有十分之一的人都在抱怨她們有睡眠的問題。

因此理性地處理壓力以及睡眠荷爾蒙褪黑激素的問題是很重要的。

睡眠荷爾蒙褪黑激素

褪黑激素是一種荷爾蒙，它是在黑暗的時候由在間腦（Zwischenhirn）裡叫做松果體（Epiphyse）的一個小腺體以及眼睛裡的視網膜中與腸道裡被釋放出來的。它接替了我們身體裡面夜班總監的工作並催促我們睡覺。黑暗是它分泌的信號。褪黑激素在晚上的生產量是白天的12倍，如果我們的環境變得明亮，褪黑激素的生產就會被抑制，導致我們醒過來。

這就是為甚麼如果我們躺在床上手捧著平板電腦搶著看最後一條夜間新聞或是連續劇就會很難入睡的原因，因為電腦或電視的螢光太過強烈，光源的亮度打亂了我們松果線的正常步調，在亮光之下，松果體認為現在是要起床的時候了，所以它就會把褪黑激素扣留下來。特別是那些波長大約是480奈米左右的藍色光會像咖啡因一樣讓我們變得清醒。我們當然不會察覺到，因為在平板電腦螢幕上的光線看起來好像是白色。在螢幕前面工作兩個小時會使得褪黑激素的生產量減少五分之一，我們睡不著覺一點也不奇怪！現代的平板電腦和手機都具有藍光濾光片，因此我們可以特別避掉這個光線。

褪黑激素受體存在於我們的心臟、腎臟、免疫細胞、肝臟（睡眠荷爾蒙也會在肝臟裡被分解掉）、脾臟、大腦血管以及視網膜裡。褪黑激素還可以降低體溫。它很清楚地告訴我們身體上的組織：現在是晚上休息的時候了。有研究指出褪黑激素也會影響其他荷爾蒙，它具有抗炎作用，並且刺激細胞再生。透過在肝臟的分解，它會形成可以防衛自由基進犯的中間產品。

從40歲左右開始，我們身體上所生產的褪黑激素數量只剩下我們在青少年時期所生產的60%。自然的睡眠荷爾蒙不足造成了對我們在夜間安寧的擾亂，除此之外，酒精、咖啡、壓力、荷爾蒙變化以及急劇的溫度波動也是影響晝夜節律的決定性因素。另外，每個人都有屬於自己的生物節律，有人每天早上都能夠快快樂樂地起床，有人則是天生的夜貓子。

貓頭鷹還是百靈鳥？

研究指出，大多數人的生物節律可以分為兩類：一類是早起的人，稱為「百靈鳥」，一類是只在下午或在傍晚時才能達到最佳精神狀態的，即所謂的「貓頭鷹」。青春期的年輕人尤其是睡長覺的晚起者，就是貓頭鷹。因為學校上課時間在即，所以許多父母親經年累月每天都必須在早上煩躁地催促他們那些睡過頭的小傢伙們起床好幾次。這些父母親不需要閱讀任何科學上的研究，就知道很多青少年都是屬於貓頭鷹類別。

在生命的過程中，生物節律會有所變化。所有當父母的只要回想一下孩子還小的時候就會明白了。當他們清晨五、六點好夢正酣的時候，那個兩歲的小傢伙就跑來拉他們的衣袖要求他們講故事，讓他們不得安寧。

在荷爾蒙變化的時候時間生物學（Chronobiologie）更容易受到干擾因素的影響。睡眠不足會影響集中力度、飽腹感、新陳代謝過程、工作效率、和我們（不再）擁有的能量以及神經系統的負擔能力。睡覺對身體越來越重要，我們或許可以撐過一個徹夜通宵的慶祝聚會，但是您一定不會想連續地通宵達旦。

蘇姬布：「我今天需要更長的時間才能在參加一個研討會或連續三到四天的辛苦工作之後從疲勞恢復。我在早上七點起床，一整天開會或被人群包圍，然後晚上繼續參加工作上的活動，或者在接下來再一起共進晚餐之後，到了午夜時分我就會累到一頭栽到床上去。特別是當我出差到別的城市時，我會感到睡眠不足並且疲倦到骨子裡，有時甚至會接連好幾天都感覺身上的每個細胞都很疲倦。目前我會在一個研討會之後刻意地把所有在上午十點之前開始的行程都從行事曆上刪除，並且嘗試至少稍稍補眠一番，或者是早上先到森林裡或湖泊岸邊轉一圈以補充我的能量。」

　　在荷爾蒙變化期間，我們要知道我們的需求已經改變了，而且我們也不能按照舊習慣來行事，這項認知是很重要的。多年以前行得通的事情，例如很短的睡眠或是辛苦地完成記事簿上過多的約會或工作，在短時間內或許還可以進行得頗順利，但是身體是會報復您的，到了某個時候一定會要您為此付出健康的代價。這其實是不值得的。如果您摸清楚且熟悉了您已經改變的生物節律之後，就可以沒有壓力且和諧又身心平衡地輕鬆度過每一天，然後，您就可以在另外一種完全不同的情境下，來觀察您自己的需求。我們不需要以健康來做賭注以換取更快、更高、更遠，當然更不需要覺得自己是失敗的或認為自己失去自律性或變懶惰。身體會向我們發出信號，它已經吃飽了，需要休息或是更多的睡眠，或者它在白天的時候想要暫時離開喧囂清靜一下，補充一下元氣。它不是想要惹惱我們，相反地，它是想要保護我們！難道我們不應該給它機會，讓它為我們工作，服務我們，而要貪得無厭地繼續對我們的身體索求嗎？請用一整個星期好好地觀察自己的節律，然後一步一步地按照這個節律去生活。這種事情當然沒有辦法一蹴即成。

　　因為對許多人來說，在早上睡到十點鐘，在下午的時候再出去散步一個小時或是到草地上躺一會兒看著天上漂浮的白雲，然後再空出一個小時的喝茶時間，等到晚上九點時，拿本書舒舒服服地躺在床上享受，這樣的生活根

本是一個不切實際的夢想。但是一個讓您可以放慢腳步，而且又可以改善睡覺行為的習慣，長期來看是可以融入日常生活裡的。請不要因此覺得對不起良心。接下來要怎麼做，請看第四章。

睡眠策略

- 讓自己成為您自己內部時鐘的專家！
- 您一天的作息決定您的睡眠方式。如果它總是在急促匆忙中進行，那麼想要入睡就會變得很困難。
- 即使在天空烏雲密布的日子的白天裡，也請您盡可能地多花時間讓自己停留在戶外。因為那樣不僅可以促進維他命D的產生，還可以抑制褪黑激素並且讓您保持清醒。
- 幾乎所有的文化都堅信應該在午夜之前上床睡覺。
- 臥室應涼爽、黑暗而且安靜。
- 將所有電子設備都移到臥室外面去。床邊的手機最好關機，或至少切換成飛航模式。
- 不要在睡覺前使用數位設備，只有在絕對必要時才開啟它，請使用藍色濾光片。松果體在面對偏黃色的光線時比較不容易被喚醒。
- 不要看恐怖片或其他類似的驚悚影片，它們會讓您興奮激動，讓您在臨睡前再度處於一個警戒緊張的狀態裡。
- 不要在睡前檢查您的電子郵件。這樣可以避免您因為思考而清醒地躺在床上睡不著。
- 皮質醇水平大約在起床一到二個小時之後達到最高峰，讓我們充滿活力地開始一天的活動。皮質醇也會因為劇烈運動而被釋放，這樣的刺激效果會持續幾個小時，所以建議您在晚上七點之前就完成您的體育鍛煉項目。您可以做一點簡單的瑜伽來代替運動，它可以使我們體內的系統鬆弛平靜而讓您容易入睡。
- 如果我們在晚上吃一頓很豐盛的、包含許多難以消化的食物的餐點，或是晚餐吃得很晚，同樣會影響睡眠質量。我們尤其應該避免脂肪、白糖和碳水化合物，因為這些食物會導致胰島素分泌增加，造成低血糖，接著我們就會在深夜時候醒來，同時肚子還會不停咕嚕亂叫。

- 具刺激性的咖啡因會降低褪黑激素水平，因而使得入睡變得更加困難。因此，您應該避免在晚上喝濃縮咖啡，最好選擇不含咖啡因的替代飲料（例如青草涼茶）。
- 有時熱水袋也有助於防止晚上醒過來，而即使羊毛襪看起來並不性感，但是可以穿著它睡覺。當然可以也擁抱著配偶入眠。
- 我們老祖母的食譜之一是，在上床睡覺以前喝一杯溫牛奶加蜂蜜。這是有道理的，因為牛奶含有褪黑素和色胺酸（Tryptophan），雖然兩者的含量都很少，但是代代相傳，每個年代的人都受惠於此。

這些飲料都是值得一試的。不過也可以喝柴茶（Chai Cha，譯註：通常是紅茶加上薑、康乃馨、荳蔻、黑胡椒和肉桂）或「黃金牛奶」（「Goldene Milch」，指薑黃熱牛奶）。

安眠藥

若您沒有事先和醫師討論過，在任何情況下，您都不應該自行服用安眠藥。請告訴醫師您的失眠狀況如何：是無法入睡、胡思亂想、長時間清醒地躺在床上、晚上經常醒來、還是早上醒來時感到疲倦？

有許多醫學上和心理上的原因會使您在晚上無法平靜下來。睡眠障礙也可以成為抑鬱症的第一個跡象。如果您願意，在睡眠實驗室過一夜就可能找到病因。

褪黑激素在美國等國家，可以當作藥物自由購買，但是在德國必須有醫師處方而且只允許被用於睡眠障礙初級患者（不是另外其他疾病伴隨出現的睡眠障礙）的短期治療上。我們要提出警告，不要在網際網路上購買褪黑激素，而且也不要在和醫師討論過之前自行使用。因為長期服用的後果到目前為止還沒有被研究過。

苯二氮平類藥物（Benzodiazepine）有鎮靜作用，但上癮的可能性非常高，只能在急性睡眠障礙的情況下，短時間使用，而且如同可以促進睡眠的低劑量抗抑鬱藥，只有在醫師的建議下才可以服用。

生物同質性黃體酮有鎮靜作用。所以在晚上服用黃體酮作為荷爾蒙替代療法（Hormonersatztherapie〔HET；HRT〕）的一部分是有其道理的。

許多草藥的鎮靜作用或誘發睡眠的效果已廣為人知，包括纈草（Baldrian）、啤酒花、薰衣草（Lavendel）、西番蓮花（Passionsblume）和真正的草木犀（echter Steinklee，甜三葉草）。這些藥草可作成茶、枕頭、精油、藥酒酊劑等。不妨諮詢一下專業人士，看看哪一種形式的製品最適合治療您的睡眠障礙。

肝臟排毒

腎上腺不是唯一承受長期壓力的器官，肝臟也是承受這種苦難的候選者。我們需要肝臟的支持，尤其是在荷爾蒙變化的時期更顯出這類支持的緊急之處。

肝臟是人體的排毒中心，它所擔負的這項功能使得它每天必須清除多到難以想像的毒物，幾乎沒有一種物質或藥物不需要經過它的分解然後排出體外。病原體以及毒素會在肝臟中被轉化成無害的物質，人體內大多數的荷爾蒙，例如雌激素、黃體酮以及甲狀腺荷爾蒙都是在這裡被分解掉。

為了達成任務，肝臟全天候不休不眠地工作，否則將會是不堪設想的災難。缺乏運動因而血液循環不佳，攝取過多的脂肪或糖分以及經常飲酒，只不過是促成脂肪肝（Fettleber）、肝臟纖維化（Leberfibrose）和肝硬化（Leberzirrhose）等肝臟疾病的部分原因而已。肝臟生病時不會為了疼痛而抱怨，所以這些疾病都很晚才被發現。

建議您好好地保養肝臟並定期排毒。這也間接地影響到所有的荷爾蒙腺體，例如腎上腺和甲狀腺會因此受益。計畫好一個定期排毒的日子，在這個日子裡您要放棄酒精、糖分和脂肪，這樣您的肝臟就會感覺到好像活在天堂那樣快樂。在這個日子裡您至少要喝兩公升不加糖的綠茶。您要吃大量的天然苦味物質，例如朝鮮薊（Artischocke）和水飛薊（Mariendistel）植物裡所含的物質，您的肝臟也喜歡它。

用熱敷保養肝

　　上床睡覺之前先熱敷肝臟，促進血液循環，從而可以排毒。這種肝臟的療養最好延續七天以上。在您的右肋骨弓部下方蓋上一塊濕熱的毛巾，再在上面放一個熱水袋，並將兩者用毛巾綁緊後讓熱溫滲入體內約半個小時。我們也常建議用鋸齒草（Schafgarbe，刺激消化器官的藥用植物）煮出來的湯汁澆濕在毛巾上。

　　在這段時間裡，您可以舒服地躺在沙發上或床上看一本好書或是您最喜歡的電影，也可以這就樣單純地躺著，這種放鬆絕對是很療癒的。

Chapter
4

外部荷爾蒙操控

內分泌干擾物（ED）

　　在前面的幾個章節裡，我們指出了荷爾蒙如何操控制我們的身體以及要如何利用它們來支持我們的健康。現在已經到了我們要和那些偷偷地「從外部」破壞我們內分泌系統的分子打交道的時候了。經由食品包裝材料、衣物、化妝品或甚至我們呼吸的空氣而使得化學藥品或人造混合物得以進入我們的身體裡。這些所謂的內分泌干擾物（endokrine Disruptoren）會敏感地破壞我們的自然荷爾蒙循環。此外，這些物質不僅可能在我們有生之年改變我們自己的遺傳組成物質，還可能改變我們的子女或孫輩後代的遺傳組成物質。已經有數據顯示，西方工業化國家90%的人口有接觸到荷爾蒙活性物質並受到其汙染。

　　2012年世界衛生組織（WHO）將內分泌干擾物評估為全球性的威脅。它們的定義如下：「內分泌干擾物是從外部添加的物質或混合物，它們會改變內分泌系統的功能，從而對運作正常的有機體、我們的後代子孫或（部分）人群造成健康上的有害影響。」

　　科學家以及醫師們多年以來觀察到和荷爾蒙

系統紊亂有關的疾病正在急劇增加。不僅世界衛生組織，德國內分泌學會（Deutsche Gesellschaft für Endokrinologie, DEG）多年來也一直在關注這個事實，即會影響荷爾蒙的化學物質會損害我們的內分泌系統和新陳代謝，從而損害我們的健康。內分泌干擾物會促進荷爾蒙觸發的疾病，例如乳腺癌和攝護腺癌。它們會損害兒童的神經系統並與注意力不足過動症（Aufmerksamkeitsmangel - Hyperaktivitat - Syndroms）的形成有關。目前有報告指出生殖器出現畸形以及精子產量減少的狀況。甚至有人認為，甲狀腺和新陳代謝的疾病如糖尿病（Diabetes mellitus）和肥胖症在全球不斷增加不僅是因為基因遺傳的本質或是不健康的生活方式所引起，與內分泌干擾物也有關。因此，德國內分泌學會建議要非常小心謹慎地使用這些物質。

這些人工荷爾蒙調節劑是如何產生效用和影響的呢？

德國內分泌學會的媒體發言人賀爾穆特・夏茲教授（Helmut Schatz）解釋，內分泌干擾物會影響荷爾蒙系統、免疫系統、新陳代謝、脂肪儲存和骨骼發育的平衡。內分泌干擾物對於人體來說是一種陌生的化學物質，就像人體自身的荷爾蒙一樣，它們會滲透到我們的內分泌系統中，並將其永久破壞。這種情形和合成荷爾蒙類似。內分泌干擾物或其成分會和人體自身荷爾蒙的受體結合。它們要麼引起和「真正的」荷爾蒙一樣的反應，但這種反應是在當下不應該有的，要麼就是阻斷受體並阻止人體自身的荷爾蒙和受體的對接。此外，它們可以破壞人體自身荷爾蒙的產生、運輸以及分解，並改變其濃度。如同我們在第三章中討論的，內分泌干擾物可以導致雌激素占主導地位以及與此相關的症狀和疾病。

蘇艾貝：「如果我的病人出現某些特定的不舒服症狀以及疾病的表徵，我會請她們把她家浴室裡的所有化妝品和/或在家裡接觸到的所有物質都寫下來。她們列出來的長長的清單真是令人嘆為觀止，也令人不忍卒睹，您很難

想像她們所接觸到的有害汙染物累計起來的數量多到甚麼程度。」

內分泌干擾物也被稱為環境荷爾蒙（Umwelthormone）。這種命名是雙重性致命的，因為內分泌干擾物絕對不是（人體自身的）荷爾蒙，而環境一詞在這裡也放錯了地方，因為它們一點都不「天然」。這些化學物質只是模仿荷爾蒙的山寨版荷爾蒙。因此，它們對人體的影響不是生物性的。早在2013年，健康衛生領域的領先科學家就已經在《貝爾萊蒙宣言》（Berlaymont Declaration）中向歐洲聯盟提出了對內分泌干擾物採取另一種處理方法的呼籲。他們認為，即使很小的劑量也會有害，主要是因為它們會在體內不斷地累積，因此，更嚴格的法規有其必要性。為了能夠準確地評估風險，進一步的研究已經在進行中，而且這樣的研究是絕對必要的。

內分泌干擾物的一個例子是**雙酚A（BPA）**，它存在於塑膠中並且被拿來作為食品的包裝。我們將在稍後更詳細地介紹這種全世界最常見的化學物質。我們日常生活中，總共至少有八百種化學物質會影響我們的荷爾蒙循環系統，而**鋁**就是其中一種。鋁被懷疑會促進乳腺癌和阿茲海默症；儘管最終證據的研究仍在進行中，但是有些知名化妝品的製造商已經把鋁從他們的產品中剔除了。**滴滴涕**（Dichlorodiphenyltri-chlorethan，DDT，雙對氯苯基三氯乙烷）是一種現在已被禁止的農藥，它會加劇土壤的侵蝕，並且在多年後從土壤中不斷地被沖刷出來。**嘉磷塞**（Glyphosat，草甘膦）是目前最有爭議的農藥，它為一家跨國公司帶來了巨大麻煩。**鄰苯二甲酸酯**（Phthalate）是塑膠軟化劑，可確保塑膠料的彈性和柔韌性，此外，它被添加在地板覆蓋物、食品包裝、油漆、人造皮革和兒童玩具之中。德國聯邦環境與自然保護部（Bundesministerium fur Umwelt und Naturschutz）已經證明塑膠軟化劑具有類似荷爾蒙的作用，並可影響且損害人體的荷爾蒙系統。它們最危險之處在於它們無法牢固地黏合在塑膠中，當它們被加熱時會蒸發出來，然後會經由呼吸進入人體或是經由食物被攝入。鄰苯二甲酸酯被列為是對肝臟有毒的物質，被認為會引發肥胖和糖尿病。萊比錫大學（Universitat Leipzig）對小老鼠進行的一項研究（2015年）顯示，飲用含有塑膠軟化劑成分的水10週以

上的老鼠，雖然只吃普通的食物但是仍然會變胖。塑膠軟化劑會破壞糖分的新陳代謝，現在已經有人談及塑膠軟化劑和致肥胖物質（Obesogenen）之間的關係。這些隱藏在塑膠和類似物質中的增稠劑，類似於致癌物質的致畸物（Teratogene）這個詞。**鎘**（Kadmium）可以在兒童玩具中找到。**二氯苯氧氯酚**（Triclosane）被使用在抗菌產品和牙膏之中，而對**羥基苯甲酸酯**（Parabene）則存在於化妝品裡面。

蘇艾貝：「因為每天使用塑膠所引起的荷爾蒙變化必須列入給患者治療的項目中。如果優格包裝裡面的雙酚A會影響脂肪代謝，那麼為了減輕體重而改變飲食或減重的飲食又有甚麼用？我時常在想將來在家庭醫師的診療病歷表上是否還要加上患者的消費行為。我覺得這些問題很有趣。有關這一領域的研究必須在未來的幾年中伴隨著我們進行。預期結果並不會是要解除對這些物質風險的警告。我的建議是，不要信任立法機關提供的保護傘，請您盡可能的避免使用塑膠和微塑料。這是為了您們自己的健康利益著想，而且這樣還可以保護我們的環境。」

雙酚A在許多日常用品中用作軟化劑和硬化劑，例如塑膠塗層的罐頭、啤酒罐頭、檸檬水和可樂瓶、利樂公司的包裝材料（Tetrapack）、熱熔密封的蔬菜包裝、熟食微波食物、熱感塗層的購物收據（含500微克雙酚A）、塑膠眼鏡等都含有雙酚A。雙酚A是透過加熱而進入食物的，無論是透過微波爐的微波加熱包裝還是經由在陽光下受到日照加熱的氣泡水瓶塑膠。雙酚A是脂溶性的，因此可在體內迅速地被吸收並存儲在脂肪組織裡。一項美國的研究指出，如果您吃的食物是裝在用塗層塑膠製成的包裝盒裡時，在您吃過這種食物的幾天之後，您的尿液中就可以測得增加了20倍的雙酚A。致命的是，雙酚A具有類似雌激素的作用，即使在兒童的身上也可能導致性早熟和行為乖異的問題。由於患有多囊卵巢症候群女性的血液中的雙酚A數值顯著升高，因此推測這種荷爾蒙障礙與內分泌干擾物之間存在著關聯性。

在日本，不含雙酚A的罐頭食品已經出現在市場有20年之久了。自2015年1月開始，在法國已禁止在會與食品接觸到的材料中使用雙酚A。因為荷爾蒙對動物和環境的影響，歐盟已經承認雙酚A是特別令人擔憂的物質。雖然德國聯邦環境局對這個決定表示歡迎，但是整體來說，在這方面德國仍然落後很多。自2020年以來，整個歐盟都禁止使用例如用來作為購物付款收據的熱感紙（Thermopapier）。從2021年起，諸如塑膠盤子和餐具、塑膠製成的吸管和棉花棒等產品，如果有其他不含內分泌干擾物的替代品時，則它們將從歐洲市場上消失。

塑膠是一種化學混合物，很大的一部分是由內分泌干擾物所組成。特別棘手的是微塑料。根據德國食品協會（Lebensmittelverband Deutschland）在2019年的一項調查顯示，有71％的消費者希望在產品上貼標籤，讓我們可以從標籤上一眼就看出最重要的資訊，例如營養價值、含糖量等。

微塑料（塑膠微粒）

微塑料（Mikroplastik）是指小於五毫米的塑料顆粒。在合成紡織品、汽車輪胎的磨損、沐浴凝膠、洗髮精、牙膏、磨砂膏、兒童玩具和成千上萬的日常用品裡都含有微塑料，或者在包裝材料破裂時被釋放出來。微塑料堅不可摧，並且可以經由汙水和洋流漂流到地球上最偏遠的地區。科學家甚至能夠在北極和南極檢測到聚丙烯（Polypropylen, PP）和聚對苯二甲酸乙二酯（Polyethylenterephthalat, PET）形式的微塑料。

第一階段初始的微塑料是以微小球型的形式被添加到化妝品和清潔劑產品以及雙面刷毛布（Fleece）和其他用於服裝的塑膠之中。在德國，每年釋放出超過30萬噸的微塑料，即使經過汙水處理設備處理，仍然會混合在處理過的汙泥中，這些汙泥最終被散播在田野、河流和海洋裡。海洋生物吞食了它們，我們不知道這些海洋生物是不是正好就擺在我們的晚餐盤子上。

在2019年，研究人員發表了一項在奧地利試驗性的研究結果。在這項研

究中，首次在人類腸道中檢測到了微塑料。研究參與者（35至65歲）來自不同的大陸。研究期間所有的食物，包括魚和海鮮，都用塑膠包裝，飲料裝在PET的瓶子裡。在一星期的時間裡，受試者寫下了他們攝取的所有東西，然後交付一份糞便樣本。結果，在10公克的糞便裡平均就含有20個微塑料！

不幸的是，微塑料顆粒會吸引環境中的毒素，就像磁鐵吸引迴紋針一樣，微塑料顆粒有如磁鐵，讓有害物質很難離開它。因此即使已經被禁止使用的化學藥品，例如滴滴涕，在食物鏈中也仍然還一直存在著很高的濃度。

二次微塑料是從瓶子、袋子和其他在大海中到處漂流的塑膠垃圾而來，當它們進入到我們的環境之後，其中大型塑膠會因為分解和風化而產生微塑料。汽車輪胎所引起的磨損是空氣中最大比例的微塑料。另外一個健康和環境的禍首則是衣服。在超過70%的所有紡織品中，都含有合成纖維，例如氨綸彈性纖維（Elastan，俗稱萊卡）、聚乙烯（Polyethylen）和聚酯纖維（Polyester），其中有一些被拿來作為冬季夾克的內襯、多功能性的服裝、防汗運動服、防風或防雨夾克。這些衣物在每次洗滌時，微塑料顆粒都會脫落，並經由洗衣的汙水和上述的循環進入海洋和魚肚中。卡爾斯魯爾大學（Universitat Karlsruhe）的學生研發出了一種微塑料過濾器，並於2019年向公眾公開展示了成品。目前我們只能期待業界的夥伴能夠和這些年輕的研究人員聯繫，將這項發明納入成為洗衣機的標準配備。特別是德國應該訂定這項標準，因為德國是歐洲最大的塑膠生產和加工的基地之一。

塑膠包裝帶來了一個很特別的問題。在這些包裝材料裡會被添加其他可以使它們同時具有柔韌性和穩定性，或者賦予它們特殊顏色的添加劑。在一些塑膠瓶子裡還含有超過1,500種不同的成分，大多數塑膠包裝材料的確切成分只有塑膠行業才知道，但是他們卻對此保持沉默。因為現代的文明疾病例如荷爾蒙分泌的障礙與紊亂、過敏、心血管疾病、哮喘和糖尿病等，與塑膠的生產及被胡亂扔掉的塑膠垃圾數量，都以相同的驚人速度在增加，這讓我們更加地確信這兩者之間有所關聯。無論如何，研究人員現在可以確定，從

食品包裝上釋出的物質是有問題的，甚至對我們的健康有害，而被包裝材料密封的食物因為磨擦、染色就沾染到了這些問題。

如前所述，潛在風險存在於塑膠的蒸發。有一些被釋出的有毒物質混合在屋子裡的塵埃中被我們吸入肺部或隨著食物被我們吃到肚子裡去。特別是那些含有脂肪的、裝在熱熔密封包裝裡、會沾上包裝中的化學物質的各種食物。那就大快朵頤嘍！

蘇艾貝：「前陣子，我幾乎把我家中所有含有塑膠的產品都整理出來。讓人感到很驚奇的是，客廳地板上很快地就堆積了一大堆各種不同的罐子、包裝和容器。剛開始我們在採購物品時都會特別注意，只採購使用不含微塑料成分的東西，不過到了後來我們也意識到了，就算我們購買不含微塑料成分的高級化妝品也沒有甚麼意義，因為這些化妝品都是使用會汙染環境的塑膠來精美包裝的。第一它們製造大量的垃圾，第二它們可能會釋出內分泌干擾物以及其他的化學物質。經由取捨，我們逐漸地改變了我們的消費行為。老實說，對於許多在廣告裡被吹捧為不可或缺的東西，我們一點也不會捨不得。我們也曾經遇到一些尷尬情況。當我們第一次嘗試用肥皂洗頭髮時，頭髮卻被弄得亂七八糟，家裡沒有一個人敢頂著這樣凌亂的頭髮出門。不過，現在在藥妝店有超級替代品，例如肥皂形式的固體洗髮精，而不是裝在塑膠瓶中的液體。這一切都很好。隨著時間的推移，所有的家庭成員都找到了良好、健康和可以讓環境有永續性的替代品。另外去問問看藥妝店店員，哪些產品不含微塑料和汙染物也是一件好事。越多客人詢問這類產品，則對供應產生正面影響的可能性就越大。」

三個W：減少（Weniger）、回收（Wiederverwerten）、重複利用（Wiederverwenden）（編註：等同於英文中的「環保三R」：Reduce, Recycle, Reuse）

身為消費者，我們總是可以選擇想把錢花在甚麼東西上面，以及我們想要讓自己暴露在哪一種危險裡。我們不必完全顛覆自己的生活，但透過一些小的改變，娘可以為自己的健康和環境的保護做很多事情。減少消費就能獲得更多，玻璃、紙張、塑膠的回收再生已成為日常的標準，重複使用已經成為時尚的棉布袋去購物，也應該成為一種很自然的習慣。

- 戒除使用塑膠產品並避免使用一次性的材料。
- 注意產品的成分。產品上應該註明以下內容：不含鄰苯二甲酸鹽（Phthalate）、不含雙酚A（BPA）、不含對羥基苯甲酸酯（Paraben）。您可以使用「Scan4Chem」應用程式（APP）來詢問製造商，讓他們告訴您，他們的產品中含有哪些內分泌干擾物。
- 不要使用塑膠購物袋，而是使用您自己隨身攜帶的棉布袋，（因為即使您把家裡購物紙袋回收並把它們放到收集紙袋的回收桶裡，也對環保發揮不了真正的效用）。
- 使用可以重複使用的、不含雙酚A的餐盒來代替用保鮮膜或錫鋁箔紙來處理沒有吃完的食物。
- 購買沒有包裝的蔬菜而不是熱熔焊封起來的黃瓜或小盒的番茄。在現代超市或每週的市集裡，我們可以買到沒有包裝而且不含塑膠的食物。
- 不要加熱用塑膠包裹過的食物。
- 避免使用塑膠瓶和罐裝的飲料。
- 不要購買罐頭食品，因為它們的內部塗有一層塑膠。
- 避免使用含有合成香料的化妝品、香水、室內噴霧劑或車用芳香劑，改用天然精油。
- 洗衣服時，請使用洗衣機保護袋。
- 購買棉花或羊毛紡織品比購買合成纖維製成的紡織品更好。
- 使用濾水器處理飲用水。

近年來的研究清楚地證明，內分泌干擾物會透過胎盤傳遞到胎兒的血液中，並會經由母乳傳遞給嬰兒。這些兒童在以後的生命過程中罹患各種疾病的風險會因此而增加。對於所有想要生育孩子的女性來說，這絕對是重要的訊息。即使這個話題對您來說已經是過時了，但它會影響到您還處於生育年齡的朋友、女兒和孫女。正如我們在開頭所提到的，內分泌干擾物和其他危險化學物質會進入我們的基因。

接下來讓我們仔細來看看，這到底意味著甚麼。

表觀遺傳學——從環境進入基因

長久以來，我們都認為所有的東西都是由上天放到我們的搖籃裡：眼睛的顏色、性格、對某些疾病的傾向等。「這些就是基因，我們對此無能為力，無法改變。」這就是我們的信條，信仰的標誌（Credo）。人只不過是基因的總和嗎？才不是呢！

今天我們知道，無論好壞，人類都不會任由基因命運擺佈。相反的，環境影響、飲食、我們的行為都可以隨時開啟和關閉細胞核中的某些特定的基因。我們稱研究與證明這種現象的科學為表觀遺傳學（Epigenetik）（這個詞是由「後成說」〔Epigenese，也稱「漸生說」，意思是「生命體的發展」〕）和「和遺傳學」〔Genetik〕兩個字組合而成的）。

表觀遺傳學研究環境對基因的影響，引發了徹底根本的反思。今天我們知道，我們與生俱來的基因只能在大約20%的不可改變的程度上決定我們的健康命運，剩下80%的遺傳訊息對我們生活的影響，可能會受到生活條件、飲食習慣、環境等影響。即使是生活方式的微小改變也會影響到我們的遺傳物質。根據最新研究，這也適用於人格特質的變化，很容易發脾氣的人（Choleriker）或憤世嫉俗且心懷敵意的人（Griesgram）不能一輩子都歸罪於他的基因。

透過對於表觀遺傳學的瞭解，研究人員希望可以找到醫學中重大問題的答案：我們的行為以及外在的影響是如何儲存在我們細胞裡的，以及為甚麼兩個擁有一個癌症基因的人，其中一個人會生病，而另一個

卻不會。表觀遺傳學徹底深入地研究引發疾病的原因，這是這門學問最大的潛力。因此，表觀遺傳學被認為是未來醫學界裡最有前途的研究項目。

但表觀遺傳學也在疾病的監測中扮演重要角色。為甚麼一種藥物對某位患者十分有效，而對另一位患者的療效就不那麼明顯，或者會出現更嚴重的副作用？這裡牽涉到的就是個體內部（intraindividuell）的差異。或者，慢性病的病程如何發展進行的？會有哪些不同的樣態？它需要哪些支持？個別化的治療可以從哪裡開始著手並提供幫助？

生命的建構藍圖

我們每個人都有大約25,000個基因，統稱為人類的基因組（Genom）。這在1990年至2003年之間的人類基因組計劃（Humangenomprojekt）的框架內被完全解譯出來。每個人類細胞核中除了紅血球之外，都有46條染色體（Chromosom），它們由包含鹼基、糖和磷酸鹽的化學結構組成：去氧核糖核酸（DNA）。整個遺傳資訊都儲存在個別的區段裡，即基因。地球上所有的人，無論胖、瘦、高、矮、金頭髮或紅頭髮、藍眼睛或綠眼睛，其DNA有99%是相同的，讓每個人呈現出獨一無二特性的，在基因上只占很小的1%。

DNA以螺旋形式存在於細胞核裡面的雙鏈中，如果把它拉開，大約有兩公尺長，裡頭包含著世界上最大的字母表：65.4億個基因遺傳字母。它實際上像是我們的硬體，它具有比任何計算機晶片都大的存儲容量。對於那些喜歡用類比方式思考的人來說，在針頭大小的DNA上面，只需要一小部分的儲存空間就足以儲存人類有史以來所有寫出來的書籍內容了。然而這麼大的儲存容量只有極小的一部分被使用到，或者我們到目前為止還無法知道，其餘沒有用到的部分其作用到底為何。

我們也稱DNA為遺傳密碼或指紋。由單一的遺傳字母組成為單字（序列，Sequenzen），這些字就是蛋白質結構（胺基酸，Aminosaure）的編碼。這些編了碼的單字湧入我們的身體並造就人之所以為人的一切以及一個人生

存所有必需的要件，包括新細胞的形成、細胞分解、信使物質、荷爾蒙、器官功能等。換句話說，在每一個細胞核中都有完全屬於您個人的使用說明書，其中有各種不同的補給物品，可以補充掉落的頭髮、修復膝蓋上擦傷的皮膚、填補被拔掉的眉毛、荷爾蒙等，應有盡有。

要理解表觀遺傳學，很重要的是要知道基因可以開啟和關閉。讓我們繼續停留在這個巨大圖書館的影像上：表觀遺傳學就像一個書籤，我們可以把它插在書裡面的某一頁上，這樣我們就可以立刻找到書中的這一頁，或者我們可以說，這樣我們就可以找到DNA上的這個基因。透過這種標記，基因會被打開或關閉，如此一來，蛋白質結構的生產就可以開始或停止。這個過程稱它甲基化（Methylierung）。甲基群小分子發出信號：「現在到此結束。」它們阻斷了DNA鏈上的某個基因片段，並阻止在那裡再做出任何的動作。這個基因的片段無法被讀取，因此訊息也無法被翻譯成蛋白質。這個基因片段或基因就這樣就被置於準關閉的狀態。相反的，基因片段可以標記出來，如此一來在這個基因片段裡的基因就被打開。

甲基群會受到環境因素的影響。這些透過外部影響發生的標記可以永久地固定在基因組中並相應地繼續遺傳下去。如此表觀遺傳就變成了進化的渦輪加速引擎，因為在僅僅一代人的時間裡，很大一部分的基因組成可以以這種方式改變。

瑞士分子生物學家雷納托·帕羅（Renato Paro）於2004年提供了從外部所獲的特徵可以被遺傳的證據。雷納托·帕羅和他的團隊用從外部加熱的方式處理果蠅，結果這些果蠅的眼睛變成了紅色而不是白色，而它們的後代雖然沒有受到高熱的刺激，但是現在它們也有紅色的眼睛。

我們可以主動改變基因

因此，我們已經不再是遺傳物質的奴隸了，而是可以積極地影響我們的基因。不只是它們控制我們，我們也可以控制它們。因此，健康不再像我們

以前想像的那樣是完全命中注定的事。

我們可以透過表觀遺傳學來為我們的身體做更多。我們可以做出有意義的改變，以盡可能長時間地保持健康和活力，舉例來說，我們可以去避免內分泌干擾物。

但是，我們不想指責那些因各種不同的原因無法進行某些活動或重大變化的人，不想讓他們感到內疚或恐懼。

影響我們健康的因素是複雜的。在第三章裡，我們指出了單單荷爾蒙循環的運行機制就有多麼複雜。表觀遺傳學的新發現提供了我們絕妙的動力，讓我們給予身體積極的支持並與自己進行有價值的對話。特別是在更年期，對於表觀遺傳學的理解可以幫助我們以完全不同的深度來面對我們的身體。

在我們的食品寶庫中，表觀遺傳學的超級明星是酪梨（Avocado）、綠花椰菜、石榴（Granatapfel）、生菜沙拉、穀物、綠葉蔬菜、豆類、肝臟和高脂肪的魚類，它們都含有重要的維他命，包括整個B群。還有維他命D，它是我們逗留在戶外時在皮膚裡面形成的，它也是表觀遺傳學的助推器。因此，健康的飲食和生活方式不僅可以保護我們的健康，還可以塑造我們子子孫孫們的健康。

這一研究分支領域開創性的新科學發現，令人印象深刻地顯示了我們的行為和決定是如何影響我們的生命建構藍圖。根據芬蘭的一項研究，連續四個星期每天進行20分鐘的桑拿浴（Sauna）可使男性心血管疾病的風險減少達50%。經由溫暖的刺激，相應的基因會被關閉。社會關係對表觀基因組的影響程度也是很大而且持續的。如果新生兒與人的親密關係太少，無論是來於自母親還是其他固定的長期照顧者，則會在成年期以後出現更大程度的依戀以及與他人親近的問題，此外還會有壓力荷爾蒙系統障礙。這兩種現象已經獲得了證明，我們可以假設幾乎每種疾病都存在有表觀遺傳的成分。

幾乎所有身體上的細胞每七年就會更新一次。我們差不多每七年就像由新的建材重新組合過一樣，我們其實就是自己的建築師。我們應該好好利用這個機會，來為身體提供優良的建築材料，這包括健康的食品（當地、當季、無包裝的）、在新鮮空氣中活動、避免內分泌干擾物和微塑料、充足的睡眠、減少壓力以及自我保健。

　　蘇艾貝：「良好的壓力管理和充足健康的睡眠可以保護我們的基因。我不斷印證了，當人們知道好好地照顧自己會有多大程度增進健康時，他們會更好地對待自己。」

　　因此，下一章我們就要來談良好的自我照護。

自我照護

多年來，您一直為家人和朋友承擔責任，
現在到了好好想想自己的時候了。
只為了他人而存在，對健康會產生負面影響。

　　就算您不是好萊塢演員，身為一個女人，一生之中還是扮演著多種不同角色。作為女兒、姐妹、女朋友、愛人、上班族、伴侶或妻子、家庭主婦和母親等，您已經取得了好幾座奧斯卡獎項了。您在連續劇、肥皂劇、喜劇和悲劇、愛情電影和犯罪偵探電影中大放異彩，也很常演出雙重角色……

　　生活中的每一個任務/角色都有它的時間性。在荷爾蒙變化的階段，幾乎所有女性都會重新思考自己的角色。在最好的情況下，我們說服了自己，快樂且心滿意足地去面對，但通常帶著很多外來因素的影響和自己的責任感。女性是角色變換大師，並且總是把自己的需要擺在所有人的需要之下。

　　有趣的是，荷爾蒙的雲霄飛車總是在婦女們對於要在家庭、社區社交或是在辦公室裡扮演照顧所有事情的角色感到厭煩時駛出。最近在一家咖啡館裡，我不經意地聽到鄰桌一位大約40多歲女性所說的話：「在我家，我不再為他們服務了，我厭倦了要為每個人操勞擔心，不管甚麼事情總是要由我承

擔負責。」

假如您突然不想再當學校家長會代表，或是在辦公室裡徵求自願者的時候您不再舉手說「我我我，這裡這裡」時，這可能與您「照顧眾人的荷爾蒙（Versorgerhormone）」正在下降的事實有關。您不必為此感到內疚或良心不安。大自然很聰明，它終於明確地告訴您，從現在起，您應該為自己保留能量，不再需要把它分享給別人了。

所以在本章中我們將提供許多有關於您應該如何劃出界線，對別人「說不」，並且要對您提出建議，讓您知道如何將您周遭環境中會奪走您大部分能源的大盜擋在外頭。

為了要識別誰和甚麼吸走了您的能量，我們會反復問您有關於自我反省的問題，例如：您需要甚麼才能讓日子過得平順舒暢？您想（再次）感受甚麼事物？您想成為甚麼人，以及最重要的是，您不想再成為甚麼人？您應該去哪裡旅行？有甚麼願望是您無論如何一定要實現的？哪個主要的角色不再適合您了？

多年來，您可能一直為家人和朋友承擔責任，現在到了要對自己負責的時候了。這個過程可以支持整體性的預防概念。如果我們總是只為了他人而存在，從來沒有想過自己，這會對我們的健康產生負面的影響。

一位女性朋友最近說：「生活不是彩排練習，它永遠都是首演。」從這個意義上說，更年期是發展自己個性並且令人無限期待的下一幕。為了給您一個無限美好又可以讓您施展身手的機會，舞台已經清空了，您現在終於可以在這舞台上嚴肅且認真地把握住自己的需要，並且好好地在此培植心中的各種願望。

您自己想像一下，您對某個人一見鍾情。您懷抱著滿滿的信心走進這段感情，您下了破釜沉舟的決心賭上一切，您透過玫瑰色眼鏡（編註：意味過於樂觀）來看這個人。這難道不是一種美妙絕倫的感覺嗎？現在請您再想像

一下，您自己就是那個您善意且大方地看著的人。我們不是在談論自戀型的人格障礙，而只是那個沒有被看到的，無意識的自我毀滅的信念，正是這個信念阻礙了許多女性，使得她們無法成為自己內心深處的自我。

通常進到自我本身的入口總是被一些負面消極的經驗或是信念，例如「我並不完美、不夠好、不夠漂亮」所扭曲堵塞了。在這個生命的中間階段，正好讓許多女性得以掀開這塊黑色的帷幕，來發現站在後面舞台上真正的自我到底是誰。這種心態是健康正常的，而且您還會得到許多令人驚訝的見識和新的理解。您會發現第二個層次，它為舊的自我帶來了新鮮的活力和熱情，然後您會帶著好奇和喜悅走進未來的歲月。透過仔細觀察，我們會對自己希望有所不同的生活帶來的問題或情況承擔全部應負的責任。這可能包括憤怒、痛苦、失落，以及因為告別了我們生命中的一部分而感到的悲傷與難過。中年的風暴和危機不應被低估，但它們也為我們提供了一個巨大的機會，讓我們終於可以解決那些一直懸在心上，對我們來說很重要的事情。

這無疑地也包括了很大程度的，充滿著愛心的自我照顧，除了減輕壓力和充分的營養之外，種種自我照顧在醫學意義上還可以增強我們的內分泌系統。現在生活中有一些領域需要被關注，尤其是那些讓您現在感到不開心的領域。它們需要用另外一種方式來對待，或者至少需要得到一些特別的眷顧和照料。然而，您所要前往的道路就像生活本身一樣獨特且多樣。對一個人有益的事情，對另外一個人來說可能根本行不通，反之亦然。

我們希望您在本章結束時，能對自己和自己的渴望有個清晰的認識，並且可以在未來更加仁慈、寬容和慷慨地來對待自己。一個健康的身體、全新的滿足感和一份新的輕盈感就是給您探索自己身體和精神狀態的一份獎勵。擺脫荷爾蒙的混亂，進入生活就是您現在的座右銘！

我們想從一些問題開始。回答問題之前您可以先找個您最喜歡或者可以沉思的地點，或許來一杯茶或是一杯義式濃縮咖啡以及您最喜歡的歌曲。我們希望您有意識地將注意力集中在正面清單（而不是負面清單）上。要做到

這一點，可能必要改變一下您的觀點，把自己看成是您剛剛愛上的人。

將您的答案寫在一本漂亮的筆記本上。您可以把這個筆記本的標題稱為：「我」

1. 您喜歡您自己的哪一點（請寫下所有的內容）？
   a）性格（例如我很可靠）
   b）外表（例如我的眼睛）
2. 您珍惜您生命/生活中的甚麼東西或事情（請寫下所有的內容）？
3. 讓您真正引以為傲的是甚麼？
4. 您處於一段親密的關係中嗎？
   a）如果是，您感覺到被您的伴侶尊重、重視、關愛？您在這個親密關係中覺得幸福快樂嗎？
   b）或者是您已經對這段關係無感或是覺得無所謂了，因為您認為「如果我們已經在一起這麼久，當然就會不像第一天那樣。」
   c）您還希望並且想要讓您們的關係更活潑、更幸福快樂、更有性愛上的樂趣？

      針對b）項和c）項，寫下您在這段關係中想要的五件事（例如，性行為、更多的溫柔纏綿、尊重、關注、興趣），並下決心與您的伴侶/丈夫討論它們。從這個意義上來說，坦誠的討論關於您自己的需求是醫師的建議。
5. 您的性生活充實滿足嗎？與您的伴侶或是與您自己？
6. 如果您有工作，您喜歡去上班嗎？這份工作令您滿意嗎？
7. 您找到您生命中的任務了嗎？是甚麼樣的任務呢？如果沒有，那麼您的生命任務是甚麼呢？
8. 您覺得您的生活有意義嗎？甚麼事情可以賦予它更多的意義？
9. 您有創意嗎？您想成為有創意的人嗎？如果沒有，是甚麼阻礙了您呢？
10. 如果您可以許一個願，它會是甚麼呢？

11. 您想有所突破嗎？如果是，想要突破甚麼？是甚麼阻止了您做突破？

12. 您知道甚麼可以讓您真正快樂嗎？如果您不快樂並且您也知道甚麼會讓您快樂，那麼是甚麼阻礙您去獲得這份快樂呢？

13. 您是否感受到足夠的愛、自愛、友誼、興奮、希望、渴望？

14. 您還有夢想嗎？（請把它寫下來，不管它在這個時間點上是不是實際。）

15. 您對自己好嗎？您是否可以保護您自己免於被過度要求？您可以設定可接受的界限嗎？您可以說清楚您自己的需求並提出要求嗎？

16. 定期的問您自己：我想要甚麼？

17. 您能接受幫助嗎？您生活中是否有絕對需要幫助的領域（例如照顧親屬、做家務、與青春期的孩子發生爭執時）？

18. 您有能獲得足夠的平靜與安寧的地方和時刻嗎？您經常作短時間還是長時間的暫時休息？

19. 您與周圍的人（工作場所、家人、朋友、鄰居）相處和睦嗎？如果不是，是否可以透過專業人士（調解員、治療師、心理學家）的協助解決衝突？

20. 您的生活在經濟財務方面上是否安全，您的財務狀況是否充足？如果不是，要如何才能改變？您能夠從哪裡獲得額外的收入（例如要求加薪、增加工作時間、解除沒有必要的保險契約、出售堆積在地下室裡再也用不到的東西、縮小住房的規模、改乘公共交通工具）？您可以在甚麼地方節省金錢的支出（買二手貨、購買其他的食物）？

在荷爾蒙發生變化的時候，我們的神經往往比我們想要的繃得更緊。即使我們做了荷爾蒙替代療法，且也自認為做了最佳的調適，但有時還是如此。在某些情況下，我們會失控或處於失控邊緣。

周遭人的酸言酸語或愚蠢的評論：「振作一點，提起精神來吧！」或是「怎麼搞的，妳又吃錯了甚麼藥啊？」當然會讓您很生氣。

正念

有一種非常有效的方法可以助您獲得內心深處的平靜和長期平衡，那就是正念（Achtsamkeit）的練習。它就像一個心理上的安全氣囊或抵禦壓力的安全緩衝器。在內心的深處後退一步，然後從遠處來看當時的情況，這樣就可以觀察到一個人的身體反應和感受，這可以讓您更好地了解在相關情況下發生在您身上的事情。

舉個例子，我同事發表了一個我們兩人共同的計畫，但是在計畫上沒有提到我的名字。我對這件事有甚麼反應呢？生氣憤怒、悲傷還是失望？我的胃開始痙攣嗎？我心跳加速，呼吸沉重嗎？正念的學習還能訓練您避免過早的草率判斷。難不成同事是為了讓這項計畫可以更完美，所以才沒有提到我對這個計畫所付出的貢獻？如果我仔細想想，她也沒有把自己擺在引人注目的焦點上，她只是陳述事實，並以此來觸發一個有針對性的討論。是的，我所猜測的是對的，就這樣子我的脈搏平靜下來，我的憤怒也消失了。

再舉個例子，在家裡，我問我那個正處在青春期的女兒，她現在出門甚麼時候會回來，她漫不經心酷酷地說：「媽媽，有甚麼好急的？我回來時您就會知道了。」然後就甩上門走了。我感覺我的血壓在升高，我的手開始因為出汗而濕潤，我的胃在痙攣。我快步衝到門口，但我女兒已經消失在她新任男友的車裡了。我只聽到引擎的轟鳴聲，看到後保險桿的閃光。我站在門檻上，雙手扶著脖子，我的太陽穴猛力跳動，右眼的下眼瞼抽搐著。我準確地記錄了我的身體反應：我喉嚨在痛，憤怒在我腦海中升起，孩子奪走了我最後的耐性。我知道每個反應都只能有一次，再多我就會受不了。但我也知道恐懼和憤怒是屬於逃跑或攻擊的壓力反應範疇。我在門口深呼吸了10次，然後我感覺好多了。我知道第二天我必須向我女兒解釋，我不是想要剝奪她的行動自由，而只是出於母親的關心問她甚麼時候回家。我的憤怒平息了，我的血壓恢復到了正常的水平。

學習正念是身心醫學的一部分。自從好幾個嚴謹的研究報告證實了它有很成功的療效之後，身心醫學已經從深奧神祕的角落發展到高級管理人員的樓層上面去了。身心醫學也包括打坐（Meditation，冥想）、瑜伽以及其他對抗壓力的放鬆技巧。打坐冥想對於緩解慢性疼痛（頭痛和背痛）、高血壓、心臟病、慢性病以及癌症的支持療法的益處已被科學證明了。

此外，不列顛哥倫比亞大學（University of British Columbia）的研究人員在2016年的一項形而上研究（Metastudie，此項研究有諸多研究結果都曾被眾多其他研究引用）中顯示，打坐冥想會導致大腦裡的某些結構發生形態上的變化。這會影響大腦裡的額葉（Frontalhirn）、海馬迴（Hippocampus）和島葉（Insel）等八個區域，這些區域對於注意力、記憶、大腦兩半之間的交流和感官感覺很重要。威斯康辛大學（University Wisconsin）已經在一項針對佛教僧侶的研究中證明，打坐冥想會改變大腦，使其朝向慈悲和善良等積極情緒的方向活動。進行研究時，僧侶們躺在功能性核磁共振掃描儀（funktioneller Kernspintomografen）上讓研究人員測量他們的大腦活動。

在神經科學家潭雅·辛格（Tanja Singer）的指導下，馬克斯普朗克研究所（Max-Planck-Institut）的資源專案（The ReSource Project）目前正在研究佛教僧侶打坐冥想對大腦某些區域的影響。

欽德爾·符·賽嘉爾（Zindel V. Segal）、傑·馬克·威廉斯（J. Mark Williams）和約翰·迪·德雅絲達勒（John D. Teasdale）開發了一項先進的抑鬱症復發預防計劃，這些計劃用於世界各地的精神病學和身心療法，這種療法和藥物療法具有相同的效果。出於這個原因，基於正念的技術也正在被使用於成癮治療法上（酒精、尼古丁、工作、食物和性成癮）。

透過正念來舒緩壓力的方法正在世界各地的醫療機構中蓬勃發展，成為許多研究專案的主題。

最著名的方法稱為正念減壓法（Mindfulness Based Stress Reduction, MBSR）。這是一個在八個星期的時間裡以小組形式學習的減壓計劃。正念減壓法是由美國麻薩諸塞大學（University of Massachusetts）醫學教授約恩·卡巴特-欽（Jon Kabat-Zinn）所研發出來的。正念減壓法其中的一部分包括呼吸技巧、坐禪、身體感覺的感知以及觀察自己的情緒和思想等。這一概念的支柱之一是身體掃描（Bodyscan），這是一種以重複的順序仔細、逐漸、系統地體認整個身體的練習。在身體掃描期間，患有慢性疼痛的患者會了解並體會到，他們的身體不只是疼痛的原因，而且焦點還會轉移到其他的身體感覺和品質上。現在身體可以被以整體的方式來感知和察覺，身體終於變成像是一個家。正念減壓法已被證明對免疫系統有著積極的作用，並能減輕慢性疾病的壓力、恐懼和疼痛。透過各種練習您會被訓練成能夠降低一個檔次並且可以心平氣和地觀察自己內心的想法，而不需要對這些想法做出任何的評價或者執著地去擁抱這些想法。

在約恩·卡巴特-欽身後所隱藏的哲學是：「正念減壓法是一種藝術，它教導我們用一種不同的、全新的方式來看我們自己以及這個世界，並且有意識且明確地來對待我們的身體、思想、感受以及認知。」這就像衝浪手一

樣，在生命的波浪上踩著浪板乘風前進，而不是下沉到波浪底下。這種練習可以鍛煉我們的耐心，因為如果我們把生活想像成一片翻騰的大海，那麼我們就要訓練自己，不要迷失在所有的動盪和無法逾越的處所。讓自己捲入漩渦之中通常是毫無意義的。使用正念減壓法，您可以有意識地退後一步來將自己控制得更穩當，以避免輕易地陷入情緒混亂的局面裡。如此一來，您就可以從遠處、也就是從外部來觀察整個事件的情況，或者至少先讓自己冷靜下來，重新獲得對這個事件的主控權，藉此在心中建立一個緩衝區，進而做出更好的決策以及反應的模式。

透過每天的正念訓練，在大腦的相應區域會受到刺激，就像是在健身房裡訓練您的肌肉一樣。在課程開始時，參加者會被要求要設定目標。然後您應該忘掉您所設定的目標，或者至少不要專注於這些目標上，而是要專注於當下。這對許多人來說是全新的概念，不過卻非常有效。因為雖然目標訂在那裡，但把它拋到腦後就可以讓您進入平靜的境地。我們不要再關注未來的計劃或過去的憤怒，而是關注當下。只有現在發生的事情才重要。這樣可以去除對期望的壓力，不去做評斷（如果我沒有達到目標，就是失敗）、不再匆忙，進而減輕經常附在您身上的痛苦。

在正念減壓法的課程中，您所學到的練習也必須在八個星期之內定期地在家裡重複練習。如果您願意騰出這段時間——尤其是當您壓力很大而且時間不夠用時——就已經成功一半了。儘管如此，正念減壓課程的參加者最初時常會對此感到惱火，因為想辦法騰出時間本身就會增加壓力。（「減壓課程會先讓您增加更多的壓力。」）這是正常的，因為壓力大的人總是會覺得他們沒有時間。

一旦做了日常練習，上述的主題會改變得比較快。一般來說，對大多數事情以及對其他人的態度會變得更加輕鬆。我們會察覺到更多事物的細微差別，開闢了新的相互之間的聯繫。我們會從行動模式（Aktions - Modus）（我必須立即做出反應，而這令我生氣）切換到存在模式（Sein - Modus）

（我很生氣，我現在到底是怎麼了？）。正念減壓法的本質是不對任何事情做出評判並且敞開心胸坦然接受一切。

就像一個孩子那樣，我們應該保持初學者的眼光（Anfangerblick）並看到每一個事物在當下所顯現的樣態（例如身體的感覺、情感、聲音、思想等），這樣就有可能辨識出不利的反應模式而放鬆，進而用另外一種方式來對壓力和心理負荷的情況做出反應。

例如，在課程開始的時候，有一個練習被稱為葡萄乾打坐冥想（Rosinenmeditation）。每一位課程的參加者都會分到一顆葡萄乾，參加者要用眼睛看著它，用雙手去觸摸並感覺它。接下來還要思考葡萄乾的性質（這個葡萄乾是用哪一種葡萄做出來的？它的原產國在哪裡？它要經過多久才會變成這個樣子？它的處理過程如何？）。在此之後，才可以把葡萄乾放到嘴裡，然後慢慢地，好像是在永恆的時光裡咀嚼它，到了最後再把它吞下去。單獨的一顆葡萄乾可以是一種真實的體驗，就算是您根本就不喜歡葡萄乾，但是您還是可以透過這種方法來體驗它。

正念訓練會讓您失去（戴在馬匹眼睛前面用來）預防驚恐的眼罩（Scheuklappe），也就是說有可能會脫離自動駕駛（Autopilot）和連續壓力的模式。我們學習去辨識隨機出現的壓力刺激並將它轉移到緩衝區。如果有一位女同事所說的話讓您生氣，而您正好是一個受過正念訓練的人，那麼您就可以很自然地化解這樣的憤怒。這個時候，我們可以把自己轉換成一個觀察者的角色。您會想，我的體內現在正在發生甚麼事？我的心臟急速跳動嗎？我太陽穴的動脈也隨著心臟起舞嗎？我感覺肚子不舒服嗎？為甚麼幾句話就會讓我感到激動，這到底關我甚麼事呢？這又讓我想到哪一種讓我不高興的情況呢？

每一種感覺和想法都是被允許的，但是我們不要給它任何的評價，也不要貶損它。就好像讓一部正在看的電影停格一會兒，然後把這個場景凍結起來。一個有正念專注的人，他的做法也完全是這個樣子，在現實生活中短暫

地按下暫停鍵，先仔細觀察並感覺一下。透過這種方式我們可以重新贏回我們對自己的感受和想法的控制，我們的大腦將學會不讓日常生活中如潮水般滾滾而來的各種不同要求所淹沒，也不會讓它們對您造成巨大的壓力，我們會有一段暫時平靜的片刻可以進行反思。透過精神集中的觀察，我們可以學習讓思考轉向，而不是被它們沖走或霸凌。我們可以做出決定來對抗那些不斷重複的、會破壞我們情緒並傷害我們身體的負面思考模式。正面專注的行為可以讓我們客觀地觀察我們的混亂情緒而不做任何評價，並且從日常生活中由自動駕駛所形成的慣性模式中走出來，進而重新主動掌控自己的人生。

質疑並探究我們自己的價值體系和自我省思一樣，也是屬於正念減壓法的一部分。我們是否像審判自己一樣嚴厲地審判他人？是否很快（或是太快）地評估一個事件的情況？我們如何看待自己的自信心？很多中年女性覺得她們不再像以前那樣無憂無慮，也沒有以前那麼快樂。

我還需要甚麼呢？在任何情況下，當我們感到緊張或恐懼或是受不了精神壓力時，我們可以反問自己：現在甚麼事物可以真正讓我好過？我現在急需哪些東西？我要怎樣才能夠暫時脫離目前的狀況（思緒上或是實際上），以便打起精神思考呢？我可以在哪裡找到我現在需要的平靜心情呢（把門關起來一小段時間、到屋子外面的階梯上或公司接待室的沙發上坐一會兒、繞著社區或到林子裡去走一圈、沖個熱水澡、喝一杯茶或是去看一場電影）？做幾個深呼吸，大大地吸一口氣，再慢慢地呼出來，這樣又可以讓我們回到平靜且身心平衡的時刻。通常不需要很特別的措施或作為。您可以嘗試一下，看看甚麼事情對您最有用，甚麼東西最適合作為您的個人安全氣囊？

因此，減輕壓力的祕訣就是去辨識並且去阻斷壓力、過度的要求以及外部給予的規定和指令，好讓您的生活有更多的空間和力量。當然我們也可以繼續像過去一樣盡情的享樂或者為自己的將來打造一些計畫和想法。其中的區別在於，一個訓練有素的正念專注者會有意識地去做這些事情。

在這個為期八個星期的正念減壓法課程裡會有一些重要的關鍵問題被提

出來在小組裡面討論，如果您是一個對正念有興趣的人，那麼這些問題一定時常縈繞在您的腦際裡，而且您也會很想知道答案：為甚麼我沒有自己的時間？我個人的時間在我的生活中到底有多重要？如果我在一天裡騰不出20分鐘來做正念減壓法的練習，對我的生活會有甚麼影響？我到底想要改變甚麼以及我要怎麼麼做才能夠實現？每個人都可以從其他參加者的答案中學習到一些東西。

　　當然，您無法在一夜之間養成正念的基本態度，所以它的基礎課程要持續兩個月。但這是正念訓練的基柱之一。在這個訓練課程中，我們學習去處理那個把我們的思想活動限制住的對事情評估的框架，認識並面對我們執著固守著而且會阻礙我們個人發展的許多習慣。我們學習去識別和克服我們緊抓著的某些不愉快、有威脅性以及負面消極的行為方式。

　　人類傾向於在很短的時間內很快地去評估一個事件的情況以及其他的人。這種古早留下來的行為方式在人類進化史上當然是一種生存的優勢。如果我們從很遠的地方就看到有人想要攻擊您而來抓您的衣領時，則憤怒以及攻擊就是適當的防禦反應。今天，如果認為其他所有的汽車駕駛都沒有能力好好駕車，或是因為一位新來的女同事穿了一條很短而且圖案很古怪的裙子就馬上給她貼上某種形象的標籤，這些都不再有意義了。我們需要花掉多少苦思和精力才能改掉這些偏見，以及和這位新同事建立起理性的關係（其實她真的很友善又親切）！一個有正念思想的人看到這條裙子和這個人的時候並不會做出任何的評論，而是讓這兩件事情保持它們本來的面目和樣貌：就是一條有圖案的裙子、一個棕髮的女郎。完畢！

正念的支柱

　　就在這裡，就是現在：請您觀察您身體裡面正在發生的事情。不是昨天，不是明天，而是此處和現在。

- 鍛鍊耐心：在我們的生命中每一件事情都有屬於它的時刻，過度的強求或是像無頭蒼蠅般汲汲營營去追求也無濟於事。在個人成長的過程中並沒有渦輪加速器。

- 允許信任：相信自己的直覺，而且生活就是最好的放鬆方式。這意味著也要相信自己的身體，它確切地知道甚麼是對的以及甚麼是錯的，並發送相對應的（警告）信號。

- 按事物原本的樣子接受它：在事物可以改變之前，必須接受它們。如果我們拒絕承認痛苦或是精力枯竭，否認自己的身體狀況或對自己或他人隱瞞這些狀況，那麼我們就無法對抗它們。接受眼前的事實是治癒疾病重要的關鍵。

- 不要評斷，不要帶著價值觀來處理事情：您經常和自己說很多好話或是在遇到困境就想辦法逃避？自己欺騙自己好像是一種流行的時尚，但這根本無濟於事。同樣地，如果您以相同的方式來思考各種事物、人物和情況，那您也會把事情搞得亂七八糟。誠實地對待人和情況，是非常值得的。

- 無目的或無目標地行動：我們生活在一個目標導向的時代，沒有一件事情是不帶有目的和意圖的。正念卻是和這個相反。讓新事物來令您感到驚喜吧，請您對新的想法抱持開放的態度。目的當然不是一件壞事，但它不應該支配您的生活。這樣您會把太多的事情拖延到未來，讓您就沒有時間可以活在當下。

- 承擔責任：請您為自己的生活承擔責任。當您不再期待從別的人那裡獲得任何東西時，您就可以為您自己的生活承擔責任了。如此一來，您就會有很大的機會，不會失望或是成為受害者。

- 學會放手：我們所秉持的思想和信念會駕馭我們並且導致疾病。正念有助於讓我們辨識我們想要/必須鬆手放開哪些東西，以及要如何才能做到。這也包括心存愛心地鬆手放開某些人、痛苦的回憶和不妙的狀況。

此外，正念也是所有預防方法中最好的一種。您一定也知道在一段時間裡，您看到了一些東西，但是您並沒有真正地意識到它，是視而不見。或者您在吃東西，但是您並沒有真正地品嚐到這些食物的美味。有時候您開車到達了目的地，可是您卻記不起這段行程。

類似的事情發生在我們身體的層面上。很多病症都是以身體上微小的變化為基礎發展出來的。在前面的章節中，您了解到了各種不同的荷爾蒙是如何在它們的控制迴路上發生關聯。身體上的荷爾蒙腺體都是由大腦來操控，相反的，在我們身體上所發生的所有的事情都會在大腦裡被記錄下來。如果我們沒有關注這些和免疫系統、神經系統以及心血管循環系統、各種組織、所有的荷爾蒙和傳導物質以及每一個微小的細胞都息息相關的資訊流，也就是說如果我們不夠細心體貼並專注地對待自己時，可能會導致更嚴重的健康問題。在這裡，我們又再次回到我們的信條：一切的一切都和所有的事物息息相關，互相牽連。或者像是約恩‧卡巴特‧欽教授（Jon Kabat-Zinn）所說：正念訓練的精神是要在當下知道您現在在做甚麼。對您內心的醫師來說，正念就是最好的指南。

正念並不表示問題再也不會出現，但是不同的觀點仍然有所助益：我們每個人都必須面對的每一個新的挑戰是對個人成長的要求。年紀來到中年的每一個人都擁有豐富的個人經驗。人生是一條漫長而巨大的河流，流水有時候順暢，時而奔騰，有時候會渾濁，當然也會有清澈之時。生存的危機、疾病、愛情、告別、失望、歡樂、幸福等都是其中的組成要素。漲潮或退潮，大的或小的情感都是最重要的老師。如果我們有了這種認識，那麼我們就可以心平氣和地應對下一個生命的洪流所帶來的混亂。如果基本的平衡正常了，那麼我們就穩定了。我們退後一步看看剛剛發生的事，深深地吸一口氣，這樣就可以在心平氣和的情境之下做出決定。克服阻力使您變得更堅強並帶您往前邁進。我們在此想再一次引用喬恩‧卡巴特‧欽教所說的話：「只有一個經過暴風驟雨與巨浪考驗的船長才是一個好船長。」

打坐冥想

　　打坐冥想是正念減壓法課程中的一項重要練習，它也可以單獨用於沉思。在阿富汗、巴基斯坦和印度，考古學家發現了幾千年前的洞穴壁畫，從中可以看到打坐冥想的方法。在傳統的中醫，打坐冥想是一種治療方法，透過這種方式，可以強固身體、心智和靈魂，還可以加速疾病康復的過程。

　　科學已經證明，定期打坐冥想可以緩解疼痛並增強免疫系統。在慢性疾病部分，對疼痛和抑鬱症具有療癒的效果，特別是在預防復發方面更見其效。打坐冥想可以幫助癌症患者，讓他們能夠在應對新的情況時動員並聚集身上所有的資源和力量來應付病情。

　　每個人都可以隨時隨地進行打坐冥想。您既不需要有可讓您的雙腳交叉盤坐的打坐冥想枕或瑜伽墊，也不需要很多的時間。許多打坐冥想方法中最著名的一種是超覺靜坐法（Transzendentale Meditation, TM，也可稱為「先驗打坐冥想法」）。它是由印度馬哈理熙‧馬赫希‧游吉老師（Maharishi Mahesh Yogi）所創立，於1950年代被引進西方世界。在打坐冥想時，學生會從他的打坐冥想老師那裡得到一個適合他的、個性化的智慧語句。每天兩次坐著冥想這個咒語。超覺靜坐法屬於被動、靜默的打坐冥想類別，另一方面在主動打坐冥想的類別中是在行進中做冥想或是唱著咒語打坐冥想。

　　在一開始練習的時候，每天在椅子上靜止不動五分鐘就足夠了。在靜坐時要讓呼吸平靜下來。吸入四口氣，呼出八口氣。如果是一個新進的打坐冥想者，那麼您幾乎無法靜止不動地坐著一秒鐘，在這短短的時間裡，在您的腦子裡已經來來去去的出現過一百萬個想法了，例如：椅子好硬喔；我有把手機關小聲一點嗎；現在是甚麼時刻了，鄰居不能安靜一點嗎；我還要再去買番茄；我真的很喜歡我的同事瑪麗安，相反的，芭芭拉卻變得越來越難纏；假期甚麼時候才要開始……

　　為了平息這種思想的混亂，請把精神集中在呼吸上面。吸氣，呼氣。當

呼吸變得自然順暢時，您可以把注意力集中在某一個點上。張開眼睛看著，例如坐在門前時，您就看著鑰匙孔，或者您也可以閉著眼睛把注意力集中在眼睛中間那個內部的一個點上。如果這時腦子裡出現一個想法，就讓它飄過，然後再把注意力重新集中在鑰匙孔上（到了某一個時候您已經不再能意識到鑰匙孔）。

然後把打坐冥想的時間從每星期三次的5分鐘，延伸拉長到10、15、20、30分鐘。打坐冥想的「專業人士」通常定期在早晨以及晚上打坐冥想至少半個小時。他們都已經打坐了很多年了，通常當他們要打坐冥想時，一坐下來就立刻可以進入到內心平靜的狀態。

幾個星期之後內心平靜的感覺會出現，並變成一種熱切的需求。我們的身體與心智都是求知慾強烈的學生，它們很快就學習到甚麼對它有好處。

不論是在家裡或是公園裡，打坐冥想時需要安靜的環境。我們要讓周圍的人知道我們需要寧靜的時間，我們可以把門關起來，如有需要可以在門上掛個「請勿打擾」的牌子，讓每個人都知道，而我們也可以確保我們的打坐冥想不會被打斷。當然手機、電話等都應該關閉。但是保持持續的寂靜並不是很重要，因為這種情況是很少有的。在我們打坐冥想的時候我們可能會聽到窗戶外面小孩子們的聲音，但是我們不要把注意力放在他們身上。在此時此刻，我們的心智是完全集中的，不要被轉移到其他地方。挑戰在於對事物的接受，即使在打坐冥想中出現了哀傷、躁動或恐懼的感覺，也可以敞開心胸，讓它們悄然過去，從而消除心理上的壓力。

不過有些時候您就是無法靜靜地坐下來五分鐘之久，或是儘管您已經有數年的實踐經驗，但是您卻無法讓心境平靜下來。這時候請不要灰心，很多人都會發生這種情況。就接受這樣的事實，今天不行了，明天再繼續努力！

我們會很快感覺到打坐冥想的積極正面效果。在壓力大的情況下，您可以保持輕鬆鎮定，心平氣和，甚至臉部的肌肉和表情也會變緩和。在打坐冥

想當中，您有時會注意到臉部的肌肉會自然放鬆了。許多出名的公眾人物被問到他們姣好的外觀時，她們都說打坐冥想和瑜伽是她們的神奇妙藥。如果說打坐冥想和瑜伽是讓他們額頭上的皮膚變光滑的唯一解方或許言過其實，但是其中還是有某種程度的真實性。

當我們處於寂靜之中，會有機會去認識我們的心智。哪一種想法是來自哪個地方？我們會被甚麼事情引發行動？甚麼感受和哪一種心情是由不停轉動的思潮所觸發的？

有許多打坐冥想者在開始時會感到震驚，他們意識到自己的一生之中有多少時間是花費在後悔、未來計劃或是懷抱著過去的事物上。在打坐冥想練習中，我們會變得好奇，哪一個想法現在又再重新回到腦海裡來了。如果我們敞開心胸來看待它們，而不是對它們進行評價或分類，那麼我們的壓力就會減少許多。開始的時候，腦子裡常常會出現有關於未來責任的念頭（「我還必須完成這件或那件事情」）而會讓您感到煩躁不安且失去耐性。如果找出一個可以統稱很多事項的名詞（例如「計劃」），會對您有所幫助。如果又出現一個念頭，像是：「……報稅的文件我都還沒有整理好……」，同時容易伴隨著加速的心跳時，那我們就用計劃這個詞來把這件事帶過，然後再度把注意力集中到我們的呼吸上去。每一次不論哪一種念頭正好要蹦出來時，我們都可以用這方法來處裡。這樣這些念頭就會消失。它們和其他所有的念頭一樣，會來也會離去。

我們的想法和念頭是由我們的大腦永不停息地製造出來的，就像牙牙學語的小孩子那樣，總是不停地嘰里呱啦說個不停。根據研究結果，我們知道大約只有10%進入我們意識裡的想法是經過主動的思考而來，其他的都是由大腦消化而彈跳出來的。因此，我們不需要屈從於所有想法的要求。如果要照著每個念頭的要求來做，會有多大的壓力啊！或者更好的說法是：對於大多數不打坐冥想或練習放鬆技巧的人來說，這會是一種甚麼樣的壓力呀！

呼吸就是生命

我們每天下意識地呼吸約18,000次。我們吸入空氣為體內所有細胞提供新鮮的氧氣，當我們呼氣時，會把我們用過的空氣連同份量可觀的二氧化碳送出體外。我們很少有意識地呼吸，而且也沒有把空氣吸進肚子的深處。主動且緩慢的深呼吸是所有放鬆方法的基礎，不論是基於正念的減壓、打坐冥想或瑜伽都是如此。「正確的」呼吸可以平靜我們的自主神經系統，降低心率和血壓，也可以使思緒獲得安靜。

坊間有很多的呼吸課程。阿育吠陀呼吸練習（ayurvedischen Pranayama）是瑜伽呼吸技巧中的一種，它運用了許多各種不同的呼吸技巧。例如他們將空氣深深地吸入到腹部裡去，在吸氣時，腹部會向外鼓脹，在呼氣時腹部會自動地回縮起來。呼氣的時間應該是吸氣的兩倍到三倍長。心中默數數字會有幫助：吸氣時數到三或四，到六或八時吐氣。在艱困又緊張的情況下可以使用這種方法將空氣深深地吸入腹部，您會立刻感覺到整個神經系統平靜下來了。

聖光調息法（Kapalabhati）可以促進肺部二氧化碳的排出。我們用鼻子吸入空氣，然後用短促且強有力的方式把空氣從嘴巴急速吐出。

左右鼻孔交替呼吸去（Anuloma-Viloma）可以清潔細胞。我們輪流用兩邊的鼻孔來呼吸。首先用右手的大拇指壓住並關閉右邊的鼻孔，然後只透過左邊的鼻孔長長深深地吸入空氣數秒鐘。接著用右邊的大拇指和第四指按住並關閉兩邊的鼻孔憋住氣四秒鐘之久。最後將右邊的鼻孔放開，用雙倍的時間將空氣呼出。這個動作做完之後輪到換左邊的鼻孔。重要的是一直都用您剛才呼氣的鼻孔吸氣然後換邊呼氣。左右兩邊都完成算一回合，重複做八回合。剛開始時您會流很多汗或感覺快要窒息了，如果定期做這種交替呼吸，您會發覺到自己擁有更多的空氣，可以非常容易地控制自己的呼吸。一項證據確鑿的研究指出，交替呼吸可以降低血壓、心率和皮質醇水平。

透過鼻子呼吸，最明顯的效果是可以活化我們的副交感神經，從而減輕壓力。肌肉也會放鬆，在大腦中顯示放鬆程度的阿爾法波（Alpha-Wellen）加強了。每天做15分鐘的鼻子交替呼吸可以達到最佳的效果。學習調息（Pranayama，呼吸練習）方法對日常生活來說有著如同黃金般的價值。

走在正確的道路上

自2014年以來，印度政府設有自己的瑜伽部，還有一個國際瑜伽日。瑜伽作為一種身體上和心理上的訓練，已經是公認的傳統療癒方法。做瑜珈可以學習身體的姿勢（Asanas）、呼吸訓練（Pranayama）、身心放鬆練習、注意力專注練習、打坐冥想練習和再生練習（Regenerationsübung）。在瑜伽課程上，不同的姿勢和技巧彼此可以互補漸進以臻於完美。

瑜伽不僅可以調理身體，還可以平衡靈魂和心智。在做過幾個練習課之後我們就能感覺到身心更加放鬆和平衡。目前存在著許多瑜伽派別：哈達瑜伽（Hatha-Yoga）、流動瑜伽（Vinyasa-Yoga，流瑜伽）、高溫瑜伽（Bikram-Yoga，熱瑜伽）、荷爾蒙瑜伽（Hormon-Yoga）。您可以依據自己的喜好和預算，找到適合的課程。正向的健康效果都已獲得到了證明：瑜伽可以增強包括集中精神、心血管系統和免疫系統功能。

除了瑜伽之外，還有許多其他有益而且值得學習的放鬆技巧，例如太極拳、自律訓練（autogenes Training，自我暗示訓練）等。不論您從哪裡開始或是您最終選擇哪一種方法，您都已經走在一條正確的道路上了，因為您終於為自己抽出了時間！目前，有一些德國的健康保險公司甚至還會補助這些課程。

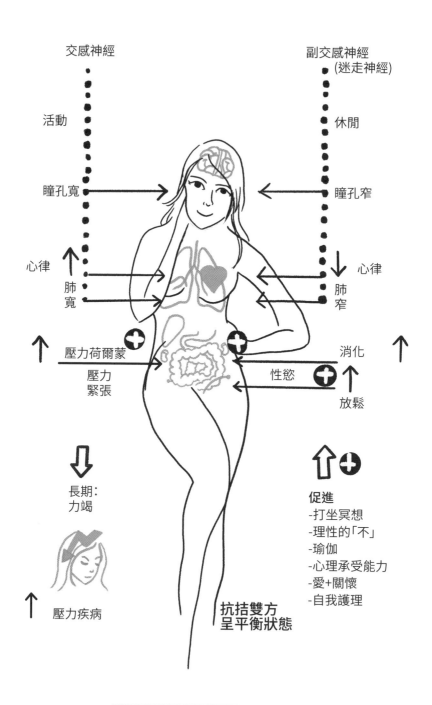

交感神經

副交感神經
(迷走神經)

活動

休閒

瞳孔寬

瞳孔窄

心律

心律

肺寬

肺窄

壓力荷爾蒙

消化

壓力緊張

性慾

放鬆

長期:
力竭

促進
-打坐冥想
-理性的「不」
-瑜伽
-心理承受能力
-愛+關懷
-自我護理

壓力疾病

抗拮雙方
呈平衡狀態

我們的自主神經系統

人際關係和性愛生活

當我們決定要去學習正念、打坐冥想或其他放鬆技巧時，我們就已經踏上了一條探索自己個性的路。我們在這條路上走得越久，那麼本章開始時所提出來的問題就變得越來越緊迫。這當然對您的夫妻關係會有影響。

無數的婦女，包括我們的女朋友、熟人以及女性病患，報告說她們許多年來一直陷在一個私人情境的泥淖中，這遠遠比夫妻關係危機還要嚴重。

當然導致夫妻關係破裂的原因有很多，但是女性的荷爾蒙混亂絕對是千真萬確的，對每個婦女來說都是沉重的負擔。我們在此所說的不僅是與（婚姻）伴侶的關係而已，也包括和其他家庭成員的關係，例如自己的孩子、兄弟姐妹、父母。我們女性學會了就算是遇到沒有意義甚至不健康的事情也要硬著頭皮振作起來，如此一來可以留給我們自己心中感受的空間就變得非常的少了。

我們在自己的孩子面前扮演著強者的角色，我們不想在同事面前示弱，不想在工作上留給別人任何攻擊的餘地。我們學會了不要屈服於每一個情緒上的波動，與他人交流時要做出通情達理的反應（或做出愚蠢的妥協）。這種互動的機制或策略也都一直運作得很好。所有的人都覺得很高興：我們的合作夥伴、女朋友們、工作同事們、上司們，或者如果您自己是老闆時，那就是所有的男女員工。只是多年來我們自己的身心卻變得越來越不平衡也越來越不快樂，然後到了某個時候我們就被甩在路邊上沒人理了。

實際案例：

我是一個壞媽媽嗎？

安娜（Anna）現年46歲，有三個孩子，她說：「情緒波動對我而言，不只是一個名詞而已。我一直自認為是一個充滿愛心的母親和好妻子，可是現在的情況讓我越來越沒有辦法忍受。難以置信的是，連我本來心愛的孩子也讓我感覺快煩死了。

我覺得我就像被困在輪子裡的天竺鼠，拼命地跑卻無法前進一步，現在我在家裡根本就找不到安寧。當我在辦公桌前想要在短時間內完成某件事情時，不僅被孩子們的問題所困擾，還要忍受從他們房間裡發出的噪音。可能是他們與朋友的談話、笑聲或是彈鋼琴的聲音。我對噪音變得非常敏感，甚至只為了一點小小的原因，我就開始罵人，甚至還會大聲尖叫。

我經常覺得我受到不公平的對待。這種想法或許有點瘋狂，但是我有時候覺得全家的人都聯合起來密謀對付我，要讓我好看。儘管我在工作上整天都被人群包圍，但是我卻覺得我很孤單而且不被了解。最誇張的是，一些微不足道的小事很快地就讓我心煩意亂而不知所措；我真的感到絕望。

我的家人認為，我總是把別人的話做了錯誤的解讀。當然我也在書上看到過，在我這個年齡，我們會為我們的情緒波動所苦惱是稀鬆平常，這一點都不值得大驚小怪。但是這句話並無法正確地描述我的心中感到多麼害怕與懷疑。

我的先生開始時還能夠了解我的處境，但是他讓我感覺到，他好像根本就不認識我了。『以前妳偶而會有所抱怨，但是現在只要看到我們妳就會開始大吼大叫！』他這樣說。您知道嗎？我現在也已經不認識我自己了！」

如果荷爾蒙任性地為所欲為時，我們以前到現在為止曾經嘗試過的所有機制在突然間都變得無用武之地了。當然我們不應該遷就所有的情緒和心情，而必須以妥協的方式來保持和別人的溝通。如果您讓荷爾蒙所觸發的情緒波動完全掌控您時，那麼您就幾乎無法控制大局了。正如安娜所說的那樣，這個故事聽起來很瘋狂，這對於從未經歷過這種狀況的局外人來說，真的是難以想像。不幸的是，事實就是這個樣子。只要夫妻夥伴一句口吻稍微強烈一點的話、同事之間的誤會、兒子幼稚不經思考信口開河或是女友們稍為放肆不尊重的言行，都會讓您受不了而發飆。情況失控的程度就會像您臉上表情的變化一樣。我們感覺自己「把事搞砸了」或者是「失敗」了，但是我們不知道是要因為（對自己的）惱怒生氣或是羞慚而鑽入地洞中。失去對場面的控制會引起憤怒、罪惡感，會讓人尖叫或是完全默然。還有無限大的壓力，這種壓力當然讓人難以忍受，更不要說還必須長時間地生活在這種壓力下。

　　所以，要消除壓力。根據我們的經驗，開誠布公地進行溝通是有幫助的。如果沒有清楚地把事情講出來，就沒有人會了解您的感受和處境。談論我們自己的心理狀態和處境是絕對重要而且有幫助。可能不要一開始時就和自己的雇主談論，不過可以和家人以及不同圈子裡的朋友談談。但是要做到這一點，您必須知道自己到底出了甚麼問題。您對自己的感受和處境知道得越多，並且越坦然地針對這個人生階段的問題和別人溝通，那麼對您（及您周圍的人）都會更好。

　　蘇艾貝：「我讓我的丈夫和孩子們聚在一起吃晚飯，然後跟他們談起家庭中的每個人都受到荷爾蒙變化的影響：三個處在青春期的孩子，更年期狀態下的母親，以及一個和大多數男人一樣，想要取得摩托車駕照的父親。不過我們家這位父親心裡想的是另外的事，因為摩托車的駕照他已經有了，而摩托車剛剛卻在門前被偷走了。我抱怨每個人總是把家裡弄得亂七八糟、太

大聲吵鬧、做甚麼事情都沒有事先計畫安排好。我認為，在所有家庭裡這些都是正常的，我也沒有理由因此陷入情緒的深淵裡。但是我卻不斷地掉到這個漩渦之中，一次又一次重複地發生。因此我嘗試向我的家人解釋，我不幸有時會被心中的感受搞得不知所措，而我也必須把我自己導入到正常的路徑上。我相信我的孩子對這次的談話都心存感激，因為這樣我消除了他們心中的自責歉疚感，讓他們不會再感覺到他們是搗蛋鬼或是他們的行為在根本上就是錯誤的。這種坦誠使得每個人都能對整個事件有了更好的理解，大家的心情與家庭的氣氛也因此變得更加地緩和融洽。今天很多事情都可以用幽默的方式來解決，或者至少大家都不像以前那樣戲劇性地來看待這些事。我自己也從中學習到，在遇到情緒波動的時刻，要更小心謹慎地控制自己。現在我已經學會了去評估，在甚麼時候我應該讓自己休息一下——為了每一個人的利益著想。」

我們不能在這裡解決夫妻問題，因為每對夫妻的關係都有個別的運作規則以及自己的動態韻律。向左右看一看，可能會讓您增加信心和勇氣。有一位受訪者自述，她在過去的20年裡至少和四個男人結過婚，但是她說，並不是和四個不同的男人，而是只有一個而且是唯一的一個。她愛上了有夢幻般身材以及長著長黑頭髮的學生，一個煥發著自由精神，以前曾經花了數年的時間環遊世界的男生。她有擁有這個男人三年之久，他每天晚上都不想待在家裡，只想通宵達旦地跳舞，然後在第二天早晨三點鐘的時候，用車子載她到東海的海灘上，只為了可以在日出時將她擁在懷裡，甜蜜地共享朝陽。

接下來是在職場上追求高升的職人，剪掉了長長的黑髮，每天早晨穿著筆挺的西裝出門，到了傍晚拖著疲憊的身軀而且還常常脾氣不佳地回到家裡來。他現在不再去俱樂部喝酒跳舞了，而是到網球場打球，或在公園裡慢跑，不然就是去電影院或直接上床睡覺。

後來這個男人的角色換成了她們四個小孩子的父親。在好幾年的時間裡，他把父親的角色演得有聲有色。從那時起，她就再也沒有在他的身上看

過西裝的影子。他的頭髮變成了三分頭，不過卻留了個滿臉嬉皮的落腮鬍。他穿著他的白色Ｔ恤睡衣替全家人做早餐。當她傍晚從辦公室回家時，他會高高興興地在露台上向她招手。

從幾年前開始，她和一位專案經理結了婚。他在公司裡負責管理全世界各地的工業設施的建設。當他從幾個星期的長期出差回來時，嘴巴裡總是滔滔不絕地講述他在其他不同文化圈裡所獲得的各種特殊印象。在機場接機時，從他身上所聞到的是一個完全不同男人的氣味。來自印度、亞洲或是非洲的異國味道還沾滿他的衣服和頭上。他現在連頭髮都沒有了。

長期生活在夫妻夥伴關係的人會自然而然地跟隨著各個階段的生活所帶給對方的一切而改變。無論我們喜歡還是不喜歡，生活就是不斷地在改變。像上述那個病人誠實的談話顯示，改變的不只是女人，男人也一樣在改變。是的，荷爾蒙要為這一切負起完全的責任。但是儘管如此，即使同一個男人已經化身為三種或四種完全不同的類型時，如果您仍然一直愛著他，會是一件多麼美好的事情啊！如果我們可以用新的眼光和濃厚的興趣來看待對方，並且給他足夠的空間來讓他自己完成這樣的蛻變時，所有的事情都會讓您感到耳目一新，如果我們可以和伴侶共同為了在各個不同的生命階段所獲得的新知識與所了解的新事物感到喜悅時，那就真的是太美妙了。

是的，這真的是太好了，我們所有的人都可以生活在寬容、幸福快樂、不知無聊是為何物的夫妻關係之中。我們將永遠對另外一個人感到興趣，覺得他永遠是值得我們去追求的人，永遠那麼性感。不幸的是，這在現實生活中並不容易，而且在大多數的人際關係中，尤其是在臥室裡才可以真正看到完全不是那麼一回事。

生活的各個階段都在改變，在某個時段裡，養兒育女或者夥伴的職業生涯會是生活的重點。當子女都長大離家獨立生活，或是我們不再上班時，我們要在漫長的空閒時間裡做甚麼呢？如果不談和日常生活或孩子們有關的事情，那還有甚麼事情可談呢？談家務、一成不變的嗜好、安排下一次的假期

活動、拜訪父母親或岳父母親嗎？這些都是夫妻雙方會遇到的新的、不尋常的情況，我們可以也必須共同討論。如果溝通可以在深情體貼的方式下成功進行，是一件很好的事情。能夠把想法和願望說出來基本上已經是好事一樁了。誠實是絕對必要的，它也是在以後長久共同生活的日子裡，是否可以和諧相處的關鍵因素。對於夫妻關係和朋友關係的期待不斷地在改變，而對於婦女來說這種變化還會因荷爾蒙的改變而變得更加複雜。神經的保護層變薄了，我們變得更沒有耐性，在某些時段裡，心理上甚至變得更脆弱，感覺到自己受到攻擊、被人誤解、被人算計。在夫妻關係裡有許多事情多年以來都可以忍受或是已經磨合習慣了，但現在可能沒有辦法再容忍下去了。我們期望獲得尊重。當然這種期待始終都是適用於雙方的。

反思自己角色，並決定不再像老婆或者傳統的母親一樣被視為是情色的對象或家中提供服務的老媽子，會改變很多事情。在做改變的同時會出現一些矛盾，因為從同一個意義上來講，從一個角色脫離的同時也會讓自己更深地陷入女性的個性和本質之中。許多婦女指出，對於想要更加深入自我本質的渴望會變得非常實在。許多人會變得更容易走上神靈宗教之路。我們應該和我們的家人談論這種傾向和發展，以避免發生爭議和衝突，這也可以防止基於無知的貶損言論，這種貶損在這個時候是完全沒有必要的。

長久以來夫妻關係中的各種衝突或是挫敗感在小孩長大之後就會悄悄地浮上檯面，我們稱它為空巢症候群（Empty-nest-Syndrom）。養育照顧孩子不再是最重要的事情了，夫妻兩人必須（可以）將目光的注意力再度地轉換到兩人世界。此時很常會出現的問題是，在過了那麼多年之後，兩人之間到底還剩下多少交集呢？內部和外在的討論正在進行著，每個人都分別地回歸自己，進入內心進行自省。內部自省調查研究的結果對於夫妻而言，可能會令人驚訝。兩人的關係會因此重新調整定位的情況並不少見，特別是當您意識到自己的需求長年未被滿足過，而且這種情況在未來也許還會持續下去。夫妻關係治療師的診所擠滿了處在這個生命時期的女人和男人。通常，對親密關係和性愛等不同的需求就像一座無法跨越的山峰那樣橫亙在夫妻中間。

性愛

　　更年時期的許多女性會考慮到所有事情，唯獨沒有想到性愛生活。積極主動地去引誘自己的丈夫發生性關係的想法，對她們而言似乎十分荒唐。許多人可以在晚上提起精神來觀賞Netflix系列節目，但是大部分的人在看到一半時還是會睡著。當我們把所有的能量都投注在日常中活中，將它用來完成無數大小事情之後，終於可以躺在床上時，我們只想要安安靜靜地休息。丈夫的性愛優先利益會被認為是擾亂安寧的事件。有誰曾經想到過，事情居然會演變成這個樣子？

　　但性愛頻率的普遍下降是因為日常生活的精疲力盡所引起的嗎？還是日常生活使得性愛的刺激性減少了？抑或是因此而形成了長年的一種夫妻關係的模式？對於大多數結婚很久的夫婦來說，性生活不再是中年生活中的重點的事實已經獲得了證明。他們嘗試去重新定位他們的關係並去適應這個階段。但是不論如何，事情的結果和夫妻關係的品質有著非常大的關聯。不令人驚訝的是，還是有夫婦在結婚30年之後仍然很喜歡也很常一起在床上纏綿，共同享受魚水之歡。

　　停經期間的婦女們在身體上的需求發生了變化，這些需求會下降以便支持一個內在的沉思階段。我們想要做些別的事情，想要以被隱藏在內心的慾望以及新的途徑來盡情發揮自己的個性並享受生活的樂趣。我們經常聽到在這方面走在一條不同道路上的女人說：「對現在的我來說，這些事情都比任何一個男人更能夠滿足我。」這件事情可以是這樣子，但並不一定必須是如此。其實這兩件事情並不衝突。我們可以熱衷於精神領域上的主題，但仍然可以對性愛生活感到興趣。

　　大膽勇敢地把注意力轉到您的性愛需求上面。您是否還有性趣？如果有，您的慾望有獲得滿足或是您在過去這幾年裡您可以自己滿足自己的慾望嗎？對於剛剛掉入愛河的人來說，因為您期待著和您的愛人共度春光，所以沒有一個工作天會讓您感覺時間過得很慢。但是要如何讓共同生活很久的夫

妻再度燃起兩人之間性愛的熊熊火花呢？您和您的身體有著怎樣的關係呢？您認為您是否值得別人熱烈追求呢？您又是怎麼樣看待您的自我價值？

如果社會或婦女認為自己不再值得別人追求而且不再美麗時，那麼任何一個性愛興趣的幼苗在開始發育之前就會被悶死了。如果婦女們因為荷爾蒙失調而感到難以忍受，感到有巨大的壓力或沮喪時，那麼當然也會嚴重影響她們的性慾。

我們不只是從研究中知道，女性的性事是一件非常複雜的事。婦女性事興緻的運作和男人大不相同。女人對於視覺上的刺激較少會有反應，男人的身體或外表可以很性感，但不是非得這樣不可。被捧在手上用心呵護的感覺、親切熱情的思念以及體貼和關注，這些聽起來似乎是刻板印象，但是這些被證實確實會增進女性的情慾。如果女性在這個情緒─精神層面沒有受到刺激，那麼在身體的層面上也是僵硬無感。女人的性生活是否獲得滿意會取決於許多因素：性教育、對自己的身體感覺、年齡、文化背景、良好的或不良的經驗、健康狀況以及他們是否會有例如因為缺乏雌激素導致陰道乾燥而引起的疼痛。

當然，一般而言，夫妻伴侶心靈上的默契以及兩人之間的關係是關鍵性的因素。所以對女性而言，想要用威而鋼藥丸（Viagrapille）來增加她們的性愛興致與樂趣是毫無用處的。除了藥物的副作用之外，還因為女性的性愛機制非常複雜，女性的性慾並不是光靠一顆藥丸就可以被挑動的。

研究顯示，一個充實滿足的性愛生活不完全取決於年齡，而是和婦女的健康有著更大的關係。如果身體上一切正常，那麼優質的性愛生活就不會受到任何阻礙。因此，好好地照顧自己的身體健康變得更加重要，站在滿足的性愛生活的角度上更是如此。

我們完全不必顧慮的事情是去比較哪一位競爭者比較年輕以及看起來比我們更美麗迷人。這會造成心理上的壓力，同樣的，有些因果的聯想是和在

年紀增長後所形成的觀念有關，例如「已經掉漆了」的這個想法就是覺得自己年紀已經大了，所有的事情都不如從前了，不過我們其實不必去理會這樣的念頭。這些心理上的因素，就算背後沒有任何身體上的原因也會導致許多婦女在性愛方面的問題。

一位年紀較大的婦女若處在一段安全且受珍視的夫妻關係中，往往可以過著特別美好的性生活。當然，沒有甚麼事情可以阻礙這樣的恩愛情況維持到老年。今天身在更年期以及停經以後的婦女感覺自己比以前幾個世代的婦女來得更年輕。她們在性愛上獲取了更多的知識而且更願意去嘗試新的事物。她們也更加清楚如何減少意外懷孕的「風險」。許多婦女們談到這種自由以及在這個生命階段裡和自己身體的和解，導致了對性愛前所未有的好奇心。現在在突然之間，她們敢於表達她們的願望與期待，而且還勇於嘗試以前最多只敢出現在幻想中的性行為。是的，更重要的是她們感到自信，認為自己是值得被追求的而且覺得自己很性感。

我們還想要談論一下有關於色情感性（Sinnlichkeit）的主題。您可以發掘小東西的美好、呼吸著草藥或新愛上的香水的香味，加強自己的官能感受。感覺、嗅覺、品嚐和觸摸會刺激獎勵系統，確保多巴胺和催產素以及其他荷爾蒙的分泌。在日常生活中重新發掘色情感性可以增加感官的享受。除了情色（Erotik）之外，按摩（例如腳、頸、背部的泰式按摩）已被證明可以提升催產素的分泌，進而增強免疫系統並讓我們身心放鬆。

除此之外，去檢查睪固酮或它的前階原料DHEA的水平是有必要的。缺乏睪固酮不僅扼殺了男人的性慾，女人的性慾也一併被消滅了。

正如我所說，有些婦女在此時最重要的是對安靜休息的需求。性愛對她們來說是一件恐怖的事，最多只可接受溫柔纏綿，此外就沒有更進一步的期待與希求了。怎麼會這樣呢？甚至連偶而的溫存也不想要了。這樣的階段也可能會互有變化或者是在時間上可能錯開出現，在更年期開始時，對性愛的興趣會增加，後來就會失去了性慾，雖然沒有了性慾，但是不一定會

覺得煎熬。不受煎熬的前提是要自己的另一半能夠配合，且不會感覺到自己一直被拒絕或甚至認為是被晾在一邊而成了影子人。就算兩個人都可以配合，但還是不夠，我們必須把事情說清楚講明白，沒有性慾或是對性愛興趣缺缺都是因為在這個生命階段荷爾蒙的變化所惹的禍。如果伴侶可以理解到這一點，那麼對女性而言，這可能就是最能夠安慰她們心理的最佳春藥（Aphrodisiakum）了。

維持身心愉快且充滿朝氣，對健康、滿足的性愛生活是絕頂重要的。眾所周知，婦女們都過分地挑剔自己。這種狀況在停經之後並不會好轉，反而會變得更嚴重。我們的身體變了，皮膚變得更加敏感而且還長了皺紋，胸部或多或少下垂了，大腿也不再像以前那麼緊緻了。在此以前都一直把外表的美麗定義為唯一的性魅力的人，現在一定會因此而感到無比難過和痛苦。尤其是現代，由Instagram（IG）和同類的工具所主宰的世界更會使得婦女們感受到極大的壓力，不惜代價地維持她們的外表。自拍或是上傳影像都要讓自己看起來像是剛剛剝開來的水煮蛋那樣完美無瑕，髮型不能有瑕疵，皮膚不能有皺紋，更不要說肚子上會出現的小肥肉。拍好照片之後還要再用修圖軟體來處理任何一個可以修飾的部分。

我們不是想要譴責或批判那些決定做侵入性美容治療的女人，但是，這件事卻隱藏上癮的危險。有位美容醫師在最近的一次訪談中說，美麗女人的命運在於她們認為她們必須保持美麗。發自內心要求外表美麗的指令可以用不同的方式來達成，從性愛的意義上來說，這種愛美的心理會扼殺女性對性愛的慾望，並且會導致不安全感和心理問題。這種情形其實並不少見。

沒有一個人的身體是完美的。為了認知這一個事實，我們不妨去看一下我們以前較早和較晚期的照片，或看看電影海報中著名模特兒的造型是怎樣被修飾過的。當您看過之後，您會無比驚訝，超級名模的盧山真面目比每一個「正常」的女人更不忍卒睹，更沒魅力也更不迷人。

但非常幸運的是，大多數身處這個生命階段的女人都說，在自己到了4、

50歲的時候就比她們在2、30歲時更少考慮到她們的體態了。自己的身材總算成為我們的好朋友，我們清楚自己身材的優點和缺點，也知道可以展示哪一部分或是應該隱藏哪個部位，或者根本就不再去考慮身材了。性愛變得不再有壓迫感和強制性，我們單純想獲得喜悅和快樂，並在其中找到充實感和身心的滿足感。我們現在總算知道該如何來達到性愛的高潮，而且我們也堅持要達到性高潮。出於健康的原因這真的是絕妙的事，因為在性高潮期間，我們的血液加速循環，陰道組織、子宮和卵巢都可以因此而充分地獲得血液的供應。毫無疑問的，透過溫柔而且充滿愛意的觸摸所產生的感覺，使得我們感覺到快樂並豐富了我們的人生，它讓我們感到被愛以及被安全地呵護著。

蘇艾貝：「一個女朋友告訴我，她一直認為規律定期地做愛可以促進健康。她真想要和她的女朋友討論，我們應該好好保持（下面那裡）的良好狀態，就好像我們必須維護其他身體部位的良好狀態那樣。就算女人在開始時必須努力說服自己要有定期規律的性生活，但是這樣做可以讓她們的夫妻關係重新活絡起來。」

這個女朋友的說法當然是絕對正確的。對性生活的積極正面態度確實會對身體上以及心理上的健康有著莫大的助益。我們在這裡也想要建議您們享受自慰的樂趣。不論您是否單身，或是否現在和您的伴侶無法達到性高潮，或者單純為了性事的樂趣，您都可以享受自慰的樂趣。這可以讓您用最真實且最近距離的觸感來陪伴您在停經期間已經發生變化的身體。自慰是在您的性感帶上用目前適合的方式來進行性愛的動作而讓您獲得性高潮。以醫學上的觀點來看，讓您自己獲得滿足以及快樂是非常理性而且很有意義的作法。

設定界限 ── 杜絕耗費大量精力

在談論夫妻關係時，我們想提出毒性關係（toxische Beziehung）和精力大盜（Energieräuber）的主題。浪費我們最多精力的是生活在我們周圍的人，他們沒有察覺到自己不斷地跨過了界限，無限制地提出各種要求或不停地只談論自己。如果您某天需要這些「精力大盜」協助時，他們絕大部分會找各種藉口拒絕您。這不公平，我們應該對此好好考慮一番。在荷爾蒙發生巨變時，我們也會對被拒絕的失望變得更加敏感脆弱而且更容易受傷。很多女人都經歷過，當所有的事情都變得不太順利的時候友誼就會破裂。這些也是每個身處於這個生命中段時期的女人常常談到的經驗。這樣的經驗會讓我們產生這樣的問題：誰會在未來的歲月裡陪伴我們呢？誰還留在船上，誰只是被容忍，誰已經下了船或是您最想把哪些人丟到大海裡去？誰搶走了我們現在比以往任何時候都更需要節省的能量和精力？

每個人能夠提供給別人的能量預算都是有限的，如果您累得精疲力盡了，對任何人都沒有好處，特別是對您真正想全力支持的人更是不堪。設置界限並不容易，尤其是當您想要被愛時候更是如此。就算您的良心跳出來，並且用惡毒的字眼說您是「利己主義的自私鬼」時，您也還是很難給自己設定界線。我們不想要做一個沒有禮貌的人，也不想要冒犯任何人。我們想要保留所有選擇的可能性，想要保持友善並受歡迎，以便下一次遊園會時還會被邀請。儘管如此，在荷爾蒙要求您給它更多照顧而使您的能源變少時，設定一個界線勇敢的說「不」，是合理且必要的。對於一些一直只從您這裡提取能量的人際關係，您不必再繼續容忍。「說不」可以是極大的自我解放。

在引伸的意義上，「說不」也可以是空間上、時間上或情緒上的自我撤退和回歸。一個好的地方、一張沙發、一個上鎖的房間、在野外一個您最喜歡的地方（例如湖邊或樹下）、一張特別的公園長椅等，都是絕佳的選擇。當一切對您來說難以忍受時，您可以到那兒去，花幾分鐘或數小時來給自己重新填充精力。

特別是在工作中更是需要在時間上設定界線。當事情很急迫時偶而加班是可以接受而且也是必須的，但是我們不應該讓這成為日常。這會把每一個人都帶到倦怠過勞的邊緣。這種時間上的設限也適用於耗費心神的私人聚會。您或許很願意花半小時或一小時在電話上聽您的女朋友談論她所遭遇到的問題，但是每天都喋喋不休地講個兩個小時，那絕對是太多了。

　　我們不應該讓自己掉進到一個會把我們的情緒弄得很不堪的情況裡。霸凌事件是其中的一項。如果遇到這種情形就應該求救（霸凌是屬於刑事犯罪！），以便及早積極主動地結束這樣的事件；也要盡量避免去拜訪對您不友善或有惡意的親戚朋友們。

實際案例：
更年期與糟糕的人際關係

　　游麗雅（Julia）現年53歲，物理治療師，有兩個女兒，已離婚，因為嚴重的過勞以及極度低落的情緒請了六個月的病假，目前正在接受心理治療。她在工作上經常接觸到因為壓力引起背部問題的人，而且她從多年以前就開始對整體醫學的主題感興趣，所以她想要藉此積極地支持自己，好讓自己早日康復。

　　在她的治療師的幫助之下，她分析她的各種生活情況，發現她都是以重複的行為模式來回應她所遇到的問題。這種情況包括最近幾年的幾個事件：離婚、和母親的關係不睦，以及在職場上受到的巨大壓力，這些事都讓她窮於應付。根據她自己的陳述，她在這幾年裡咬緊了牙關，以單親媽媽的身分盡自己最大的努力來打理日常生活的一切瑣事。不過就在某個時刻，她的身心都走到了低點，她的生活掉進了一個崩潰漩渦之中。因為游麗雅一直自認為是一個開朗、熱愛生命、主動積極、活躍的女人，她現在想要盡己所能來讓自己重新變回「昔日的游麗雅」。令人非常驚訝的是，她以開放爽朗的心態，以及訓練有素的眼光來努力面對並分析數年以來在她的生命中不斷醞釀的各種衝突。

　　一位老朋友的電話給游麗雅艱辛的生活帶來了額外的困擾。這位女朋友好幾個月來都不曾聞問，卻在這個時候打來了電話，並且在電話中滔滔不絕地述說她自己在工作上和婚姻上的問題，還鉅細靡遺地說明了新購置的度假屋裡新買的家具和精心的裝潢。至於游麗雅的近況，她隻字未提。當游麗雅嘗試講幾句話時，女友卻掛斷了電話，因為她那時必須去運動場接小孩回家了。這時游麗雅心中很清楚地知道，她再也不想聽到這位女朋友的消息了。

在生活中，婦女們常常會在中年的時候給自己設定一個轉折點，在一個新的清明之中回顧一下以前並看看現在的人際關係，這導致友誼價值評估的漂移，沒有良好基礎或是在這個生命階段中不再能夠順暢配合的人際關係常常會被斷然終止。當然，在這後面隱藏的不會只是一通爛透了的電話，而是因為有無數個從未被提出來討論的小事情。對個人自尊的小小攻擊、重大的誤解以及多個過分的干涉或侵犯事件，這些事件的總和再加上缺少想要或是可以「處理」這一切的資源，其結果是導致健康的利己主義和明確的決定：「夠了！」

和自己父母的關係也會再改變一次。劃清界線在這裡也有很大的需要：「嗨，小妹我現在已經40或50歲了呦！」

所有的事情總是和以某種方式使用「不」這個字有關。這在一開始時可能需要花點力氣來克服，但花費這些心力是值得的，因為您以這種方式可以定位自己的意願與期待。用「說不」來拒絕別人不一定要說得很無禮，我們也可以說得很友善：「今天剛好不方便……或許下一次……我還有別的事情要做……我剛好心神不寧沒有辦法談……」。迴避是另一種策略。根本就不要讓自己掉入這種境況之中，例如不要讓別人有要求您當成寵物或小孩的保母或是請客買單的機會。當保母或請客有些時候可能行得通，但是如果我們覺得這會消耗掉您自己也很需要的精力時，就不可以了。

「說不」也適用於家庭。孩子們可以學習到，有時候他們可以向我們提出問題或是跟我們對話，但有時候我們不想被打擾或進行談話。我們的另一半也應該尊重我們，他要知道我們不是全天候可供差遣，我們也需要有自己的自由時間與空間。

將倉儲填滿

「虛弱得好像瓶子空了」或「我已經受夠了」這兩句話已經成為眾所周知的口語了。它們被用來形容當我們真的很絕望或是生氣的狀態（關於生氣

這個主題我們後續會再詳細討論）。絕望和生氣，是足球教練吉歐瓦尼‧特拉帕托尼（Giovanni Trapattoni）許多年前在他傳奇性的記者會上對他的團隊表現所講的話。是的，我們知道，在家裡或公司裡也會形成類似的團隊。

情緒失控，轉身，把所有的東西往地上一甩：「我要移民，今天就走，走得遠遠的，走到世界的盡頭去，我再也不回來了，相信我！」如果事情走到了這個地步，那我們可以懷疑，能量的倉儲已經被清空了。這可能是目前很緊張的狀況所引起的，也可能是已經累積很久的持續壓力所造成的。

根據經驗，在一個壓力沉重的生命階段裡，很少只單獨出現一個問題。這時會自己嘔氣地緊緊抓住頭髮或是徹夜哭泣，並渴望在第二天早上會有一個奇蹟般的仙女出現，把一切事情都擺平。但很不幸的是，我們已經是成年人了，我們必須用成年人的方法來解決問題。起床，站起來，整理好您的妝髮，繼續挺進。

但是，如果您的戰備儲糧已經完全用完了怎麼辦？

即使下面的陳述現在看起來自相矛盾：在這種緊急的危機情況下，您有非常強有力的資源可以使用。只是這些通常被絕望的局勢所引發的恐懼和慌亂掩蓋住了，使得我們並沒有意識到。時間不停地消逝；必須離開公寓了，箱子還沒有收拾好；突然接到通知已被解僱；被診斷患了嚴重的疾病；已被遺棄或剛剛被遺棄；而且沒有人知道地平線上仍然漂浮著甚麼樣的陰沉烏雲。您只會變老，不會返老還童……

停，等等！

我們得走過這一片布滿著苦難、失望、悲傷和挫敗等痛苦情緒的叢林，沒有人能倖免。通過這片叢林會讓我們精疲力盡，當然也令人心生恐懼。唯一有用的就是暫停、呼吸，並且把我們的思慮與注意力專注在當下。

在蜜夏艾爾‧安德（Michael Ende）的《莫莫》（Momo）一書中，清道

夫貝波（Beppo）對女孩說要如何完成一個任務的祕密：吸一口氣，在地上揮一次掃帚，吸一口氣，在地上揮一次掃帚……到了某個時刻，妳前面的一條長長的路就這樣子被妳清掃完畢了。這個童話的副標題是：「把被偷走的時間帶來的小孩」，這樣的副標題不是沒有道理的。我們想著：「這我永遠都做不到，怎麼辦？」往往在我們踏出第一步之前，就已經想要放棄了。

但正如我說的，神奇的魔力只是暫時的散發出來。如果您敢於或強迫自己邁出第一步，那麼第二步就比較容易了，接下來的每一步又會稍微變得更容易一點，直到有一天，您又可以再度在五彩繽紛的花園裡盡情地蹦跳嬉戲了。在最好的情況下，我們可以在寧靜美好的時光裡深入探討我們的資源並將資源加滿正能量，以便我們在面對下一次危機時回頭來取用這些資源。

但是大多數人都沒有做好充分的準備，這就是人性。只有當生命中的重大問題出現，例如疾病、離別、危機等變得更迫切，需要對遠遠超出日常瑣事的重大事情作決定時，才會醒過來。而這常常出現在生命中的叉路上：我到底是要向右走，還是要向左走？

很有趣的是，正好是這些困難的、令人絕望的情況讓我們變得成熟，也讓我們對自己的態度與行動做出深刻的改變，可惜的是我們通常只會在回顧過去的時候才感覺到這一點。

痛苦的爭論或沉默的告別和荷爾蒙變化在許多婦女身上同時進行著。這會導致失望、憤怒，有時甚至會有深沉的悲傷。在這個女性的生育能力永遠結束的階段，也是一個告別的時候。這種告別希望能夠被關注且也需要為之哀悼。這個過程是健康的，也是需要時間的。

很有趣的是透過清除舊的、不受歡迎的結構或有毒關係之後，長期而言會出現嶄新的可能性，這些空間可以提供時間和空氣以及新事物的機會。

如果擠爆日常生活的事物在過去幾年來很自然地完全控制我們，讓我們喘不過氣來，那麼我們現在就正好站在一個已經把雜物清理乾淨，甚至是空

無一物的房間前面了。這可能會造成您的恐懼，或者也可能提供您一個無比巨大的機會，讓您可以施展創意、接觸新的感受以及開拓新的眼界並改變視角。您可以將這個房間的牆壁塗上皇家高貴的藍色、深綠或是波爾多紅（bordeauxrot）甚至重新裝潢。大部分年齡超過40歲的婦女們已經精準知道自己的喜好，也知道她們絕對不想去做的事情。

這是許多大小事發展的結果。我們在過去和現在花了很多工夫在建立關係，我們用一個新的方式或是在某些部分上用一種未知的方式來檢討我們的自我價值系統，同時由此獲取教訓。繼續學習以及善用我們的精力與能量也是屬於這種反思的一部分。

肯定自己的努力

先在沙發上坐好然後把背部靠在椅背上，這樣歇息個10分鐘，然後，回想一下昨天所發生過的事情，讓它們在您的腦袋裡一幕一幕地閃過去。您到底完成了哪些事情，做了哪些努力呢？在這裡我們說的並不只是職業上的工作事項，還包括個人、家庭、朋友、鄰居等各方面的事情，全部加在一起其數量相當可觀，甚至可能會多到讓您感到驚訝。

蘇姬布：「當我處在精疲力竭的狀態下時，我拿起紙筆並且寫下所有的事情。把我過去三天之內所做過的所有事情一一寫下來：每天早上給兒子綁鞋帶、在麵包塗上奶油和果醬、為小孩準備帶到幼稚園的早餐、送他到幼稚園、下課時再去把他接回來、去了四次超級市場、給露臺上的花草澆水、開始寫兩篇文章、在網際網路上搜尋資料三個小時、閱讀一本專業書籍和兩本專業雜誌、打了三個和工作有關的電話、打電話給父母親、和醫師約了看診時間、安排一個周末和朋友的餐聚、陪小孩去遊戲場所並帶狗去看獸醫、做了五筆匯款轉帳、烹煮晚餐、清理洗碗機三次、再裝滿再清理，為小孩朗讀了兒童讀物哈利‧波特（Harry Potter）100頁、洗頭髮並吹乾、聽我的先生講

大吼大叫

匆忙急迫

失去理智

速食

疲倦憂慮

缺乏運動

壓力

吵雜退避

糖

睡眠障礙

恐懼萎靡

情緒低落

抑鬱

黃體酮不足

雌激素不足

維他命D不足

維他命B12不足

肌瘤大量出血

甲狀腺機能低下

缺鐵

慢性病

糖尿病

貧血

精疲力盡的原因

話六小時、行房做愛一次、帶小狗散步四個小時等。我用很小的字體、很緊密的間距寫了一張A4紙的正反兩面。我凝視著這張表單目瞪口呆，差一點從凳子上摔下來。在白紙上所寫著滿滿的項目，我算了算有將近百條。我算這些並不是為了給我的生命賦予偉大的意義或吹噓我一天可以做哪些事情。相反的，我在想：去了超級市場四趟，我在安排事情上到底有多差勁？小狗到底花掉我多少時間？這樣子絕對不行！我立刻停止了我的沮喪，不讓它繼續發酵，把注意力移轉到現實上。我確實把日常生活塞得太滿了，再加上荷爾蒙的混亂，難怪我總是感到精疲力盡，尤其是我終於瞭解到我真的『努力地做到了甚麼事情』。姑且不論別人是否對這些瑣事嗤之以鼻、或質疑採買算不算是工作，或是數個小時聽老公在電話上談他在職場上的問題是否也可以記錄在這份表單上，但是對我來說，所有的事情都算數，因為這些都是我花掉的時間。」

如果您也在腦子裡列出或用紙筆寫下了一張個人清單，請您拍拍自己的肩膀，好好地肯定自己一番。

更年期的一個祕密是，我們不再等待了。許多婦女說自己現在已經擺脫了大大小小等候、期待以及各種希望破滅的惡性循環。垃圾還是沒人拿下去丟？這儘管是件蠢事，但是要一直拜託別人倒垃圾並在之後開口罵人卻令人更加浪費精力，因此要麼讓垃圾一直留在垃圾桶裡直到有人想到要丟垃圾，要麼就是自己拎去丟掉而不要埋怨。老公要把車子送到修理廠去，但是車子卻仍然停在門口？好吧，那就讓它繼續停在那裡吧！讓我們搭大眾交通工具或是走路吧！如果不想再可憐兮兮的，那就趕快把車子開到修理廠去，但是不要抱怨喔！

對於「您沒有（做），但我有（做）……」的權力鬥爭應該在某個時候結束。這樣的作為是所有的能量消耗者之最，而且還是永不止息的失望之源。處在中年期的我們不禁要問，到底為了甚麼我們要不斷地進行這樣的壕溝戰呢？生命太美妙也太短暫了，太令人興奮並且有太多的驚喜。最好立即

採取行動，起身動手。

但是，如果您本來就已經做得太多了，那該怎麼辦呢？

放手，委託代辦，這就是我們的建議。

放手，委派

如果有甚麼事情困擾著您，那麼您就必須放手。如果太多事項列在待辦事項上，就得刪除或放棄。如果您希望其他人做這件事，那麼就要委派。但是到底必須放手哪些東西？又該怎麼做呢？

在情況改變的時期，外部約束和壓力排山倒海而來，讓我們感覺像是踩著滾輪的天竺鼠，只能在原地打轉，這時候很多人都會喪失和自我之間的聯繫且不知所措。和自己內心之間的深厚關係被外部接踵而來的各種壓迫淹沒了，例如職責、工作、壓力、各種媒體的視聽以及更多其他的事情。

蘇艾貝：「有一名患者告訴我，她在生活中要像雜耍那樣同時拋接好幾個球，她必須專注以免讓球掉到地上，這讓她喘不過氣來。當然這其中有她自己選擇的事項，例如職場上的成功、良好的子女成長和教育、維持社交的互動以及雖然已經成年了，但是仍然想要做一個（好）女兒的願望。」

談到這裡，我們來到「放手」的主題了，例如**您不應該擔任父母親的母親**！您是您的小孩子的母親，也是您父母親的女兒，就是這樣！在許多家庭裡「世代間的生物合約」（biologischer Generationenvertrag）的混雜帶來了巨大的潛在壓力。這個部分值得我們來好好看一下。

放手表示放棄所有從外部甩在我們身上的所有東西，在靈性上我們稱之為「自我」（Ego）。這可以是一個職位、一個我們生活的地區、一種我們相信沒有了它我們就不會被社會接受的業餘嗜好、或是一段人際關係等，這

清單還可以無限地延伸下去。

但是我們真正需要的是甚麼？甚麼可以給我們帶來力量，而不是僅僅會消耗掉我們的能量？我們愛甚麼，我們現在討厭甚麼，不論是祕密地還是公開地？我們現在生誰或是甚麼事情的氣，因而不斷地感到壓力？我們在追求甚麼事物而使得我們幾乎不認得自己（例如，如果我們不斷地從一個聚會趕到另一個聚會，根本無法為這樣的晚上感到愉快並且享受其中，到頭來只說了一些別的出席者的不是或一些毫無意義的風涼話）？我們到底何時變成了一個我們自己根本不想成為的人？或是我們變成了一個自己想成為的人，但卻沒有注意到我們因此花掉了太多的精力？（這其實不應該受到責難，因為這是難以置信的誠實和健康的認知！）

放手是一個傾聽自己內心聲音的過程，透過誠實的答案讓我們重新發現自我。更年期的婦女正處於幾乎擁有一切的生命階段裡。我們無需再為任何人證明任何事，我們已經擁有了很多東西，包括物質層面上的，也看到了這個世界的一部分。如果不是現在，那麼您想要在甚麼時候放手？

80%就夠了

如果一個人在自己的價值體系和日常生活中都感覺良好，但卻因為在過度期待下感覺快崩潰，那麼他可能會因為自我完美主義而受苦。如果我們長期覺得每天的時間不夠用，總是得做完所有的事情，而且必須做得正確以保持生活的正常運轉，我們越是增加自己的負擔，就會變得越來越匆忙而且越來越不滿意。許多婦女過分要求自己，因為她們相信完美的生活需要優化每個層面。為了要完成最後一個文件而加班、為了加強英文程度而參加一個晚間的英文課程、為了打造好身材在每天早上上班前去健身房、參加最新的節食課程、在文化上追逐時代的脈動與潮流，穿著最時尚流行的時裝、到最新的熱門景點去旅遊、自己的房子弄得像設計師商店一樣美得隨時可以向人展示。到底是甚麼人定義了超級婦女的形象？我們到底還要在後面追逐多久？

對一個40多歲的人來說，我們真的需要這樣子嗎？

婦女尤其傾向於完美主義，因為她們相信，只有當我們全心全意地投入做某件事時，我們才會被愛，才會獲得我們暗中忍著痛苦所渴望的認同與肯定。這是一個何其大的錯誤啊！

在這裡，我們無法深入提供關於追求完美的心理學解釋，我們只能說：沒有一個人是所謂的失敗者，不能說一個人不完美，在人性上她就比較沒有價值。

作為一個完美主義者，只要能夠接受一點點這種想法，通常就已經卸除了很多壓力，也減輕了身體上的症狀，例如緊張和煩躁了。這也消除了我們心理上因為害怕犯錯所引起的恐懼，確保我們得以完成許多事情。一個完美主義者很少把一件事情做完，因為他的要求標準非常高，以至於一個專案、計畫或工作很合乎邏輯地無法完成，因為在他眼裡這個工作永遠不完美。

對於著名的建築師和藝術家來說，完美主義大多是一個極佳美妙的動力發條，讓他們深深地投入並創造出輝煌偉大的作者。完美主義本身並不是一件壞事，但如果一個人不是屬於上述那一小群獨特的建築師和藝術家，那麼往往會高估自己的資源、時間和能力。這聽起來不太友善也不是很中聽，但是能夠認知這個現實是很重要的。

如果您和很多婦女一樣有完美主義的傾向，那您必須自己做決定：哪些事可以給您帶來快樂，讓您打從心底願意投入全部的精力和時間，而哪些事卻會讓您花掉太多的時間和心力？

蘇艾貝：「我住在國外的這些年裡，經常遇到婦女們消遣德國女性的心理和個性。我們總想自己親手做所有的事情，以便符合這種奇異的形象。這種情況甚至到了一種難以理解的程度，德國婦女在打理居所時，就算已經有

清潔阿姨清掃過了（如果有能力負擔這個費用），但我們仍然會再重新刷洗浴廁一遍。我的法國女朋友的想法讓我感到很放鬆。她是一位知識分子、一位成功的職業婦女和孩子的母親。對於家事她一竅不通。在我們一起度過的夜晚裡，她一次又一次地啟發了我。我們既不談論最新燈具的趨勢（我們不是室內設計師），也沒有經常關注孩子們在學校裡的功課表現。我們談論有關於上帝和世界的話題，單純的從中獲得樂趣，談得很開心。我們根本不在乎桌子上有裂縫的盤子以及沒有熨燙的桌布，因為這些都不重要。

我仍然記得在準備一個大型的慶祝活動時，我把我自己逼進了絕望之境。每個細節都應該要中規中矩，搞得心情超級煩躁，在這種情形下，在客人到達以前，如果家裡發生爭吵並不是少見的事。事後回想起來，我覺得自己真的很可笑。有太多多餘的細節要顧，而這些細節卻都是我自己一個人所提出來的要求。在匆忙中買的第17條桌布都沒有人注意到，而這正好是壓倒駱駝的最後一根稻草，就是它讓我徹底崩潰。

今天，每個人都分配到工作。孩子們要麼共同參與布置慶祝活動，麼就都不要布置。無論如何，結果都不是我一個人的責任。有時候也可以很簡單。我們用愛共度的時光，就是我們親密的時刻，我們專注在彼此的互動，這些會永遠留在我們的記憶裡。請您不要因為錯誤規劃的次序或錯誤的要求而破壞了這樣美好幸福的歲月，更不要因此而把您自己弄得焦頭爛額。」

考慮一下哪些方面可以花較少的精力而又輕鬆做好，是很值得的。許多日常生活上的事務可以歸類到這個部分，從這種想法我們可以看看在別的文化的人是怎麼做的，然後仿效一番，這樣我們就不算是「墮落」。我們可以把它當作是個人的節約能量計畫。我們在這裡省一點，在那裡省一點，到最後計算一下，一定會有了不起的好結果。壓力減輕了，快樂變多了。

放棄某些東西，尋求協助。有時即使是只給自己10分鐘的時間，但這種黃金質量的時光已足以補充您的能量倉儲了。無論哪種方式，您都贏回您的時間了！

尤其是身為母親，我們總是擺盪在「必須事事躬親」以及「不盡責的母親」之間。在其他的文化圈裡，在處理這個主題的時候不會有那麼大的壓力，在我們的國家裡，整個世代的人們都在這方面心感不安。在伙伴關係平等的年代裡，必須由母親親自照料一切的觀念已經不合時宜了。在這方面，放手也可以創造奇蹟。我們不需要親自「教導」小孩的學業。我們有政府的照護機關以及輔導老師，無論是在朋友圈裡或是專業領域找，此外還有YouTube上的免費教學，上面有人耐心巧妙地解說各種事情的來龍去脈以及之間的關聯。我們可以用許多種方式獲得協助。當然，這不僅適用於母親，也適用於每一個心向著她的「男人」的女人。

很多事情我們都可以委託他人處理而不需要感到良心不安。小孩子們最遲在三年級開始時可以獨自騎自行車、搭乘公車、捷運或火車去上才藝課，而且他們能在這些獨立行事的過程中成長。十多歲的青少年可以自己整理房間，而且一定要讓他們自己做。報稅的事情可以由專業人員來處理，即使乍看之下這好像是一個巨額的投資，但是實際上，委外代辦這項對大部分的人都感到煩心的事情卻可以省下麻煩、時間和金錢。交辦在工作專業的或是私人的事情並不是偷懶，而是可以換取個人的自由空間，這對您的健康是有助益的——不論您是如何運用這個空間。此外，在高階管理部門裡，委派是被列在「領導素質」的類別之下。

任何不能、還不能或不想把工作交付出去的人，也許會在以後或以另一種方式獲取他的空閒時間。我們不是要在此剝奪任何人選擇的自主權，只是要提出其他的可能性。

這也包括「清除整理」，現在流行的說法是「斷捨離」。不只是辦公室的書桌很容易就堆積如山，在某個時間點，地下室、閣樓、車庫、衣櫥和抽屜等地方也都是如此。如果不是家中的所有成員要長久遷居而被迫清理時，那麼許多見證生命中各個階段的物品（從您在學生時代最早使用過的柳橙榨汁機，以及直到今天仍然躺在地下室裡被視為珍寶的雜物，一直到婚禮時穿

的白色綁帶高跟鞋）都是正常的。但是您最後一次想到或是使用這些東西是甚麼時候呢？特別是，您還會在甚麼時候再想到或要用到這些東西？如果您很誠實，答案極可能是永遠不會再用到了。我們可以把不具情感記憶價值的物品贈送給別人、出售或是清除掉。是的，我們可以這樣做，而且也不會感到難過或心痛，但是這樣可以確確實實創造空間和時間（如果您急著從最底部的箱子裡拿東西時，就不必總是得先搬開堆在上面的十個箱子）以及自由。我們不必做出困難的決定、我們不需要花幾個小時來打包行李、也不需要額外支付40歐元的行李費等。清除堆積的雜物有很大的好處：我們只帶著輕便的行李度過人生的旅程。

清靜休息時間＝個人的暫停時間（忙裡偷閒）

在我們和有害關係告別，並學會了設定界限以及說不，把生活中重要的、會產生壓力的話題處理掉而且放手、把家裡堆積的雜物清理掉、在日常生活中交辦完這件或那件事情時，那麼您又可以再度將那位很久不見也沒有聯絡的朋友重擁抱在懷裡了——那就是時間。

蘇姬布：「在一個美好燦爛的夏末日子，我站在一片綠色茂密蔥翠的草地邊緣，我脫下了鞋子，赤腳跑過草地，像一個小女孩那樣蹦蹦跳跳。我在草地的邊緣摘了一束蒲公英（Löwenzahn）、三葉草（Kleeblätter）、杜松樹枝（Wacholderzweig）或是樹上的櫻桃或是李子。然後我在草地上躺了下來，把一顆櫻桃塞到我的嘴巴裡，我感覺到紅色的果汁順著我的下巴流下去，我用手背擦掉它，然後把雙手交叉墊在頭部後面。我對著太陽眨眼，萬里晴空沒有任何一朵雲彩。或許在遠處有一隻羊兒在抱怨或是有一隻鳥在唱歌。這段不在我的計劃裡的時間對我來說是那麼的自由且寧靜安詳。我這樣的描述在您的腦海裡出現了甚麼樣的景象呢？」

對大部分正處於更年期的婦女來說，這種屬於您自己的時間的記憶，應

該像海市蜃樓那樣不真實吧？我們害怕，我們只要面向它再往前走幾公尺，這個幻象就會破滅。我們身在沙漠已經有一段很長的時間了。

顧名思義，清靜休息時間（Ruhezeit）指的就是：清靜的休息。不論是坐在扶手椅上看著窗外，或是躺在床上並且讓我們最喜歡的歌曲連續播放30次，也或許是躺在已經加過三次熱水的浴缸裡，只因為您還不想從浴缸裡出來──不論您每天做甚麼樣的決定，您都可以按照自己的意願來利用時間。沒有任何的責任在呼喚您，即使您需要採取戲劇性的措施來捍衛這段休息時間，但是您仍然無須對任何人負責。如果有必要，就鎖上浴室的門，對電話或吵雜的敲門聲裝聾作啞。在您先前已經問過別人，確定沒有人需要上廁所之後，現在任何人都不能來干擾。當您坐在打坐冥想用的墊子上之後，也不會有人突然來臥室裡的抽屜拿東西。這個空間也可以由您個人的暫停休息時間（persönliche Auszeit）占用──被您占用！

根據我們的觀察，婦女們還需要一點練習，才會允許自己做到本章中討論的內容。這似乎是一個典型的女性話題，它的根源在於性別典型的教育文化或是根深蒂固社會化現象。即使到今天也還是如此。即使會有被誤認為我們是在為一個刻板的印象說項的風險，我們還是要在此提出：很少有男人會有意識或無意識地問別人，他們可以不可以做某件事情。他們只有在受到批評或反對抵制時，才會出面來處理後果。不過這樣的男人也越來越少了。多麼令人羨慕啊！婦女們在她們允許自己做一件事情時，都會預先考慮到可能發生甚麼事，並預測會產生甚麼後果，尤其是在情感層面上的後果。如果婦女們越來越常或是越理所當然地挪出這樣的個人暫停休息時間，那麼這種通常來自內心深處的抗拒就會平靜下來。這樣一來快樂喜悅和享受，從而與健康有關的療癒過程以及預防過程就會自然地出現。自我同理心（Selbstmitgefühl，或稱自我疼惜、自我慈悲）是一種要好好對待自己的感覺和意識，有了這種認知感才能看重自己，也才能允許自己往善待自己的方向跨出必要的一步。我們在下一章要來討論這個重要的話題。

改變看待自己的方式：自我同理心

您覺得您自己怎麼樣？這是通往順遂滿足、和諧和幸福之路的一個很重要的問題。就算您的答案如下：「我是一隻醜小鴨而且做錯了我生命中的每一件事情」，您也算是走在正確的道路上，因為您已經有考慮過這個問題了。

當我們談論到自我同理和自愛時，就無法避免要和我們的對手打交道：恐懼、羞恥、憤怒、不完美、缺乏自我價值、弱點等。這些都是我們關注的大問題，它們是打開通往內心平衡的大門、健康的自尊和療癒之路。因為工作的緣故而瞭解到人們內心各種不同感覺的人，無法避免要去不斷地探視他們自己靈魂的深處。

蘇艾貝：「在我接受正念減壓法（MBSR）教師培訓期間，我訪問過一個有30位心理學家、精神病學家、醫師、教師和其他社會專業人士參加的研討會。他們每一位都已經具備了參加這個研討會的資格，那就是他們在大學求學時以及在專業工作上所獲得的特定知識，他們都有多年處理人們心理問題的經驗並且也熟悉正念的實務。當課程結束時，在經過了一個時間很長的打坐冥想練習之後，每個人都都必須在一張紙上寫下他們心中最大的恐懼。我們在課程的最後幾天詳細地討論了恐懼這個主題。在大家寫完之後，我們坐在打坐冥想的墊子上，圍成一個大圓圈。場子上無聲無息，寂靜得連自己的呼吸聲都聽得到。這時一個接一個地大聲朗讀他在紙上所寫的句子：「我害怕

我有所不足、我不夠努力、我達不到目標、我失敗了、我不相信我自己、其他的人會認為我只是在和他們開玩笑，在耍他們……」，很奇怪的是沒有人害怕嚴重的疾病、害怕失去親人或是財物上的損失。每個人都害怕不完美，無法達到自己的要求。這種恐懼將小組中的每個人，以一種深入人性的方式連結在一起。這種認知是一件非常療癒而且讓每個人都覺得很安慰的事。它深深地觸動了我的內心，我將會永遠記住這一刻。」

這些以及更多令人懷疑的感覺，這種感覺促使我們對自己提出質問，就是在這個認知與質問之中隱藏著可以讓我們內在成長的最大機會。當我們看到了自己的弱點並學習與它們共存，我們就可以克服麻痺和癱瘓的狀態（例如：我就是這個樣子，我改變不了甚麼，我躲在我的羞慚背後）並且變得更活躍、更主動積極。有很多時候正好就是我們的弱點讓我們變得可愛、易於親近和獨特。我們有著比我們自己所相信的更多層面，更加複雜也更為矛盾。我們更容易激動、更容易受傷、更有可能受到攻擊而且並沒有那麼冷靜。多年來，我們已經學會了扮演某一個角色，也或者我們已經披上了一層保護自己的盔甲。但是不論如何，我們都是獨一無二、無可比擬的。我們不必再把自己的本質隱藏起來，這讓我們大大地鬆一口氣，並因而減少壓力。

在我們的職場生涯中有專業的外表和行為是必要的，而且往往會很累人。大多數時候我們在朋友圈裡的行為也會做到符合別人的期待，我們是運動型的，女主人，慷慨的，勇敢的，吝嗇的，敏感的，快樂的……種種結合在一起。在這個時候我們已經把自己融合到這個形象中了。

如果某天我們心情不好，我們會在遇見朋友時，把抑鬱的心情或心中的難過藏起來，因為我們不想做過多冗長的說明（我們根本就不認識這樣子的您，這到底是怎麼回事啊？）。我們沒有對別人說真話，我們欺騙了別人，但我們也一直在欺騙自己。也許我們認為，我們比較慷慨大方、比較有寬容心、比較可靠以及更有愛心。但真的是這樣嗎？很幸運的是，人類並不是機器人，所以我們也會（希望）在未來很長一段時間內，在感覺方面仍然優於

人工智能。對我們人來說，所有的感覺都是有可能的——愛、嫉妒、渴望、激情、喜悅等，這就是為甚麼在文學和電影裡最能夠感動我們的是那些可以反映我們內心感受的故事。

自我同理心的心理是從審視我們自己的感受開始，不論是好的或壞的。很重要的是要很清楚且不做任何修飾地去觀察它們。有一點比較困難的是，誠實，尤其在審視我們自己的弱點以及對自己沒有信心這方面，但這在我們的社會中完全得不到任何好處。我們太快去做批判甚至是譴責。如果我們必須不斷壓抑這個造就了我們獨一無二的個性或是特質，會導致我們情緒上的痛苦和沮喪。為了要避免這個許多人都陷入其中的，或是像監獄般把他們牢牢關住的陷阱，我們應該把這份同樣的自我同理心分享給我們的孩子們、生活夥伴、父母親或與朋友們。

在同樣的情況下，我們嚴格的審判我們自己。如果我們的工作沒有得到好的評價，那麼我們就是「失敗者」；我們沒有拿到訂單，就是「不夠好」。當我們坐在飛機上，如果飛機一陣搖晃而我們顯得驚慌失措，那我們就是「失控」。這是不公平的，對自己更公平一些更適合我們。如果我們在某個星期六的早上無法在正常的時間起床，雖然我們老早就應該要上街去採購了、早就要割除花園裡草坪上的雜草了、或是要寫一篇文章以及必須打電話給媽媽，我們不一定就是懶惰蟲。今天是周末，為甚麼鬧鐘一定要準時響？為甚麼要在這個時刻感覺到良心不安？為甚麼羞慚在此時出來鬧場？完全不是這麼一回事！相反的，我們可以舒舒服服地在床上翻個身，然後對著陽光眨眼。我們可以在我們睡飽，精神飽滿，心情愉快的時候再打電話給媽媽。隔壁好鄰居的割草機正轟轟作響，或許我們可以說服他幫我們家花園草坪上的雜草也一併割除，問一下並不需要花錢。我們也可以請我們家裡的小壯丁上街買菜，這不失為一個好主意。每一件事情都可以讓我們在星期六的早上學習到關於自我同理心的概念。

我們往往不會把釋放給其他人的善意施加在自己的身上。已經習慣於用

（太）嚴厲的標準來評判自己的人，總是會感覺自己不完美也不被人所愛。這時候就會出現一個惡性循環：感覺到自己不被愛的人，總是渴望別人的肯定與認同。如果沒有立竿見影地獲得肯定，我們就會立即變得沮喪、羞恥或是退縮離群。人們孤立自己是因為他們發現他們無法容忍自己，或是在與別人相處時總是覺得處處碰壁。如果我讚嘆和讚美別人，但是卻在每一件瑣碎的事情上批判自己、看輕自己並且審判自己，那其實是在自築牆壁來隔離眾人。有許多婦女描述，自從這種自我批判、自築牆壁的行為多年來成為生活的一部分之後，總是會體會到自己已經被其他人隔離了。她們在很多時候也覺得自己和自己的感覺好像被切斷了。自我同理心，也就是說我們要更加容忍自己、原諒寬恕自己並且要更加善待自己，這樣的做法可以帶領我們從困境中走出來。我們要學習理解而不是事事批判。

　　警告：在這裡我們不是要討論無法自拔的自憐，因為他們想要得到別人的憐憫。自我同理心有著另一種不同的品質。自我同理心不僅開啟了我們要面對壓力情況的視野，而且還審視我們多年來所付出的努力和奮鬥。我們要面對的是，為甚麼我們要感到羞恥？長年來一直都不快樂的原因是什麼？我們的哪一項人格特質讓自己感到苦惱？我們相信我們不得不忍受哪些事情？我們是不是活在正確的價值體系裡？用充滿著愛意、關懷的眼光看待這些問題以讓我們可以承接我們應該為自己所負的責任。唯有找到了完全符合我們自己而不是給別人的答案時，才能讓我們成長。這樣一來，我們期許自己活得安心、幸福快樂、身心健康的願望，才能再次獲得發展的空間。自我同理心引導我們回到我們本來的自我。有一本很有名的童書《小小的我就是我》（*Das kleine Ich-bin-ich*）。有一條魚問一隻幻想的動物說，牠到底是甚麼動物。在這以前，牠的身分與認同對牠來說完全無關緊要。現在懷疑出現了，幻想動物開始尋找自己的根源。接下來這隻幻想的動物問了很多其他的動物（狗、馬、魚等），所有的動物都在牠的身上找到了某一種東西，而這個東西卻讓牠無法被歸類到某種特定類別的動物。例如，雖然牠的身上有一條馬尾，但是牠的尾巴卻有格子花紋，所以牠不是一匹馬⋯⋯諸如此類。幻想

動物對自己越來越懷疑。突然之間，牠好像被閃電擊中那樣，恍然大悟說：「我就是我。我是獨一無二的，我沒有必須是另一種動物。」

這也是自我同理心的本質：我們找到了我們是誰的答案，這就是我們真正需要的，以及甚麼是我們可以放棄的。從這個認知出發，我們可以把自己照顧得更好。

這也表示我們要原諒自己的一些行為，包括可能是在壓力大的情況下和/或在荷爾蒙失調時所引發的不當行為。不要在您給自己的行為做了批判之後又給自己打一個耳光。我們所處的情況已經夠糟糕了。正念和自我同理心在這裡要攜手並進：剛剛發生了甚麼事？我們怎麼會陷入這種情況？下次要怎麼做比較好？我們該怎麼道歉？或者該如何承擔責任？除此之外，那個重要的問題又再度出現：我們要如何設定底線？像我們談過了的，「說不」也是自我同理心的一部分。

請您向這個信念說再見：「如果我再努力一點，一切都會變好，然後我就會被愛和被接受。」這是無稽之談。我們雖然不必遵循「只有壞女孩才能八面玲瓏，到處都行得通」這句話，但請相信您自己，也要對自己保持誠信，善待自己，並且繼續傾聽自己的內心。如果您變得越來越緊張或是喉嚨經常緊縮得讓您說不出話來，那就趕快逃離這種情況或擺脫這段關係吧。

在您告別那些會讓您生病的行為時請不要感到良心不安或內疚，不要猶疑不決。婦女們通常會有遇事猶疑不決的傾向，這種傾向其實與健康背道而馳。婦女們罹患恐懼症和憂鬱症的機率兩倍於男人，其中一個真正的因素是，大部分的婦女們常在入睡之前或晚上對一件事情不停地思前想後，卻又來來回回下不了決定。但睡眠是神聖的，就像我們在第三章裡談論過的，因為細胞在夜間進行自我修復，同時壓力也在這個時候鬆弛下來並且增生應對壓力的能力，兩者都比任何一個沉重的思緒來得更重要。

從這個意義上來說，自我同理心和學習照顧自己是對抗壓力、協助身心

放鬆以及促進自我價值感的最佳工具。它們協助我們這些身處於荷爾蒙變化的艱困人生階段中的婦女們重新獲得自我的平衡。

問卷：我有多少自我同理心？

請您給清單上的每一個問題打1到6的分數。平均分數並不是評等，它是要告訴您在哪一個領域中您可以更親切友善地對待自己：

- 我自己是我最糟糕的批評者嗎？
- 我可以原諒自己嗎？
- 我可以在意義上擁抱自己、安慰自己嗎？
- 我是否認真對待我的需求？
- 我是否看到並欣賞我的成就？
- 我是否用很友善的方式來想我自己？
- 當我在談論自己時，我會用好言好語嗎？
- 我能接受別人的表揚和讚美嗎？

對我而言，我是值得的：健康的自我價值

常對自己做評斷的人多半會用自我審判的方式來進行。不少女性（和男性）會在一個聚會裡無緣無故地把自己當成是一個小人物。當有人稱讚您，例如「您看起來容光煥發，真的很漂亮呦」，那麼立刻出現的答案會是：「您這麼認為嗎？我今天看起來肉肉腫腫的。我把上次那個訂單搞砸了，其實我應該可以做得更好的……」。

這種自我批評是一種早晚會自我毀滅的策略。您怎麼看待您自己，那麼您就是這樣的人，或者換句話說，如果您多年來都認為您不是一個友善或是值得人家喜歡的人，那麼您就非常有可能會變成這樣一個面目可憎、脾氣暴躁又難以相處的人。特別是婦女們傾向於把她們自己內心裡的批評者推升到永久情人的地位。婦女們很喜歡把焦點集中在自己的弱點上，這種錯誤聚焦

的心態是植基於一個傾斜而且負面的自我認知上。每個女人手上都擁有一大把的王牌，但卻總是低估了。

我們有一種想要取悅所有人的需求，而在我們的社會中嫉妒和害怕被排斥就是這種需求的強大驅動力。如果我們接受一項讚美，那麼我們就會覺得怪怪的。

但自我批評也有一個詭詐的功能：您阻擋了真正的批評或轉移了重要的訊息。如果您一直自我批評，則對方的回應只會變本加厲：「不、不，說真的，我很誠懇地說，您今天看起來真的很棒啦！」或許另外一個人已經贏得了相應的讚美了：「不是我，是您啦。」

在正面意義上，把自己錨定在他們的價值體系中的人（在此要明確指出不是政治性的價值！）能夠更加獨立於外部影響而過自己的生活。一個對他們有貶抑性的評論不會影響他們，也不會減損他們的能量。他們知道自己在想甚麼、感受到甚麼，也知道甚麼是他們生命中重要的事情。

蘇姬布：「在我的專業和私人領域中，很多婦女（以及男人）都會質疑自己。令人驚訝的是，即使是他們本身已經是很成功的女律師、了不起的女老師、很棒的母親或是大醫院的女主任醫師，都對自己有所懷疑。或許他們已經家財萬貫，但是自我價值感和銀行帳戶裡的金額無關，也和至少在外表上看來良好的婚姻或其他事情無關。『我到底做了哪些事呢？』這是我們很常聽到對自己提出來的一個貶低性的問題。我在演講或是在朋友圈子裡對這個問題的誠懇回答是：『對自己更仁慈一點。回頭看一看，並且列出您所做的一切，包括日常所做的瑣碎事情，以及您認為是理所當然的事情。要為您自己感到驕傲，不要懷疑那麼多。』這時人們常常會很疑惑地看著我。善待自己的想法包括對別人的慈悲和對自己的憐惜，許多人從來沒有想過這是一件和他們自己個人本身有關的事情。當我講完之後，他們的回應通常是：

『這很有趣』。是的，非常有趣而且也非常真實！」

　　許多女性天生擁有現在非常流行的社交技能：創造力、同理心和敏感度，這些都是團結社會以及值得鼓勵的重要特質。不幸的是，自我價值觀在那些和先生分居或是離婚的大部分婦女身上都會快速流失。她們覺得自己身為女人但沒有男人在身邊，自己的價值就只剩下一半而已。她們的自我價值是植基於一個脆弱的基礎上。如果男人崩離了，女人也崩壞了。因為她們總是透過這個男人來定義自己，我們稱這種現象叫做外部身分識別（Fremd-Identifikation）。這是一件很可惜的事情，因為每一個單身女人（以及每個單身男人）身上絕對都有百萬個有趣特徵，都是有完整價值的人。就算沒有這個特殊的生活夥伴，這些特質與價值也仍然在您身上。

　　外部身分識別的原則可以轉移到大多數的活動上。產生這種外部身分識別的原因很多時候都是緣於對外部來的肯定以及確認的心理需求。如果缺少了這種價值的確認，例如某人失去了工作，那麼他就不只會產生合理的沮喪和擔心，還會在根本上破壞自我的價值觀。如果一個人失業了，那麼人生的危機也會如影隨形般到來。

　　「讓自己不依賴外界對於擁有健康的自我價值觀是非常有幫助的」，這說起來很容易但做起來卻很難。不論做甚麼事，我都應該完全按照我的信念為自己做，不要管有沒有人站在我旁邊為我鼓掌。當我有所成就時，我為自己感到很高興並且享受我的成功，外部的肯定只是在織錦上所添加的一朵小花或是奶油蛋糕上的櫻桃，並不是織錦或蛋糕本身。

　　我們當然也可以期待更多輕鬆的態度、更多的幽默和讚美以及明確的肯定和認同。然而，許多女性感覺到很難接受他人的讚美。您自己是怎麼對待別人給您的讚美的呢？您在您父母家裡也會受到讚美還是只會被批評？您有被肯定與認同的經驗嗎？您是否受到別人的讚揚呢？如果沒有，那麼您就自己讚美自己吧！現在就是開始的最好時機！（我做得真的很好，我真的為我自己感到驕傲！）

生氣了怎麼辦

我們在這裡還想再加上另一個主題，這是更年期的婦女再三向我們提出的：生氣和憤怒。這也會啃噬我們的自我價值。40多歲的婦人說：「我很～～～生氣。」如果我們問她為何這麼生氣，答案卻有很多種：因為生活、因為這個男人或所有男人、公婆、老闆、天氣、很爛的電影、錯過的機會、青春不再、增加的體重等。但生氣和憤怒最主要的原因是，這麼多年來，她們周圍的人幾乎都毫無底限地認為，對她們提出要求是理所當然的，且都接受了她們的善意和好處，但是到頭來卻有如船過水無痕那樣。我不知道為甚麼所有的事情都是我在做（而不是其他人）？為甚麼我沒有反抗，也沒有拒絕？為甚麼我這麼笨？為甚麼我要擱置我的職業生涯？為甚麼沒有人注意到我的需要，而在我需要幫助時卻棄我於不顧？為甚麼我處境不佳/無法獨立/財務狀況不良？

分析檢討自己的憤怒可以非常療癒，在醫學的意義上也是如此。在精神上這會引領我們走向自己。

生氣和憤怒是基於兩個主要原因：其一，我們覺得我們被貶抑、攻擊或是不被尊重地對待，或者是我們的期望落空了，另一個人的反應卻和我們想像的不一樣。在第一種情況下，我們假設別人居心不良：

「伊娃（Eva）非常清楚地知道，她這樣做會傷害到我。彼得（Peter）故意侮辱我。盧拉（Lula）知道怎麼做可以冒犯我。」自我價值感越是微弱低下，就會越快也越容易地感覺到被另一個人或境況（惡劣的天氣、誤點的火車、堵塞的交通）攻擊和傷害。也許對方只是剛好今天心情不好或遇到了困難，也許不夠小心或過於輕率，因為他剛好在想別的事情，例如他到底要買甚麼生日禮物送給伴侶，或是他剛好因為等一會兒要去拔牙而緊張不已。

您可以問一問自己，為甚麼周圍的人會讓您如此生氣，以及他們是否確實惡意霸凌您。事實很可能不是這樣。就像天氣、遲到的火車以及高速公路

上堵塞的交通一樣，通通和您一點關係都沒有。地球不停在轉動，每一樣事情都不停地在發生，我們很少是被關注的中心。別人的關注或是婉惜往往只出現在您有極大成就和失敗的時刻。其他的人只會短暫地把頭抬起來看看到底發生了甚麼事，以便他可以很快地再度低下頭來專注在自己的事情上。

如果您因為對另一個人的期望總是一次又一次地落空而生他的氣，應該對自己的行為進行一次誠實的測試。想一想對某人或某事的期望是否現實、公平、合理？這樣的要求到底是不是容易或者是否能在允許的時間內完成？這些個誠實的答案很可能對您不利，但（不幸的是）這是正常的。

這種生氣是不是更可能是您在對自己生氣？仔細的看看並探討一下這個生氣的陷阱是值得的。每個人都會在某個時候生氣，您不必為此感到羞愧，而且我們也不必壓抑怒火。就讓它爆發出來吧！生氣可以釋放能量，以便繼續進行艱困的任務，也或者因此而得以把自己從難以忍受的情況中解放出來，並且開始建立嶄新的生活。從這個意義上來說，生氣憤怒有療癒的效果並可以凸顯出您自己的需要。

但是，如果憤怒可能造成自我毀滅的能量時，請原諒您自己的憤怒（如果有人以不公平的方式激怒您時，也請您原諒他）。只有這樣您才不會成為自己負面情緒的受害者。這是一種對事物或是情境的無力感和失控感。有一個可以讓您脫離「我- 很- 生 -氣- 因- 為- 我 -對- 整- 個- 世- 界- 失- 望- 」態度的妙招，是改變您說話的文字，您最好直接地說：「如果明天你可以幫我買東西，那就太好了。」這是一種比較好的方式，而不是很失望地又很生氣地認為「我的伴侶總是不會自己想到要問我是不是需要幫忙（真是白痴，他就是這樣，其實他應該早就知道他需要幫我買東西）」。

「我希望……」也同樣是很有效的。

如果您有很頻繁或持續的憤怒感時，有個很有用的方法是「把憤怒呼出去」或是「在心裡把它笑走」。這樣練習了一段時間之後，我們的腦袋就能

學會經由鼻子呼吸把怒氣發洩掉。

當然，另外還有我們必須非常認真地看待的、有創傷性的憤怒的原因，例如虐待或悲痛。在這種情況下憤怒是自己無能為力的發洩管道。這情況需要專業以及經驗豐富的治療師來幫忙。我們強烈建議您，在這種情況下一定要尋求心理醫師的幫助。

面對並處理憤怒還包括要能夠原諒。能夠寬恕外人，例如那個讓您感覺受傷的前任伴侶，讓自己心中得到安寧是很重要的。當然在這裡是有界限的。一個傷害了您，並且造成親屬或其他人嚴重痛苦的罪犯，是不需要被原諒的。如果您照樣可以做到原諒，證明您是個了不起的人。

在其他情況下，如果您可以意識到，在當時的情況下您已經盡了最大的努力，就可以更容易地擺平您的憤怒及自己。以今天的人生經驗來看，總是比較容易指責自己，但這並不可取，因為以前所擁有的知識和智慧比現在少，所以當時所做的決定是唯一的可能性，如果從這個角度來看，那麼當時的那個決定就是最好的決定。

現在輪到我了

我們在本書中不斷地重複談論到下列的幾個觀點，因為它是如此典型的女性化，並且也是我們一直都重複遇到的：婦女們傾向於打點所有的事情並且照顧每個人，但就是不照顧自己。在數十年照顧別人和打理一切之後，許多婦女已經精疲力盡且陷入沮喪了。但就在中年時段裡，對自己需求的認知是生存所必需的。當我們因荷爾蒙變化的關係而感到全身無力、精疲力盡甚至覺得自己生病了的這個時候，正好是亟需好好照顧自己的時候。我們建議您趕快這樣做，而且不需要感到內疚或良心不安。

是甚麼讓您偏離了正軌？是甚麼讓您陷入混亂？是甚麼在拉扯您的神經？是甚麼奪走了您的力量？這些問題的答案引出了問題的關鍵：是甚麼給

了您力量？

　　現在是進行盤點的時候了。完美主義到精疲力竭一點意義也沒有，數百個加班的小時或會消耗您的空間以及能量的休閒活動也是沒有意義的。持續數小時的夫妻關係對話，如果無法看到任何進展也是枉然，到了某個時候也只會重複地繞著圈子轉。那麼乾脆就去找婚姻諮詢師或是讓自己和伴侶有喘氣的機會。或許這樣可以找到您們相愛的原因，以及或許從這互愛的關係之中重新來過。如果不行，那就算了！這種模式同樣也適用於朋友之間的關係。這個主題我們已經談論過了。

> 　　我們的建議：寫下您在一個星期裡替其他人所做的一切事情。請您不要做任何的評價，只要完成這份清單即可。您最好拿一張大的紙，把所有的事情都記錄下來。每一項職業上的以及私人的事項，包括幫一位想要準時下班的女同事一個小忙、替到遠地旅遊度假的隔壁鄰居澆花、給婆婆打電話、給小孩燙衣服。接下來拿一支粗的紅筆，把那些在這個星期裡花費掉您很多精力和會讓您心理感到緊張的項目劃掉。把這張清單帶在身上並時時重複檢視這些項目。我們很確定，在下一個星期結束時，有一些項目不會再被您列入新的清單上了。

　　大部分的重要決定都不是一時之間做出來的，而是當心理壓力太大或是當成功在激勵著您去做的時候。這就像減肥一樣，要不是因為穿不下您最喜歡的裙子而感到難過於是開始節食，就是您已經成功減重兩公斤，因而受到激勵再繼續減下去。當您一旦做出了決定，突然之間就會有大量資源被釋放出來助您一臂之力。

蘇艾貝：「許多女性覺得像是被困在輪子裡的天竺鼠般在工作、家庭和社團之間轉個不停。但是，到現在為止，我還沒有遇過哪一位女病患無法改變她的生活。不論如何，她們總是有可能開始在做，或是至少在一個很重要的領域裡改變某些事情。我遇過一些婦女，她們必須付出很大的努力才能度過極度艱困的生活境遇。令人驚訝的是，這些女性中沒有一個被這樣的挑戰擊敗過。相反的，在對付和克服這種情況時，這些婦女總是十分堅強。個人的道路一下子變得清晰明朗了許多，她們變得更加滿足，且儘管乍看之下情況顯得很困難，但她們卻往往變得更開心、更快樂。」

對自主自治的渴望讓她們變得堅強。過去更年期曾經被稱為是「危險的年齡」（對丈夫和生活夥伴來說，請注意！），事實上，女性此時正經歷一種創造性的激增，她們闖入新的挑戰裡。許多女性不斷地成長而終於超越了本來的自己。這就是為甚麼那麼多中年婦女選擇參加進修課程或重新開始另外一種養成教育，直到結業或是轉換到另一個令人振奮的職場的原因之一，周圍的人都以欽佩的眼光看著她們。我們不想在這裡衝高離婚率，我們要的正好相反。如果個人的發展可以將自己的生活夥伴一起帶進來做個激盪性的討論，然後共同攜手突破藩籬前進，是一件再美好不過的事。

我們不需要斷然把我們過去幾十年來辛苦建立的一切完全摧毀然後重新開始。一個（重新）充實完整的生活，往往只是一個加入一種新的或是更為強烈的覺悟和意識的生活。我們都擁有厚實的知識，可以知道甚麼是重要的，以及我們為甚麼要戮力追求或做某一件事。這些知識沒有丟失，只是被大量外部職業上的責任和義務以及其他人情世故掩蓋住而已。

如何好好照顧自己？

放手和分派任務是重要的作法。但自我照顧不止於此，因為其中還包括了滿足感和幸福感。

中年的人生帶給我們難以置信的機會，它讓我們可以深入地和自己進行對話，聽聽自己心中的期望以及對於如何實踐這種期望的想法。這裡也帶著些許的利己主義，但不是以犧牲他人為代價，而是給自己一點小小的好處。小小的改變可以造就很大的一步。有哪些責任是您出於習慣而擔負起來，但卻因此讓您覺得難受呢？甚麼事情把您的精力完全榨乾了？甚麼事情讓您生氣？您想要甚麼，您需要甚麼，又有哪些事情可以讓您用很少的資源而仍然可以滿足您呢？您在夢想著甚麼，您現在還敢做甚麼？

匈牙利人米哈里・契克森（Mihály Csíkszentmihályi）創造了心流（Flow）的正向心理概念作為一種狀態的體驗，在這種狀態下，一個人處於積極的狀態中煥發起來。那些處在心流中的人喜愛他們所做的事，他們不會不時地看著手錶，想著到底甚麼時候才可以回家。我們生活在此時此地感覺到純粹的、幾乎像是孩子們一樣的喜悅。

在冥冥之中似乎有一條不成文的法則在指引著世事，有一些我們不必去克服或強迫我們自己去做，而來自於心流所湧現出來的工作或是我們用熱情全心投入的事情也會造成在財務上的成就。在這種情況下，金錢上的對價在某種程度上會自然的變成積極正面的反饋。

甚麼事情會讓您進入心流？您如何找到您個人的幸福？雖然不丹（Bhutan）是世界上唯一將社會總幸福感做為國家追求的目標的國家，但是仍然沒有一個普遍有效的幸福公式。不過毫無疑問的，一個能主動積極塑造自己生活的人比那些感覺總是被別人牽著鼻子走的人來得幸福。如果有人堅決認為，幸福必須由外部取得，不論是來自生活夥伴、或是一份我們相信我們有權獲得的遺產、抑或是來自其他我們「有資格獲得」的東西，那麼這些人其實是走在一條通往不幸的路上。「別人必須對我的幸福負責」的想法和信念注定會導致失望和沮喪。夢想著可以在一個充實的伙伴關係中獲得幸福的單身者必須善盡自己的一份貢獻。如果公主堅持繼續作灰姑娘，那麼夢想中的王子無法單獨成就一切。

幸運的是，在我們國家，物質上、以外部為取向的價值系統正在不斷地朝向正面積極的方向移動。身分的象徵失去了它們過度誇張的意義。在Z世代（Generation Z）出生的人們心中有一個健康的「工作—生活平衡」的想法：汽車共享、臨時住所、流動工作場所和彈性工時。

2019年在德國做的一項關於幸福的調查顯示，如果我們沒有生病、沒有經濟上的擔憂，也沒有太大的壓力，那麼我們已經走在幸福的路上了。

人在自然的本質上是一種社會性的動物，因此把自己融入家人和朋友的圈子裡會比單獨一人更加快樂。能夠接受自己所有長處和弱點，是另一個重要的支柱。另外，享受美好的生活體驗以及與負面事務和諧地相處，這些都是幸福的要素。

每個人都必須在生活的叢林中找到自己的路徑。許多人總是生活在「如果……那麼……」的狀態中。如果有一天我成為一名成功的律師，那麼我就很幸福；如果我住進我夢想中的房子，那麼我就很滿意等。瑞士的成功作家魯爾夫・多貝利（Rolf Dobelli）認為，這些計劃幾乎永遠不會實現。因為我們必須不斷地修正、更新這些假設並要適應新的情況。一個把自己的幸福和某些條件連結的，會變得僵化而無法變通。如果這些預設的狀況沒有出現，那麼我們反而會變得不滿意且傷心難過，而不是幸福快樂與滿足。

科學研究顯示，幸福與快樂所需要的並不多。生活的經歷所帶來的幸福人生要比財富、地位、欽佩或外界肯定與認可的喜悅和滿足更加持久不墜。小小的事物，例如伴侶貼心的一句話、一個溫暖的擁抱、桌子上的一朵花、晚上和朋友一起共度的時光、一起歡笑……，都和自我內在的沉思與打坐冥想一樣，可以通往幸福快樂的人生路。快樂的人生完全不需要「爆漿式」的幸福。和我們生活圈裡的人群和平相處，以及和自己的價值觀符合及與大自然和諧共處，也是屬於幸福人生的一部分。

當您閉上眼睛並且想想您生命中真正幸福和快樂的時刻，在那裡出現了

甚麼或缺少了甚麼？甚麼事情值得您為它繼續保持或變得健康且充滿活力地活著？甚麼事情或東西真正讓您一直掛念在心上？

請傾聽您的心聲，跟隨著它的腳步，這樣自然就會出現一種和諧的感覺。和諧來自我們自己，進而擴散到和我們共同生活的人類同胞以及周圍的四面八方。

最後讓我們牢牢記住：**自我照顧的意思是，認真地善待您自己的需求，並且給自己保留時間以及預留避風避浪的空間與地點，允許我們幸福快樂，進入心流，並且夢想著幸福、愛心、輕盈舒適、內心的平靜、快樂地出發和平安地到達。**

希望您好好地享受專屬於您自己個人的人生旅程！

致謝

我們在此感謝以她們的故事、經歷以及疾病和痛苦啟發我們寫這本書的動機的所有婦女們。她們向我們描述非常隱私的經驗時所展現的坦誠以及對我們的信任，讓我們非常感動，她們也引導我們完成了這個話題，特別是在她們日常生活本來就已經陷入瘋狂的煩躁並讓她們感到焦頭爛額的時候，卻又可能和我們計畫的寫作時間互相衝突，但是她們仍然給我們這麼多的支持更讓我們感到難能可貴。

我們感謝我們的指導老師、同事以及贊助者。特別感謝我們的經紀人漢娜‧萊特格普博士（Dr. Hanna Leitgeb），她義不容辭立刻一頭栽入地為我們努力地埋頭工作。

我們感謝呂柏出版公司（Lübbe-Verlag）以及他們傑出的團隊，他們在疾風暴雨中征服了我們，也讓我們在今年和他們共度了許多美好精彩的時刻。我們也特別感謝我們的編輯法蘭吉絲卡‧拜爾小姐（Franziska Bayer）。感謝她努力的任事、對主題的興趣以及有創意性的對等交流，也是她讓這本書得以完全符合於我們構想呈現在讀者的面前。

在我們密集寫作期間，我們的女朋友們、兄弟姊妹們、父母親以及柏林的房屋社區內的人們對我談論的主題所表現的好奇心以及高度的興趣讓我們有飄飄然的感覺。感謝沙碧娜（Sabine）及游爾根（Jürgen）提供他們在瑞典公園的馬戲團拖車寫作小屋。蘇艾貝：羅伯特（Robert）謝謝你全程的陪伴與支持，真是太棒了。

最後我們的感謝也獻給下一個世代，我們的孩子莉莉（Lilly）、卡洛塔（Carlotta）、大衛（David）以及盧卡（Luca），他們身為「為氣候罷課世代」（Friday-for-future-Generation）的一份子，也對我們的主題感到莫大的興趣。

參考書目

第1章（荷爾蒙簡介）

Mishra GD et al: Early menarche, nulliparity and the risk for premature and early natural menopause. Human Reproduction 2017; 32 (3): 679–686

Woods NF et al: Cortisol Levels during the Menopausal Transition and Early Postmenopause: Observations from the Seattle Midlife Women's Health Study. Menopause 2009; 16 (4): 708–718

Burger HG et al: Hormonal changes in the menopause transition. Recent Progress in Hormone Research 2002; 57: 257–275

第2章（荷爾蒙的描述）

Rapkin AJ et al: Pathophysiology of premenstrual syndrome and premenstrual dysphoric disorder. Menopause International 2012; 18 (2): 52–59

Christensen K et al: Perceived age as clinically useful biomarker of ageing: cohort study. British Medical Journal 2009; 339: b5262

Avis NE et al: Study of Women's Health Across the Nation. Duration of menopausal vasomotor symptoms over the menopause transition. JAMA Internal Medicine 2015; 175 (4): 531–539

Mark Park Y et al: Association of Exposure to Artificial Light at Night While Sleeping With Risk of Obesity in Women. JAMA Internal Medicine 2019;179 (8): 1061–1071

Lisa Lindheim L. et al: Alterations in Gut Microbiome Composition and Barrier Function Are Associated with Reproductive and Metabolic Defects in Women with Polycystic Ovary Syndrome (PCOS): A Pilot Study. PLoS One 2017; 12 (1): e0168390

第3章（大荷爾蒙章節）

Collaborative Group on Hormonal Factors in Breast Cancer: Type and timing of menopausal hormone therapy and breast cancer risk: individual participant meta-analysis of the worldwide epidemiological evidence. The Lancet 2019; 394 (8): 1159–1168

Leitlinienprogramm, Deutsche Gesellschaft für Gynäkologie und Geburtshilfe (DGGG): Peri- und Postmenopause – Diagnostik und Interventionen, AWMF online 2018

Ortmann O: HRT und Krebsrisiko: Was muss ich bei der Vorsorge berücksichtigen. 62. Kongress DGGG 2018, Berlin, Pressetext

Asi N et al: Progesterone vs. synthetic progestins and the risk of breast cancer: a systematic review and meta-analysis. Systematic Reviews 2016; 5 (1): 121

Manson JE et al: Menopause Management – Getting Clinical Care Back on Track. The New England Journal of Medicine 2016; 374(9): 803–806

Miller H: Response to »The bioidentical hormone debate: are bioidentical hormones (estradiol, estriol, and progesterone) safer or more efficacious than commonly used synthetic versions in hormone replacement therapy?«. Postgraduate Medicine 2009; 121(4): 172

Fournier A et al: Risks of endometrial cancer associated with different hormone replacement therapies in the E3N cohort, 1992–2008. Am J Epidemiol. 2014; 180 (5): 508–517

Fournier A et al: Unequal risks for breast cancer associated with different hormone replacement therapies: results from the E3N cohort study. Breast Cancer and Research Treatment 2008; 107(1): 103–111

Wenderlein JM: Östrogentherapie nicht vergessen. Deutsches Ärzteblatt International 2012; 109 (42): 714

Wenderlein JM: Hormonelle Darmkrebsprävention. Deutsches Ärzteblatt International 2014; 114: 426–427

Theis V: VEGF und Progesteron. Ruhr-Universität Bochum, Abteilung Cytologie, AG Strukturelle Plastizität, 2017

L'hermite M et al: Could transdermal estradiol + progesterone be a safer postmenopausal HRT? A review. Maturitas 2008; 60 (3–4): 185–201

Murkes D et al: Effects of percutaneous estradiol-oral progesterone versus oral conjugated equine estrogens-medroxyprogesterone acetate on breast cell proliferation and bcl-2 protein in healthy women. Fertility and Sterility 2011; 95(3): 1188–1191

Murkes D: Percutaneous estradiol/oral micronized progesterone has less-adverse effects and different gene regulations than oral conjugated equine estrogens/medroxyprogesterone acetate in the breasts of healthy women in vivo. Gynecological Endocrinology 2012; 28 (2): 12–15

Gemeinsame Stellungnahme der Deutschen Gesellschaft für Gynäkologische Endokrinologie und Fortpflanzungsmedizin (DGGEF) und des Berufsverbands der Frauenärzte (BVF) e.V.: Management von Endometriumhyperplasien. Journal für Reproduktionsmedizin und Endokrinologie 2014; 11 (4): 170–185

Wallwiener M: Medikamentöse konservative Therapie des Uterus myomatosus. Der Gynäkologe 2019; 4

Prentice RL et al: Benefits and risks of postmenopausal hormone therapy when it is initiated soon after menopause. American Journal of Epidemiology 2009; 170 (1): 12–23

Chlebowski R et al: Breast cancer after use of estrogen plus progestin in postmenopausal women. The New England Journal of Medicine 2009; 360 (6): 573–587

Women's Health Initiative Steering Committee: Effects of conjugated equine estrogen in postmenopausal women with hysterectomy: The Women's Health Initiative randomized controlled trial. JAMA 2004; 291(14): 1701–1712

Mueck AO: Hormonsubstitution: WHI-Autoren mahnen: Millionen von Frauen müssen unnötig leiden! Frauenarzt 2016; 57 (5): 2–3

Manson JE: Menopausal hormone therapy and health outcomes during the intervention and extended poststopping phases of the Women's Health Initiative randomized trials. JAMA 2013; 310 (13): 1353–1368

Olié V: Risk of venous thrombosis with oral versus transdermal estrogen therapy among postmenopausal women. Current Opinion in Hematology 2010; 17 (5): 457–463

Manson JE et al: Menopausal Hormone Therapy and Long-term All-Cause and Cause-Specific Mortality: The Women's Health Initiative Randomized Trials. JAMA 2017; 318 (10): 927–938

De Lignières B et al: Combined hormone replacement therapy and risk of breast cancer in a French cohort study of 3175 women. Climacteric 2002; 5 (4): 332–340

Cordina-Duverger E et al: Risk of breast cancer by type of menopausal hormone therapy: a case-control study among post-menopausal women in France. PLoS One 2013; 8 (11): E78016

Løkkegaard E et al: Hormone therapy and risk of myocardial infarction: a national register study. European Heart Journal 2008; 29 (21): 2660–2668

Renoux C et al: Transdermal and oral hormone replacement therapy and the risk of stroke: a nested case-control study. British Medical Journal 2010; 340: C2519

Canonico M et al: Postmenopausal Hormone Therapy and Risk of Stroke: Impact of the Route of Estrogen Administration and Type of Progestogen. Stroke 2016; 47 (7): 1734–1741

Römmler A et al: Progesteron: Genitale und extragenitale Wirkungen. Zeitschrift für Orthomolekulare Medizin 2009; 7 (3): 9–13

Espinoza TR et al: The Role of Progesterone in Traumatic Brain Injury. Journal of Head Trauma Rehabilitation 2011; 26 (6): 497–499

Stute P et al: The impact of micronized progesterone on the endometrium: a systematic review. Climacteric 2016; 19 (4): 316–328

Stute P et al: The impact of micronized progesterone on breast cancer risk: a systematoc review. Climacteric 2018; 21 (2) 111–122

Prentic RL et al: Benefits and risks of postmenopausal hormone therapy when it is initiated soon after menopause. American Journal of Epidemiology 2009; 170 (1): 12–23

Bakken K et al: Menopausal hormone therapy and breast cancer risk: impact of different treatments. The European Prospective Investigation into Cancer and Nutrition. International

Journal of Cancer 2011; 128 (1): 144–156

Simon JA: What if the Women's Health Initiative had used transdermal estradiol and oral progesterone instead? Menopause 2014; 21 (7): 769–783

Løkkegaard E et al: Risk of Stroke With Various Types of Menopausal Hormone Therapies: A National Cohort Study. Stroke 2017; 48 (8): 2266–2269

Schaudig K et al: Individualisierte Hormontherapie in Peri- und Postmenopause. Gynäkologische Endokrinologie 2016; 14: 31–43

Scarabin PY: Progestogens and venous thromboembolism in menopausal women: an updated oral versus transdermal estrogen meta-analysis. Climacteric 2018; 21 (4) 341–351

Kleine-Gunk B: Anti-Aging-Medizin – Hoffnung oder Humbug? Deutsches Ärzteblatt 2007; 104 (28–29): 2054–2060

Hodis HN et al: Window of opportunity: the reduction of coronary heart disease and total mortality with menopausal therapies is age- and time-dependent. Brain Research 2011; 1379: 244–252

Shao H et al: Hormone therapy and Alzheimer disease dementia: new findings from the Cache County Study. Neurology 2012; 79 (18): 1846–1852

Imtiaz B: Risk of Alzheimer's disease among users of postmenopausal hormone therapy: A nationwide case-control study. Maturitas 2017; 98: 7–13

Sturdee DW et al: Recommendations for the management to post- menopausal vaginal atrophy. Climacteric 2010; 13 (6): 509–522

Farhat GN et al: Sex hormone levels and risks of estrogen receptor-negative and estrogen receptor-positive breast cancers. Journal of the National Cancer Institute 2011; 103 (7) 201: 562–570

Li CI et al: Alcohol consumption and risk of postmenopausal breast cancer by subtype: the women's health initiative observational study. Journal of the National Cancer Institute 2010; 102 (18): 1422–1431

Rossouw JE et al: Risks and benefits of estrogen plus progestin in healthy postmenopausal women: principal results From the Women's Health Initiative randomized controlled trial. JAMA 2001; 288 (3): 321–333

Caufriez A et al: Progesterone prevents sleep disturbances and modulates GH, TSH, and melatonin secretion in postmenopausal women. Journal of Clinical Endocrinology and Metabolism 2011; 96 (4): 614–623

Huiying Yan et al: Regulated Inflammation and Lipid Metabolism in Colon mRNA Expressions of Obese Germfree Mice Responding to Enterobacter cloacae B29 Combined with the High Fat Diet. Frontiers in Microbiology 2016; 7: 1786

Schlehe JS et al: Das Mikrobiom: Einfluss auf Adipositas und Diabetes. Deutsches Ärzteblatt 2016; 113 (17): 27

Zylka-Menhorn V: Aus der Forschung: Metformin verändert die Darmflora. Deutsches Ärzteblatt 2016; 113 (43): 32

Brunt VE et al: Suppression of the gut microbiome ameliorates age-related arterial dysfunction and oxidative stress in mice. Journal of Physiology 2019; 597 (9): 2361–2378

Fasano A et al: Leaky gut and autoimmune diseases. Clinical Reviews in Allergy & Immunology 2012; 42 (1): 71–80

Epel ES et al: Accelerated telomere shortening in response to life stress. Proceedings of the National Academy of Sciences of the United States of America 2004; 101 (49): 17312–17315

Björnsdottir S et al: Risk of hip fracture in Addison's disease: a population-based cohort study. Journal of Internal Medicine 2011; 270 (2): 187–195

Müssig K et al: Thyroid peroxidase antibody positivity is associated with symptomatic distress in patients with Hashimoto's thyroiditis. Brain, Behavior, and Immunity 2012; 26 (4): 559–563

Sisto M et al: Proposing a relationship between Mycobacterium avium subspecies paratuberculosis infection and Hashimoto's thyroiditis. Scandinavian Journal of Infectious Diseases 2010; 42 (10): 787–790

Zaletel K et al: Hashimoto's Thyroiditis: From Genes to the Disease. Current Genomics 2011; 12 (8): 576–588

Boursi et al: Thyroid Dysfunction, Thyroid Hormone Replacement, and Colorectal Cancer Risk Journal of the National Cancer Institute 2015; 107 (6): djv084

T. Harach et al: Reduction of Abeta amyloid pathology in APPPS1 transgenic mice in the absence of gut microbiota. Scientific Reports 2017; 7: Artikel nr. 41802

Wang H et al: Bifidobacterium longum 1714™ Strain Modulates Brain Activity of Healthy Volunteers During Social Stress. American Journal of Gastroenterology 2019; 114 (7): 1152–1162

Brinkman MT et al: Consumption of animal products, their nutrient components and postmenopausal circulating steroid hormone concentrations. European Journal of Clinical Nutrition 2010; 64 (2): 176–183

Del Priore G et al: Oral diindolylmethane (DIM): pilot evaluation of a nonsurgical treatment for cervical dysplasia. Gynecologic Oncology 2010; 116 (3): 464–467

Nadkarni S et al: Activation of the Annexin A1 Pathway Underlies the Protective Effects Exerted by Estrogen in Polymorphonuclear Leukocytes. Arteriosclerosis, Thrombosis, and Vascular Biology 2011; 31 (8): 2749–2759

Wren BG et al: Transdermal progesterone and its effect on vasomotor symptoms, blood lipid levels, bone metabolic markers, moods, and quality of life for postmenopausal women. Menopause 2003; 10 (1): 13–18

Beral V. et al: Breast cancer and hormone-replacement therapy in the Million Women Study. The Lancet 2003; 362 (9382): 419–427

Bette Liu: Is transdermal menopausal hormone therapy a safer option than oral therapy? Canadian Medical Association Journal 2013; 185 (7): 549–550

Renoux C et al: Transdermal and oral hormone replacement therapy and the risk of stroke: a nested case-control study. British Medical Journal 2010; 340 (6): c2519

Dalessandri KM et al: Pilot study: effect of 3,3'-diindolylmethane supplements on urinary hormone metabolites in postmenopausal women with a history of early-stage breast cancer. Nutrition and Cancer 2004; 50 (2): 161–167

Nelson HD et al: Nonhormonal therapies for menopausal hot flashes: systematic review and meta-analysis. JAMA 2006; 295 (17): 2057–2071

Zamani M et al: Therapeutic effect of Vitex agnus castus in patients with premenstrual syndrome. Acta Medica Iranica 2012; 50 (2): 101–106

Hughes JW et al: Depression and anxiety symptoms are related to increased 24-hour urinary norepinephrine excretion among healthy middle-aged women. Journal of Psychosomatic Research 2004; 57 (4): 353–358

Thurston RC et al: Adiposity and Reporting of Vasomotor Symptoms among Midlife Women: The Study of Women's Health Across the Nation. American Journal of Epidemiology 2008; 167(1): 78–85

Pace-Schott, EF, et al: Age-related changes in the cognitive function of sleep. Progress Brain Research 2011; 191: 75–89

Björntorp P et al: Obesity and cortisol. Nutrition 2000; 16 (10): 924–936

Meloun M et al: Minimizing the effects of multicollinearity in the polynomial regression of age relationships and sex differences in serum levels of pregnenolone sulfate in healthy subjects. Clinical Chemistry and Laboratory Medicine 2009; 47 (4): 464–470

Mason C et al.: Vitamin D3 supplementation during weight loss: a double-blind randomized controlled trial. American Journal of Clinical Nutrition 2014; 99 (5): 1015–1025

Kaur J et al: Association of Vitamin D Status with Chronic Disease Risk Factors and Cognitive Dysfunction in 50–70 Year Old Adults. Nutrients 2019; 11 (1): E 141

Marculescu R et al: Vitamin D deficiency tied to risk for diabetes death. Präsentation der Daten auf dem European Association for the Study of Diabetes Annual Meeting, Barcelona 2019

Meybohm P et al: Effekt von hochdosiertem Vitamin D3 auf die 28-Tage Mortalität bei erwachsenen kritisch kranken Patienten mit schwerem Vitamin D Mangel: eine multizentrische, Placebo-kontrollierte, doppelblinde Phase III Studie. Uniklinik Frankfurt, Klinik für Anästhesiologie, Intensivmedizin und Schmerztherapie, Laufende Studie 2019–2024

Trummer C et al: Effects of vitamin D supplementation on metabolic and endocrine parameters in PCOS: a randomized-controlled trial. European Journal of Nutrition 2019; 58 (5): 2019–2028

Masan C et al: Vitamin D3 supplementation during weight loss: a double-blind randomized controlled trial. American Journal of Clinical Nutrition 2014; 99 (5): 1015–1025

第4章（內分泌干擾物，表觀遺傳學）

Schwabl P et al: Detection of Various Microplastics in Human Stool: A Prospective Case Series. Annals of Internal Medicine 2019; 9

Deutsche Gesellschaft für Endokrinologie (DGE): Lifestyle und Umwelteinflüsse verursachen Volkskrankheiten: Experten diskutieren Rolle chronischer Entzündungsreaktionen. 2018; 61. Kongress für Endokrinologie der DGE

Umweltbewusstseinsstudie 2018 vom Bundesministerium für Umwelt, Naturschutz und nukleare Sicherheit: Bevölkerung erwartet mehr Umwelt- und Klimaschutz von allen Akteuren. Veröffentlicht: 5/2019

Europäische Kommission: Für einen umfassenden Rahmen der Europäischen Union für endokrine Disruptoren. COM 2018; 734 final

Report United Nations Environment Programme: Plastic in Cosmetics: Are We Polluting the Environment Through our Personal Care: Plastic ingredients that contribute to marine microplastic litter. UNEP; letzte Version 2017

Carwile JL: Canned soup consumption and urinary bisphenol A: a randomized crossover trial. Journal of the American Medical Association. 2011, 306 (20): 2218–2220

Ringrose L: Distinct contributions of histone H3 lysine 9 and 27 methylation to locus-specific stability of polycomb complexes. Molecular cell, 2004; 16 (4): 641–653

Manikkam M: Plastics Derived Endocrine Disruptors (BPA, DEHP and DBP) Induce Epigenetic Transgenerational Inheritance of Obesity, Reproductive Disease and Sperm Epimutations. PLoS One 2013; 8 (1): e55387

The 2013 Berlaymont Declaration on Endocrine Disrupters

Klöting N et al: Di-(2-Ethylhexyl)-Phthalate (DEHP) Causes Impaired Adipocyte Function and Alters Serum Metabolites. PLoS One. 2015; 10 (12): e0143190.

Gore AC: Neuroendocrine targets of endocrine disruptors. Hormones 2010; 9 (1): 16–27

Kandaraki E: Endocrine Disruptors and Polycystic Ovary Syndrome (PCOS): Elevated Serum Levels of Bisphenol A in Women with PCOS. Journal of Clinical Endocrinology & Metabolism 2011; 96 (3): E480–E484

Michaëlsson K: Milk intake and risk of mortality and fractures in women and men: cohort studies. British Medical Journal 2014; 349: g6015

Wieczorek AM: Frequency of Microplastics in Mesopelagic Fishes from the Northwest Atlantic. Frontiers in Marine Science 2018, Originalartikel

Bellas J et al: Ingestion of microplastics by demersal fish from the Spanish Atlantic and Mediterranean coasts. Marine Pollution Bulletin 2016; 109: 55–60

Rasic-Milutinovic Z et al: Potential Influence of Selenium, Copper, Zinc and Cadmium on L-Thyroxine Substitution in Patients with Hashimoto Thyroiditis and Hypothyroidism. Experimental and Clinical Endocrinology & Diabetes 2017; 125 (02): 79–85

Okbay A et al: Genetic variants associated with subjective well-being, depressive symptoms, and neuroticism identified through genome-wide analyses. Nature Genetics 2016; 48: 624–633

Wang G et al: Association Between Maternal Prepregnancy Body Mass Index and Plasma Folate Concentrations With Child Metabolic Health. JAMA Pediatrics 2016; 170 (8): e160845

Chen Q et al: Sperm tsRNAs contribute to intergenerational inheritance of an acquired metabolic disorder. Science. 2016; 351 (6271): 397–400

De Agüero MG: The maternal microbiota drives early postnatal innate immune development. Science 2016; 351(6279): 1296–1302

Franklin T: Epigenetic Transmission of the Impact of Early Stress Across Generations. Biological psychiatry 2010; 68 (5): 408–415

Siklenka K et al: Disruption of histone methylation in developing sperm impairs offspring health transgenerationally. Science. 2015; 350 (6261): aab2006

Gallo MV et al: Endocrine disrupting chemicals and ovulation: Is there a relationship? Environmental Research 2016; 151: 410–418

La Merrill MA et al: The economic legacy of endocrine-disrupting chemicals. The Lancet Diabetes & Endocrinology 2016; 4 (12): 961–962

Jedeon K et al: Systemic enamel pathologies may be due to anti-androgenic effects of some endocrine disruptors. Endocrine Abstracts 2016; 41: OC10.1

Lönnstedt OM et al: Environmentally relevant concentrations of microplastic particles influence larval fish ecology. Science 2016; 352 (6290): 1213–1216

Lang IA et al: »Association of urinary bisphenol A concentration with medical disorders and laboratory abnormalities in adults.« JAMA 2008; 300 (11): 1303–1310

Neel BA et al: »The Paradox of Progress: Environmental Disruption of Metabolism and the

Diabetes Epidemic.« Diabetes 2011; 60 (7): 1838–1848

第5章（自我照護，正念減壓課程）

Kini P et al: The effects of gratitude expression on neural activity. Neuroimage. 2016; 128: 1–10

Cramer H et al: Yoga bei arterieller Hypertonie. Deutsches Ärzteblatt International 2018; 115: 833–839

Adler-Neal AL et al: The Role of Heart Rate Variability in Mindfulness-Based Pain Relief. Journal of Pain 2019; pii: S1526-5900 (19): 30773–4

Korponay C: The Effect of Mindfulness Meditation on Impulsivity and its Neurobiological Correlates in Healthy Adults. Nature Scientific Reports 2019; 9: Article number: 11963

Puhlmann LM et al: Association of Short-Term Change in Telomere Length with Cortical Thickness Changes and Effects of Mental Training Among Healthy Adults: A randomised clinical trial. JAMA Network Open 2019; 2 (9): e199687

Le Nguyen KD: Loving-kindness meditation slows biological aging in novices: Evidence from a 12-week randomized controlled trial. Psychoneuroendocrinology 2019; 108: 20–27

Umfrage zum Weltglückstag 2019; Sinus Institut mit YouGov

Jacobs TL et al: Intensive meditation training, immune cell telomerase activity, and psychological mediators. Psychoneuroendocrinology 2011; 36 (5): 664–681

Gopal A et al: Effect of integrated yoga practices on immune responses in examination stress – A preliminary study. International Journal of Yoga 2011; 4 (1): 26–32

Banasik J et al: Effect of Iyengar yoga practice on fatigue and diurnal salivary cortisol concentration in breast cancer survivors. Journal of the American Academy of Nurse Practitioners 2011; 23 (3): 135–142

Cramer H et al.: Yoga for improving health-related quality of life, mental health and cancer-related symptoms in women diagnosed with breast cancer. Cochrane Database Systematic Reviews 2017; 1: CD010802

Daubenmier J et al.: Mindfulness Intervention for Stress Eating to Reduce Cortisol and Abdominal Fat among Overweight and Obese Women: An Exploratory Randomized Controlled Study. Journal of Obesity, 2011, Artikel ID: 651936

Oliveira BS et al.: Systematic review of the association between chronic social stress and telomere length: A life course perspective. Aging Research Reviews 26 (3) 2016: 37–52

Bateson M: Cumulative stress in research animals: Telomere attrition as a biomarker in a welfare context? Bioessays 2016; 38 (2): 201–212

McEwen BS et al: Stress Effects on Neuronal Structure: Hippocampus, Amygdala, and Prefrontal Cortex. Neuropsychopharmacology 2016; 41 (1): 3–23

Lim D et al: Suffering and compassion: The links among adverse life experiences, empathy, compassion, and prosocial behavior. Emotion 2016; 16 (2): 175–182

Cramer H et al: Yoga for improving health-related quality of life, mental health and cancer-related symptoms in women diagnosed with breast cancer. Cochrane Database Systematic Reviews 2017; 3 (1): CD010802

Fox KC et al: Functional neuroanatomy of meditation: A review and meta-analysis of 78 functional neuroimaging investigations. Neuroscience & Biobehavioral Reviews 2016; 65 (6): 208–228

Kivimäki M et al: Long working hours and risk of coronary heart disease and stroke: a systematic review and meta-analysis of published and unpublished data for 603,838 individuals. The Lancet 2015; 386 (31): 1739–1746

Michalsen A et al: Iyengar Yoga for Distressed Women: A 3-Armed Randomized Controlled Trial. Evidence-based Complementary and Alternative Medicine 2012; (467) 408727

Linde K et al: Acupuncture for the prevention of episodic migraine. Cochrane Database Systematic Reviews 2016; 28 (6): CD001218

Benias PC et al: Structure and Distribution of an Unrecognized Interstitium in Human Tissues. Nature, Scientific Reportsvolume 8, 2018; Article number: 4947

Goldstein P et al: The role of touch in regulating inter-partner physiological coupling during empathy for pain. Nature, Scientific Reportsvolume 7, 2017; Article number: 3252

Anheyer D et al: Mindfulness-Based Stress Reduction for Treating Low Back Pain: A Systematic Review and Meta-analysis. Annals of Internal Medicine 2017; 166 (11): 799–807

Hall A et al: Effectiveness of Tai Chi for Chronic Musculoskeletal Pain Conditions: Updated Systematic Review and Meta-Analysis. Physical Therapy 2017; 97 (2): 227–238

Watson SL et al: High-Intensity Resistance and Impact Training Improves Bone Mineral Density and Physical Function in Postmenopausal Women With Osteopenia and Osteoporosis: The LIFTMOR Randomized Controlled Trial. Journal of Bone and Mineral Research 2018; 33 (2): 211–220

Wieland LS et al: Yoga treatment for chronic non-specific low back pain. Cochrane Database Systematic Revues 1, 2017: CD010671

Black DS et al: Mindfulness meditation and the immune system: a systematic review of randomized controlled trials. Annals of the New York Academy of Sciences 2016; 1373 (1): 13–24

Kwa M et al: The Intestinal Microbiome and Estrogen Receptor-Positive Female Breast Cancer. Journal of the National Cancer Institute 2016; 108 (8)

Chen WY et al: Moderate alcohol consumption during adult life, drinking patterns, and breast cancer risk. JAMA. 2011; 306 (17): 1884–1890

Leger D et al: The role of sleep in the regulation of body weight. Molecular and Cellular Endocrinology 2015; 418 (2): 101–107

Kim TW et al: The Impact of Sleep and Circadian Disturbance on Hormones and Metabolism. International Journal of Endocrinology 2015, Article ID 591729

Heikkila K et al: Long working hours and cancer risk: a multi-cohort study. British Journal of Cancer 2016; 114 (7): 813–818

Reszka E et al: Circadian Genes in Breast Cancer. Advances in Clinical Chemistry 2016; 75: 53–70

Krishna BH et al: Association of leukocyte telomere length with oxidative stress in yoga practitioners. Journal of Clinical and Diagnostic Research 2015; 9 (3): CC01–3

Rapaport MH et al: A preliminary study of the effects of a single session of Swedish massage on hypothalamic-pituitary-adrenal and immune function in normal individuals. Journal of Alternative and Complementary Medicine 2010; 16 (10): 1079–1088

網站

Deutsche Gesellschaft für Gynäkologie und Geburtshilfe e. V.

https://www.dggg.de

Deutsche Gesellschaft für Endokrinologie

https://www.endokrinologie.net

Deutsche Gesellschaft für Ernährung e. V.

https://www.dge.de

Bundesministerium für Umwelt, Naturschutz und nukleare Sicherheit

https://www.bmu.de

Robert Koch-Institut

https://www.rki.de

World Health Organization (WHO)

https://www.who.int

Verbraucherzentrale

https://www.verbraucherzentrale.de

MBSR-MBCT-Verband

https://www.mbsr-verband.de

國家圖書館出版品預行編目資料

女人40+ 魅力自信荷爾蒙／蘇珊娜・艾瑟-貝爾克（Susanne Esche-Belke）、
蘇珊・姬爾熹娜-布朗斯（Suzann Kirschner-Brouns）著；黃鎮斌譯. -- 初版.
-- 臺北市：原水文化出版：英屬蓋曼群島商家庭傳媒股份有限公司城邦分
公司發行, 2022.04
面；　　公分. --（Dr. Me健康系列；173）
譯自：Midlife-Care : wie wir die Lebensmitte meistern und die Kraft unserer
　　　 Hormone nutzen
ISBN 978-626-95742-6-1（平裝）
1.激素 2.婦女健康
399.54　　　　　　　　　　　　　　　　　　　　　111003053

Dr. Me健康系列173

女人40+ 魅力自信荷爾蒙

Midlife-Care: Wie wir die Lebensmitte meistern und die Kraft unserer Hormone nutzen

作　　　者／蘇珊娜・艾瑟-貝爾克Susanne Esche-Belke、
　　　　　　　蘇珊・姬爾熹娜-布朗斯Suzann Kirschner-Brouns
譯　　　者／黃鎮斌
選　書　書／林小鈴
責 任 編 輯／潘玉女

行 銷 經 理／王維君
業 務 經 理／羅越華
總　編　輯／林小鈴
發 行　人／何飛鵬
出　　　版／原水文化
　　　　　　　台北市民生東路二段141號8樓
　　　　　　　電話：02-25007008　傳真：02-25027676
　　　　　　　E-mail：H2O@cite.com.tw　部落格：http://citeh2o.pixnet.net/blog/
　　　　　　　FB粉絲專頁：https://www.facebook.com/citeh2o/
發　　　行／英屬蓋曼群島商家庭傳媒股份有限公司城邦分公司
　　　　　　　台北市中山區民生東路二段 141 號 11 樓
　　　　　　　書虫客服服務專線：02-25007718・02-25007719
　　　　　　　24 小時傳真服務：02-25001990・02-25001991
　　　　　　　服務時間：週一至週五09:30-12:00・13:30-17:00
　　　　　　　讀者服務信箱 email：service@readingclub.com.tw
劃 撥 帳 號／19863813　戶名：書虫股份有限公司
香港發行所／城邦（香港）出版集團有限公司
　　　　　　　地址：香港灣仔駱克道 193 號東超商業中心 1 樓
　　　　　　　Email：hkcite@biznetvigator.com
　　　　　　　電話：(852)25086231　傳真：(852) 25789337
馬新發行所／城邦（馬新）出版集團
　　　　　　　41, Jalan Radin Anum, Bandar Baru Sri Petaling,
　　　　　　　57000 Kuala Lumpur, Malaysia.
　　　　　　　電話：(603) 90578822　傳真：(603) 90576622
　　　　　　　電郵：cite@cite.com.my

美 術 設 計／劉麗雪
內 頁 排 版／游淑萍
製 版 印 刷／卡樂彩色製版印刷有限公司
初　　　版／2022年4月12日
定　　　價／480元

城邦讀書花園
www.cite.com.tw